科学可视化

——从概念、方法到典型案例

骆岩林　曹轶　张长弓　著

電子工業出版社
Publishing House of Electronics Industry
北京·BEIJING

内 容 简 介

本书介绍科学可视化相关技术，共有五个典型案例，包括脑网络三维可视化、体数据可视化、气候模拟流场数据可视化、脑部张量场数据可视化、体数据交互技术。每章介绍一个典型案例，由知识点导读、方法概要、系统介绍、导图操作等部分组成，具有一定代表性、前沿性和创新性。

本书既可作为可视化、数据分析等相关专业科技人员的自学读本或参考用书，也可作为高等院校计算机相关专业高年级学生和研究生的教学用书。

图书在版编目（CIP）数据

科学可视化：从概念、方法到典型案例/骆岩林，曹轶，张长弓著. 一北京：电子工业出版社，2024.5
ISBN 978-7-121-47365-4

Ⅰ. ①科…　Ⅱ. ①骆…　②曹…　③张…　Ⅲ. ①可视化软件－数据处理－高等学校－教材
Ⅳ. ①TP317.3

中国国家版本馆 CIP 数据核字（2024）第 046661 号

责任编辑：路　越
印　　刷：中国电影出版社印刷厂
装　　订：中国电影出版社印刷厂
出版发行：电子工业出版社
　　　　　北京市海淀区万寿路 173 信箱　邮编：100036
开　　本：787×1092　1/16　印张：12.25　字数：314 千字
版　　次：2024 年 5 月第 1 版
印　　次：2024 年 5 月第 1 次印刷
定　　价：79.00 元

凡所购买电子工业出版社图书有缺损问题，请向购买书店调换。若书店售缺，请与本社发行部联系，联系及邮购电话：（010）88254888，88258888。

质量投诉请发邮件至 zlts@phei.com.cn，盗版侵权举报请发邮件至 dbqq@phei.com.cn。

本书咨询联系方式：luy@phei.com.cn。

前　言

人们常说：一图胜千言。研究表明：人脑处理的信息多跟视觉有关，因为人类获取的信息约 83%来自视觉，在加工视觉信息时认知负荷很低，所需努力极其微小。而当抽象数据以直观可视化展示时，用户通过视觉认知往往能够容易洞悉数据背后隐藏的信息并转化为知识及能力。

科学可视化是将抽象数据用图形、图像等形式直观呈现并融合交互体验的一门科学技术，主要面向科学和工程领域的数据，如含有空间坐标和几何信息的三维空间测量数据、计算模拟数据和医学影像数据等，通常来自物理、化学、生物学、医学、航空航天、气象环境等自然学科，重点探索如何以几何、拓扑和形状特征呈现数据中蕴含的规律。按空间数据类别，科学可视化可大致分为三类，分别为标量场数据可视化、向量场数据可视化和张量场数据可视化。但从广义概念上讲，科学可视化也包括以计算机图形学为基础的三维可视化。

标量场数据可视化主要处理由标量构成的三维体数据，研究其表示、变换、操作和显示等问题，目的是探查数据内部蕴含的信息，将复杂内部结构及相互关系直观呈现出来。分类与体绘制是体数据可视化流程中的重要环节，基于 GPU 的光线投射体绘制是目前流行的主要方法，影响其绘制质量的因素有很多，如传递函数设计等。

向量场中每个采样点对应一个向量，代表某个方向或趋势，如大气、洋流等复杂流动过程的方向与速度等。二维或三维流场是最广泛的向量场，流场可视化是向量场数据可视化中最重要的一类，其主要任务是有效描述流场流动信息的表示，常用方法有图标表示法、几何表示法、纹理法和拓扑法等。

张量是矢量的推广，标量可视为零阶张量，矢量可视为一阶张量。张量场数据可视化旨在通过选择合适的可视化方法，如颜色编码、图元显示及图元比较等，呈现出张量场复杂的空间结构和特征，从而帮助人们更好地理解与分析。

科学可视化帮助人们利用视觉感知分析和识别数据中隐藏的模式、关系、规律，从而获得知识和灵感，降低数据理解的难度，使数据价值被有效挖掘。其涉及抽象数据、概念、理论和方法等，往往枯燥、晦涩难懂，造成学生认知困难。

将科学研究成果转化为原创性教学案例，可激发学生的学习兴趣。我们梳理以往研究成果，抽取出重要知识点、方法等，以图文并茂、深入浅出等方式，整理在五个典型案例中。本书共分为五章，内容组织如图 1 所示，其中第 1 章涉及以计算机图形学为基础的三维可视化（以脑网络和脑表面可视化为例），第 2 章涉及标量场数据（以体数据为例）可视化，第 3 章涉及向量场数据（以气候模拟流场为例）可视化，第 4 章涉及张量场数据（以脑部张量场数据为例）可视化，第 5 章涉及可视化中的交互技术（以体数据交互为例），包含体数据切割、滤镜及体漫游等。

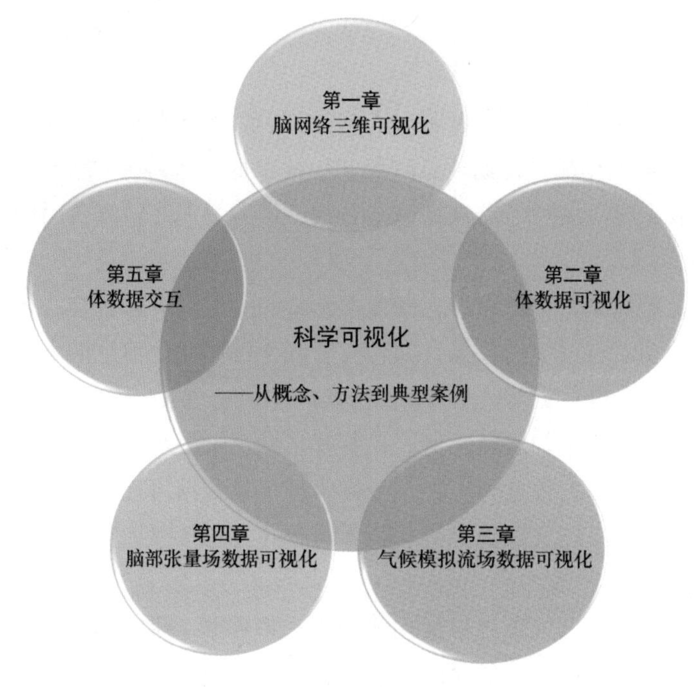

图 1　本书的内容组织

本书由骆岩林负责第 1、第 2、第 5 章，曹轶负责第 3 章，张长弓负责第 4 章，简要介绍如下。

骆岩林博士，浙江大学应用数学系毕业，目前就职于北京师范大学人工智能学院，教授，博士生导师。有近五年留学日本、美国、意大利的海外研究经历，期间学习科学可视化和虚拟现实等技术。主持国家自然基金三项、省部级及横向课题十余项。2010 年以来开设可视化相关课程（如研究生的“科学可视化”，本科生的“数据可视化”）十余年，积累了丰富的教学经验。

曹轶博士，北京应用物理与计算数学研究所中物院高性能数值模拟软件中心研究员，长期致力于国家典型重大应用领域中科学与工程大规模数据的可视化方法研究以及软件研制，作为课题或专题负责人承担国家军口 973 项目、民口 863 项目、国家科技部重点研发计划高性能计算专项、国防科工局挑战专题等多项国家重大研究项目。

张长弓博士，目前就职于中望龙腾软件股份有限公司，分别于 2009 年和 2012 年在北京航空航天大学获得学士和硕士学位，于 2017 年在荷兰代尔夫特理工大学获得博士学位，研究方向为张量场数据可视化，曾在阿里巴巴达摩院、亚马逊等国内外知名企业工作，在科学可视化领域积累了丰富的经验。

本书旨在强调通过案例学习提高读者自主学习能力，引导其通过知识点导读、方法概要、系统介绍与导图操作等内容，循序渐进地学习科学可视化的相关知识，具有以下特色。

① 图文并茂：知识点导读、方法概要等部分，用大量图示说明，直观易懂。

② 可操作性强：系统介绍、导图操作等部分使读者易于上手实践和学习。

③ 可扩展性强：方便读者在所提供的案例基础上增加功能和扩展应用。

④ 配套电子资源：通过网络提供源代码、课件等资源。

最后，感谢参与整理和撰写的研究生，主要包括田歌、惠筱、刘牧青（第 1 章），孟启帆、邵璟璇（第 2 章），陈元智（第 3 章），纪海林（第 4 章），李文静、田歌、王裕栋（第 5 章）。感谢国家自然科学基金（No.62377004 和 No.61977063）的支持！尽管我们希望本书呈现最全面、最系统的典型案例，但由于时间和水平有限，书中难免存在疏漏和欠缺，期待今后进一步完善。欢迎读者提出宝贵意见，邮箱：luoyl@bnu.edu.cn.

作　者

2023 年 12 月

目 录
CONTENTS

第 1 章　脑网络三维可视化……1
1.1　知识点导读……2
1.1.1　脑分区……2
1.1.2　脑白质纤维……3
1.1.3　脑网络……4
1.2　方法概要……6
1.2.1　节点、边可视化……6
1.2.2　脑表面可视化……8
1.3　系统介绍……9
1.3.1　系统架构……9
1.3.2　系统功能……10
1.3.3　系统配置……12
1.4　导图操作……12
1.4.1　测试数据……13
1.4.2　操作步骤……14
第 2 章　体数据可视化……17
2.1　知识点导读……19
2.1.1　体数据……19
2.1.2　体数据可视化分类……20
2.1.3　分类……23
2.1.4　传递函数……24
2.1.5　梯度……26
2.1.6　光照效应……29
2.1.7　预积分分类……30

2.1.8 体图示……31
2.1.9 时变体数据集……35
2.2 方法概要……35
2.2.1 光线投射体绘制原理……35
2.2.2 光线投射体绘制方法……37
2.2.3 GPU 光线投射体绘制……43
2.2.4 基于影响因子累加的 GPU 光线投射体绘制……44
2.2.5 混合绘制……45
2.3 系统介绍……46
2.3.1 系统架构……46
2.3.2 系统界面……48
2.3.3 系统配置……51
2.4 导图操作……52
2.4.1 测试数据……52
2.4.2 操作步骤……54
第 3 章 气候模拟流场数据可视化……57
3.1 知识点导读……58
3.1.1 流场数据……58
3.1.2 多物理场数据……59
3.1.3 气候科学数据……60
3.1.4 气候模拟数据可视化……61
3.2 方法概要……66
3.2.1 面向大规模气候模拟数据集的可视化管线……66
3.2.2 图形硬件加速的多物理场可视化方法……70
3.2.3 基于角分布信息熵的气候模拟流场分析……73
3.3 应用效果……78
3.3.1 应用数据……78
3.3.2 环境配置……78
3.3.3 全球气候模拟的可视化结果……79
3.3.4 局部天气预报的可视化结果……80
3.4 系统介绍……81
3.5 导图操作……82
3.5.1 测试数据……82

3.5.2 会话文件……82
3.5.3 操作步骤……83

第 4 章 脑部张量场数据可视化……87

4.1 知识点导读……88
4.1.1 扩散……88
4.1.2 张量……88
4.1.3 扩散张量成像……89
4.1.4 扩散张量特征……91
4.2 方法概要……92
4.2.1 颜色编码法……92
4.2.2 图元显示法……94
4.2.3 图元比较法……97
4.2.4 纤维追踪算法……101
4.3 系统介绍……104
4.3.1 系统架构……104
4.3.2 项目结构……105
4.3.3 系统配置……106
4.4 导图操作……106
4.4.1 生成彩色映射图……106
4.4.2 生成超二次曲面图……107

第 5 章 体数据交互……109

5.1 知识点导读……111
5.1.1 三维交互……111
5.1.2 手势交互……112
5.1.3 6DOF 操作……114
5.1.4 Focus+Context 交互……115
5.1.5 基于体数据的漫游……116
5.1.6 体数据空间八叉树……117
5.2 方法概要……118
5.2.1 平面切割……118
5.2.2 滤镜……120
5.2.3 手势设计……121
5.2.4 漫游路径规划……123

5.3 系统介绍 …… 127
5.3.1 系统架构 …… 127
5.3.2 系统界面 …… 130
5.3.3 手势交互设计 …… 133
5.3.4 二维交互 …… 134
5.4 导图操作 …… 134
5.4.1 测试数据 …… 135
5.4.2 操作步骤 …… 135
参考文献 …… 137

附录 …… 142

附录 1.1 OpenGL 可视化编程 …… 142
附录 2.1 三线性插值 …… 155
附录 2.2 DICOM 标准 …… 156
附录 2.3 基于 CUDA 的可视化编程 …… 157
附录 3.1 VisIt 的使用方法 …… 166
附录 3.2 Linux 下的 GPU 显卡配置方法 …… 168
附录 4.1 teem 库介绍 …… 169
附录 4.2 安装 Ubuntu22.04 系统 …… 171
附录 4.3 teem 库配置 …… 172
附录 4.4 搭建脑部张量场数据可视化环境 …… 173
附录 4.5 teem 命令说明 …… 174
附录 5.1 Leap Motion 介绍 …… 178

Chapter 1 | 第 1 章

脑网络三维可视化

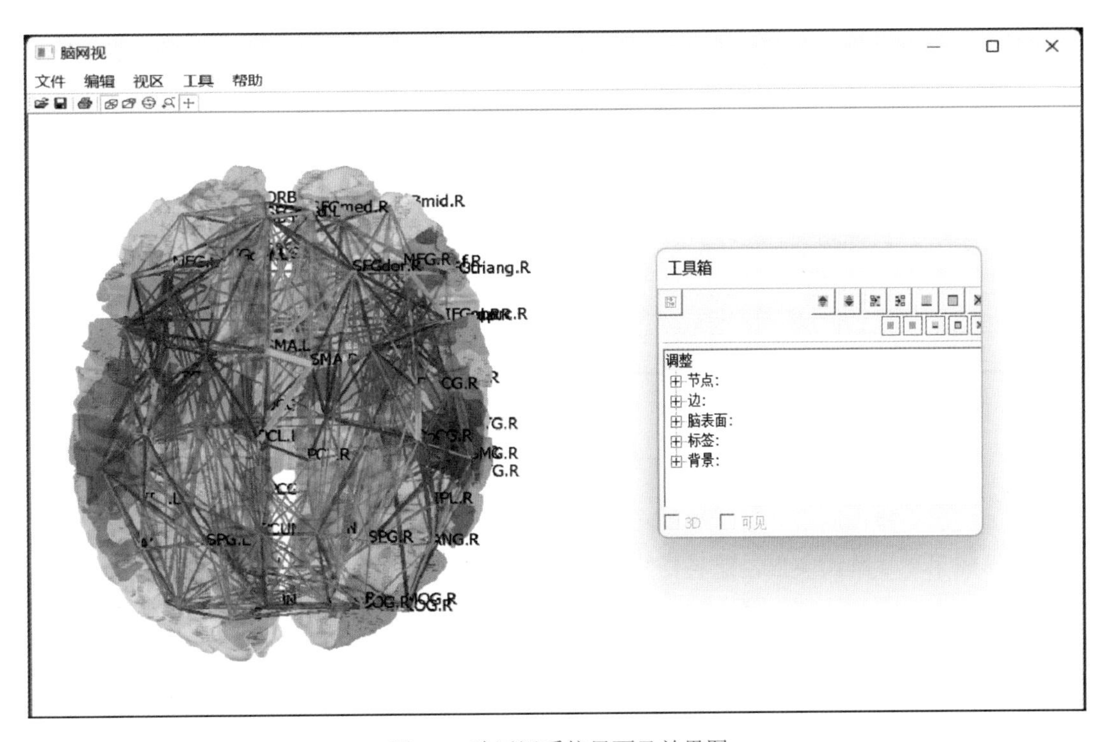

图 1.1 脑网视系统界面及效果图

摘要

随着可视化技术的发展，脑网络可视化软件也逐渐兴起。脑网络的分析方法可应用于不同类型的脑疾病研究，如阿尔兹海默病、精神分裂症、儿童多动症等。为了更加高效地利用图论方法，开发快速、独立运行的可视化软件十分必要。目前，已有一些专门分析脑网络的软件平台，然而它们大多依靠 Matlab 实现，无法生成可执行文件且程序解释时间较长，导致分析速度慢。基于 VC 的 MFC 界面以及图形程序接口 OpenGL，我们开发了一款方便、快速、独立运行的脑网络三维可视化（以下简称为“脑网视”）系统，如图 1.1 所示。该系统能够可视化人脑经过图论抽象的几何模型，允许用户进行一系列交互，如平移、旋转等几何变换，更改节点/边的大小、颜色、透明度及过滤等操作。读者通过学习可以了解脑网络三维可视化的有关技术。

1.1 知识点导读

人脑作为一个复杂系统，是神经系统的最高中枢，人脑的拓扑结构对揭示其结构和功能有着重要的意义。大数据迅速发展的今天，脑网络可视化已经逐渐被应用于相关医学研究，如阿尔兹海默病、癫痫、抑郁症、脑血管疾病等。脑连接关系可以使用神经影像数据进行映射，并基于图论分析进一步可视化。基于图论，人脑结构抽象化为点、边、面等几何模型，如表 1.1 所示，使分析变得简单。

表 1.1 脑结构与对应几何模型

脑 结 构	几 何 模 型
神经影像数据中的脑区	点
不同脑区之间结构或功能的联系	边
大脑皮层	面

1.1.1 脑分区

大脑皮层是指大脑最外层折叠的皮层，呈现为褶皱形态，形成了“大脑沟壑”，这种结构能够保证在容量一定的大脑中具有更大面积的皮层，并使得神经传导速度更快、更高效。皮层不同区域控制着人类复杂的认知功能，如逻辑思维、推理等，支配着人类的高层次心理活动。如图 1.2 所示，大脑两个半球按照解剖学分区主要分为额叶、颞叶、顶叶、枕叶等，分别担负着不同功能。许多研究者依据细胞形态结构和组织之间的功能差异，将其划分为一系列更精细的解剖分区，如 Brodmann 分区和 AAL（Automated Anatomical Labeling）模板[1]。其中 AAL 模板最为著名，将大脑分割为 90 个脑区，部分如图 1.3 所示，不同颜色表示不同分区。虽然有些功能较复杂脑区的分区不明确，但已经足够用来可视化脑网络。

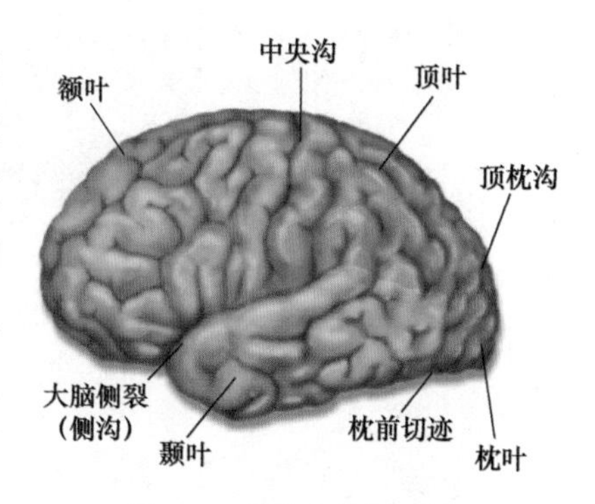

图 1.2 大脑皮层展示图

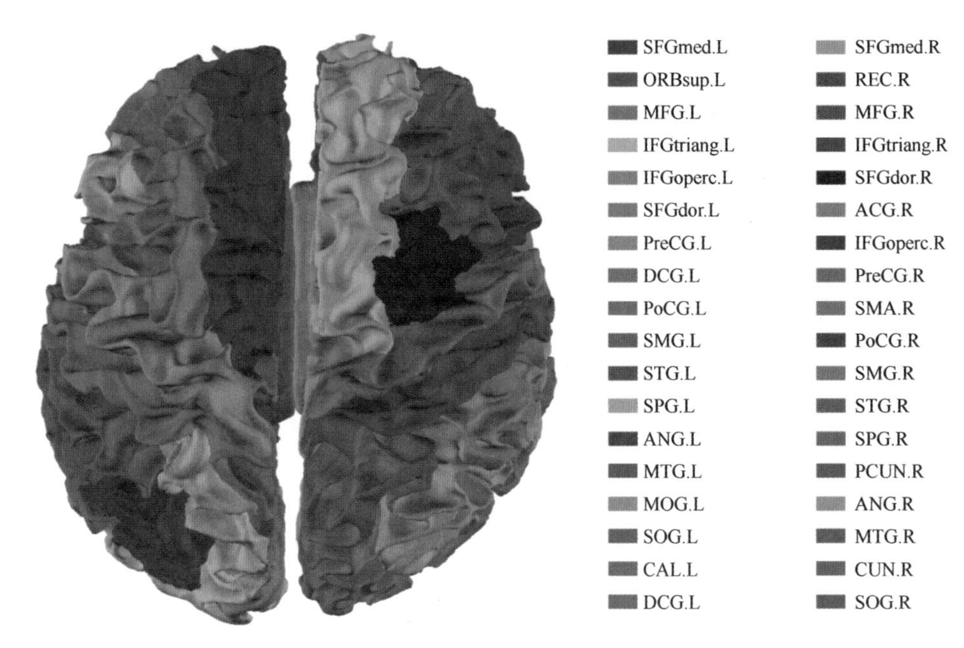

图 1.3　AAL 分区示意图

此外，按照大脑不同区域担负功能相似性进行脑区划分受到较多研究者关注。大脑功能分区理论认为：大脑中认知系统通常由不同神经网络组成，这些组成成分位于皮质不同区域，并且大脑大部分认知功能都需要皮质和皮质下结构共同作用。额叶在运动准备和执行方面起到重要作用，主要包括运动皮层和前额叶皮层，其中，前额叶皮层在注意控制、计划和执行等功能上起着重要作用，这些功能要求对不同时间的信息进行整合；顶叶中躯体感觉皮层负责接收并处理触觉、痛觉、温度感觉以及本体感觉等；枕叶中视觉加工皮层接收并处理颜色、明度、空间频率、朝向以及运动等视觉信息；颞叶中听觉加工皮层能对语音语调等听觉信息进行加工和处理；皮层中不能被单独划分为感觉或运动的部分被定义为联合皮层，这些皮层可以接收不同类型的知觉信息。已有较多功能分区模板类型，较为常用的是 Yeo 模板[2]。

1.1.2　脑白质纤维

脑白质是中枢神经系统的重要组成元素之一，由大量包覆着神经轴突的髓鞘组成，如图 1.4 所示，按照区域编号顺序，依次是侧脑室额角、脑室中央部分、禽距、侧脑室枕脚、侧副三角、侧副隆起、海马体、脑室颞角、内囊、尾状核。脑白质构成大脑深部和脊髓表层的一大部分，因此能够连接不同脑区并在灰质中传递信息。脑白质髓鞘作为神经传导的“绝缘体”，包覆负责传递信息的神经轴突。与脑白质纤维异常相关的疾病较多，如多发性硬化症、脑性麻痹、亚历山大症等，因此对脑白质纤维的研究十分重要。关于脑白质纤维的可视化，详情见 4.2.4 节中的“纤维追踪算法”。

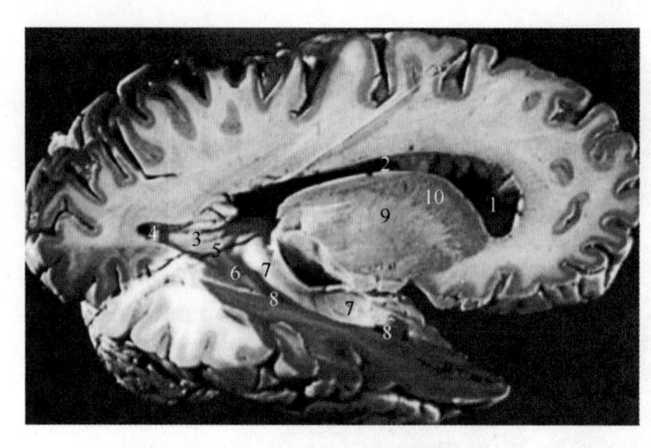

图 1.4 脑白质示意图

1.1.3 脑网络

脑是由多个神经元、神经元集群或多个脑区相互连接形成的脑结构网络，并通过区域间相互作用起到中枢调控作用，帮助完成各种认知功能。脑网络可分为结构脑网络和功能脑网络。结构脑网络基于脑白质纤维的连接，反映大脑生理结构。功能脑网络主要取决于两个节点信号的时间同步性和功能上的依赖关系，描述各节点之间的统计性连接关系。

根据文献[3]，脑结构网络的构建示意图如图 1.5 所示，分别基于结构磁共振图像（灰质的形态学指标，如皮层厚度、皮层曲面积等，蓝色箭头所示流程）和扩散磁共振图像（白质纤维束，绿色箭头所示流程）。脑功能网络可以分别基于功能磁共振图像（大脑功能活动的时间序列，红色箭头所示流程）和脑电/脑磁信号（黄色箭头所示流程）。其构建过程如下。

1. 网络节点定义

结构、扩散和功能磁共振数据需要利用先验图谱划分脑区或图像体素定义网络节点，而脑电/脑磁数据则直接以记录电极/通道为网络节点。

2. 网络连接（边）定义

基于结构磁共振数据的网络连接定义为网络节点形态学指标之间的统计关系，扩散磁共振数据通过确定性或概率性纤维跟踪技术确定网络节点之间的解剖连接，基于功能磁共振及脑电/脑磁的网络连接一般可以通过皮尔森相关、偏相关、同步似然性等计算方法来度量网络节点的神经活动信号之间的统计关系。

3. 构建脑结构和功能网络

可以对相关矩阵进行二值化，获得不同阈值下的二值矩阵，即脑结构和功能网络。常见的用来衡量这种拓扑结构的网络属性包括节点度、节点度分布、集聚系数、最短路径长度、中心度、模块等。解剖学研究结果表明，大脑的解剖连接稀疏且局部聚集[4]。使用复杂网络理论可以揭示隐藏在脑结构和功能网络中的很多重要的拓扑属性，如“小世界”特性、模块化结构及核心脑区等。脑网络的分析方法可以应用于不同类型的脑疾病研究，如阿尔兹海默病、精神分裂症、儿童多动症等，通过探讨由疾病导致的脑网络拓扑结构的异常变化，从而在系统水平上为揭示脑疾病的病理、生理机制提供新的启示，并在其基础上建立描述疾病的脑网络影像学标记，为病人的早期诊断和疗效评价等提供重要的辅助工具。

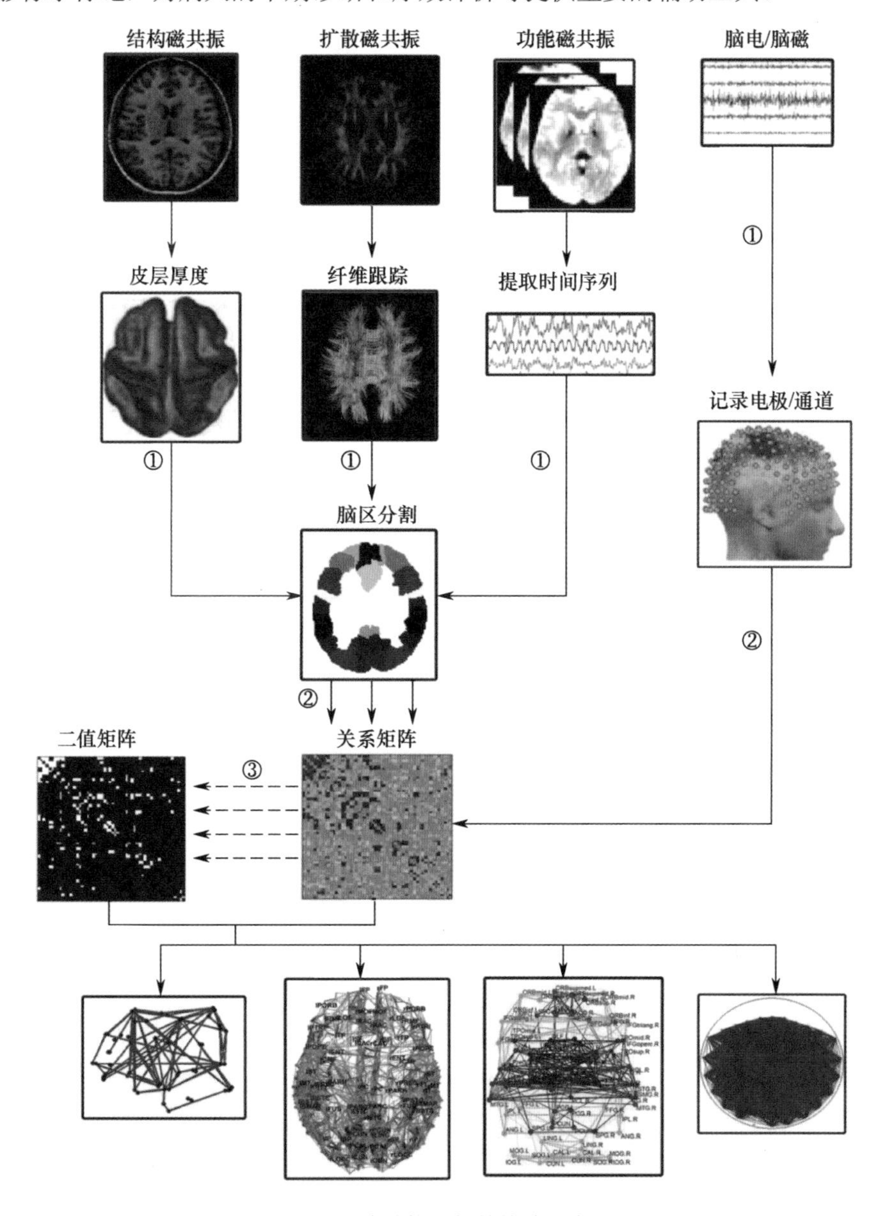

图 1.5　脑结构网络的构建示意图

1.2 方法概要

脑网络结构主要包括节点、边，节点、边可进一步融合为脑表面模型。下面将描述节点、边和脑表面的可视化过程。

1.2.1 节点、边可视化

利用实心圆绘制二维节点，利用球体绘制三维节点，用带有长度和宽度的直线表示二维边。但是在绘制三维边时，基于 OpenGL 显示列表快速绘制，使用正六棱柱，其算法如下[5]。

1. 定义正交向量

已知起始位置 $\boldsymbol{d}(x_d,y_d,z_d)$ 和终止位置 $\boldsymbol{e}(x_e,y_e,z_e)$，以及管道粗细 r，定义向量 $\boldsymbol{n}=\boldsymbol{e}-\boldsymbol{d}=(x_n,y_n,z_n)$。对向量 $\boldsymbol{n}$ 的 Y 坐标值进行小范围变化（如增加 0.001），形成一个新的向量 $\boldsymbol{m}$。定义向量 $\boldsymbol{n}$ 与 $\boldsymbol{m}$ 形成平面 P，其法向量 $\boldsymbol{q}_0=\boldsymbol{n}\times\boldsymbol{m}$，以及定义向量 $\boldsymbol{p}_0=\boldsymbol{n}\times\boldsymbol{q}_0$。

2. 单位化正交向量

对 $\boldsymbol{p}_0=(x_{p_0},y_{p_0},z_{p_0})$ 和 $\boldsymbol{q}_0=(x_{q_0},y_{q_0},z_{q_0})$ 进行单位化，即

$$\boldsymbol{p}=(x_p,y_p,z_p)=\frac{1}{\sqrt{x_{p_0}^2+y_{p_0}^2+z_{p_0}^2}}(x_{p_0},y_{p_0},x_{p_0})$$

$$\boldsymbol{q}=(x_q,y_q,z_q)=\frac{1}{\sqrt{x_{q_0}^2+y_{q_0}^2+z_{q_0}^2}}(x_{q_0},y_{q_0},z_{q_0})$$

于是，向量 $\boldsymbol{n}$、$\boldsymbol{p}$、$\boldsymbol{q}$ 两两垂直，向量 $\boldsymbol{p}$、$\boldsymbol{q}$ 形成的平面 L 是与管道方向垂直的平面。

3. 绘制柱体

以柱体起始位置 $\boldsymbol{d}(x_d,y_d,z_d)$ 为中心，取 5 个旋转角度。

$$\theta_i=\frac{\pi}{3}i \quad (i=1,\cdots,5)$$

则六棱柱底面各顶点 $S_i(i=0,1,\cdots,5)$ 的坐标如下。

$$S_i=\begin{bmatrix}x_i\\y_i\\z_i\end{bmatrix}=\begin{bmatrix}x_p & x_q & x_d\\y_p & y_q & y_d\\z_p & z_q & z_d\end{bmatrix}\begin{bmatrix}r\sin\theta_i\\r\cos\theta_i\\1\end{bmatrix}=\begin{bmatrix}x_p r\sin\theta_i+x_q r\cos\theta_i+x_d\\y_p r\sin\theta_i+y_q r\cos\theta_i+y_d\\z_p r\sin\theta_i+z_q r\cos\theta_i+z_d\end{bmatrix}$$

同理，可以知道六棱柱顶面各顶点 $T_i(i=0,1,\cdots,5)$ 的坐标，绘制侧面 6 个矩形

$S_iS_{i+1}T_{i+1}T_i(i=0,1,\cdots,4)$ 以及 $S_0S_5T_5T_0$ 以形成柱体，如图 1.6 所示。

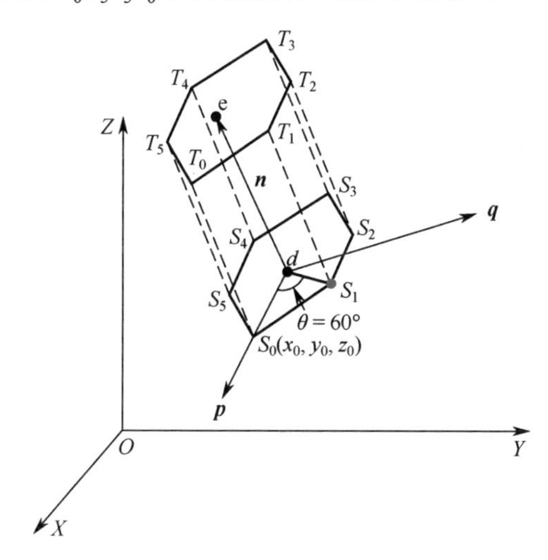

图 1.6 六棱柱模型示意图

绘制边的算法伪代码如下。

算法 1.1 绘制边

输入：

脑网络节点集 $N=\{\boldsymbol{n}_1,\boldsymbol{n}_2,\cdots,\boldsymbol{n}_{90}\}$；

其中 $\boldsymbol{n}_i$ 是第 i 个节点的坐标；

D 和 E 是两个数组，分别存储具有连接关系的两个节点，作为边的起始点和对应终止点，数组长度代表此脑网络中连接关系数量；

R 是一个存储连接关系属性值的数组，表示边粗细；

节点间连接关系 $\mathrm{CN}=\{D,E,R\}$；

1. **function** DrawConnection (N,CN)
2. **read** 所有节点 N 和连接关系 CN
3. **for** 每一个连接关系 CN_i **do**
4. 计算向量 $\boldsymbol{n}=E[i]-D[i]=(x_n,y_n,z_n)$， $\boldsymbol{m}=(x_n,y_n+0.01,z_n)$， $\boldsymbol{n}$ 为边的方向向量
5. 生成 $\boldsymbol{q}_0=\boldsymbol{n}\times\boldsymbol{m}$， $\boldsymbol{p}_0=\boldsymbol{n}\times\boldsymbol{q}_0$，并对其归一化得到 $\boldsymbol{p}$、$\boldsymbol{q}$
6. **for** 每次间隔$\dfrac{\pi}{3}$ **do**
7. 以 d 为中心， $R[i]$ 为半径，计算顶点 S_i 的坐标
8. 以 e 为中心， $R[i]$ 为半径，计算顶点 T_i 的坐标
9. **end for**
10. 开始绘制：glBegin(GL_LINE_STRIP)
11. **for** $i=0,1,\cdots,4$ **do**
12. 绘制四边形 $S_iS_{i+1}T_{i+1}T_i$，
13. **end for**

14.　　　绘制四边形 $S_5S_0T_0T_5$

15.　　结束绘制：glEnd()

16.　**end for**

17.　**end function**

1.2.2　脑表面可视化

脑表面为整个脑网络可视化分析提供便利，其提供任意节点所代表脑区在大脑皮层上的相对位置。主要利用“三角面片插值法”对各个脑区进行面绘制，并着不同颜色。其主要执行过程如下[6]。

1．读入脑表面 obj 文件

读入 obj 文件中所有信息，obj 文件格式如图 1.7 所示，其中 v 表示顶点坐标，其后数字表示顶点坐标的 x、y、z 值，vt 表示纹理坐标信息，vn 表示法线信息，f 表示三角面片（包括顶点索引、纹理坐标索引和法线索引）。

2．读取每个三角面片对应法向量

如图 1.8 所示，对于任一个三角面片△ABC，向量 $\overrightarrow{\boldsymbol{AB}}=\boldsymbol{B}-\boldsymbol{A}$，$\overrightarrow{\boldsymbol{AC}}=\boldsymbol{C}-\boldsymbol{A}$，则对应法向量 $\boldsymbol{n}=\overrightarrow{\boldsymbol{AB}}\times\overrightarrow{\boldsymbol{AC}}$。设置合适的光源位置、材质等，光线与法线共同作用，形成脑表面的凹凸效果。

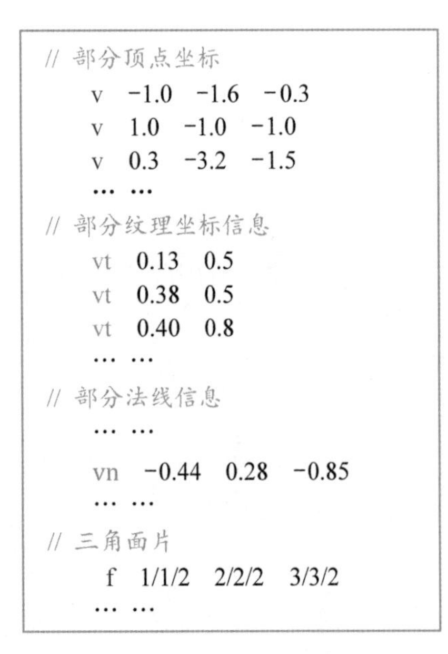

图 1.7　obj 文件格式

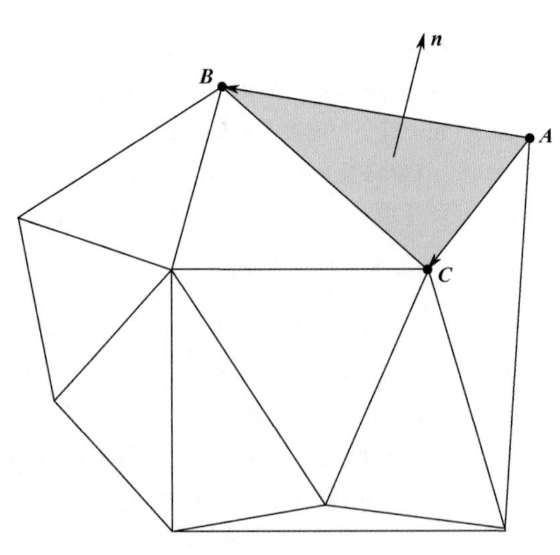

图 1.8　三角面片法向量示意图

3．设置光源

根据模型，设置合适的光照效果，伪代码如下。

算法 1.2 设置光源

输入：
无
1. **function** SetUpLight (void)
2. 　开始设置光照参数：glEnable(GL_LIGHTING)
3. 　　**for** 每一个光源 **do**
4. 　　　设定光源位置：glLightfv（光源编号，光源位置属性，设置的数值）
5. 　　　设定光照属性：glLightfv（光源编号，光照相关属性，设置的数值）
6. 　　　启用此光源：glEnable（光源编号）
7. 　　**end for**
8. **end function**

4．绘制三角面片

根据各顶点及三角面片对应法向量，绘制三角面片，伪代码如下。

算法 1.3 绘制脑表面

输入：
脑表面模型 $M=\{((v_{11},v_{12},v_{13}),\boldsymbol{n}_1),((v_{21},v_{22},v_{23}),\boldsymbol{n}_2),\cdots,((v_{m1},v_{m2},v_{m3}),\boldsymbol{n}_m)\}$；
其中 (v_{i1},v_{i2},v_{i3}) 是第 i 个三角面片的三个顶点坐标；
$\boldsymbol{n}_i$ 是第 i 个三角面片的法向量；
1. **function** DrawSurface (M)
2. 　**read** 模型 M
3. 　开始绘制：glBegin(GL_TRIANGLES)
4. 　　**for** 模型 M 的每一个三角面片 **do**
5. 　　　绘制对应法向量：glNormal3f(n.X, n.Y, n.Z)
6. 　　　**for** 任一三角面片的三个顶点 **do**
7. 　　　　绘制顶点：glVertex3f(v.X, v.Y, v.Z)
8. 　　　**end for**
9. 　　**end for**
10. 　结束绘制：glEnd( )
11. **end function**

1.3 系统介绍

1.3.1 系统架构

脑网视系统框架图如图 1.9 所示，分为前端和后端两个部分。用户通过前端将消息通过 Win 32 接口传给系统执行部分，访问 obj、txt 等数据层文件，最终利用 OpenGL 绘制显示。前端负责预处理、仿射变换、结果显示和对象处理等，其中，对象处理包括节点、边、脑表面等交互操作。后端负责 MFC（Microsoft Faundation Classes）框架各类之间的消息响应，基于图形程序接口 OpenGL 实现绘制。设计系统时，考虑到系统的稳定性和灵活性，选择 MFC 类库作为本系统的基础架构，在图形显示、数据处理、交互操作等方面具有较强优势，同时能够保证整个系统的灵活性。

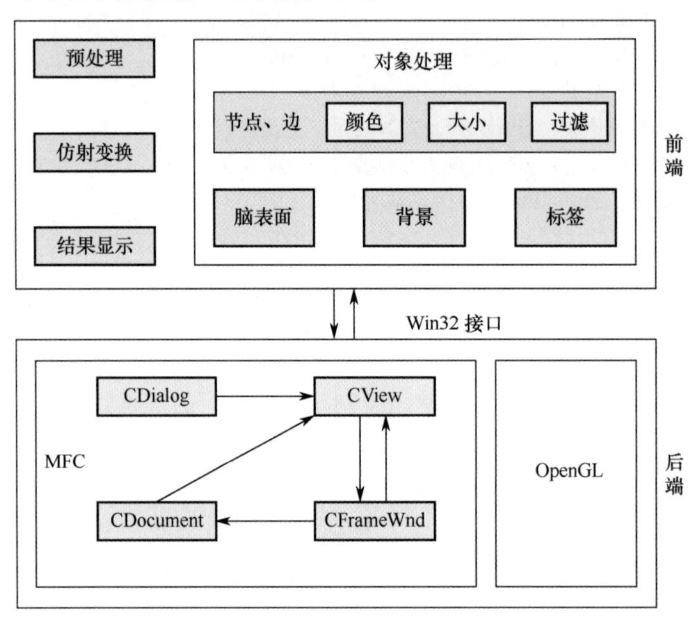

图 1.9　脑网视系统框架图

1.3.2　系统功能

脑网视系统功能主要包括 4 个部分：数据处理、图形绘制、模型变换以及辅助功能，如表 1.2 所示。其中，图形绘制主要包括二维显示、三维显示；模型变换包括仿射变换，如旋转、平移、缩放等；辅助功能包括各节点或边的颜色、尺寸改变等，标签的字体、颜色改变，按照不同属性值过滤显示节点、边，以及按照 AAL 模板对脑表面分区。

表 1.2　脑网视系统功能

<table>
<tr><th>系统名称</th><th>系统功能</th><th colspan="2">相关操作</th></tr>
<tr><td rowspan="7">脑网视系统</td><td>数据处理</td><td colspan="2">打开文件</td></tr>
<tr><td rowspan="2">图形绘制</td><td colspan="2">二维显示</td></tr>
<tr><td colspan="2">三维显示</td></tr>
<tr><td>模型变换</td><td>仿射变换</td><td>旋转、平移、缩放</td></tr>
<tr><td rowspan="3">辅助功能</td><td>节点、边</td><td>颜色、尺寸、过滤</td></tr>
<tr><td>脑表面</td><td>分区</td></tr>
<tr><td>标签</td><td>颜色、字体</td></tr>
</table>

工具栏包括正投影、中心投影、旋转、缩放和平移等 5 个操作按钮。默认为正投影，默认鼠标操作为旋转。除两个投影按钮外，其他按钮操作如下。

旋转按钮：在二维屏幕内，左右拖动绕 Y 轴旋转，上下拖动绕 X 轴旋转。

缩放按钮：向上拖动可缩小，向下拖动可放大。

平移按钮：选中脑网络，左右拖动表示沿 X 轴平移，上下拖动表示沿 Y 轴平移。

1. 节点和边操作

双击右侧操作面板中的“节点”或“边”节点，出现“颜色”、“大小”、“过滤显示”3 个选项，如图 1.10 所示。各个选项的具体操作如下。

大小调节：双击“大小”按钮会打开如图 1.10（a）所示的面板。在“数量”下拉列表中可以选择列表选项（体积、区域），在“对数”下拉列表中可以选择计算大小的不同方式，单击按钮可改变当前节点（或边）的最大、最小值。勾选“不同大小”复选框，则将 Node_prop.txt 和 Connection.txt 文件中记录节点和边的不同属性值赋予当前节点（或边），取消勾选表示当前节点（或边）大小一致。拖动双滑块边界，可以改变大小范围，也可以按住鼠标右键拖动整个滑块进行改变。

过滤显示：双击“过滤显示”按钮，再双击出现的“数量”按钮，打开如图 1.10（b）所示的面板。在“内”下拉列表中可以选择过滤显示“内”、“外”或“全”，蓝色滑块表示显示的过滤部分。

颜色调节：双击“颜色”按钮，打开如图 1.10（c）所示的面板。勾选“不同颜色”复选框，会将 Color.txt 文件中定义的 Ramp 赋予当前节点（或边）不同颜色，取消勾选后默认为 VisConnectome_test.txt 文件中定义的颜色。单击“颜色”按钮，可以选择其他颜色。拖动刻度0.12可以改变当前节点（或边）透明度。

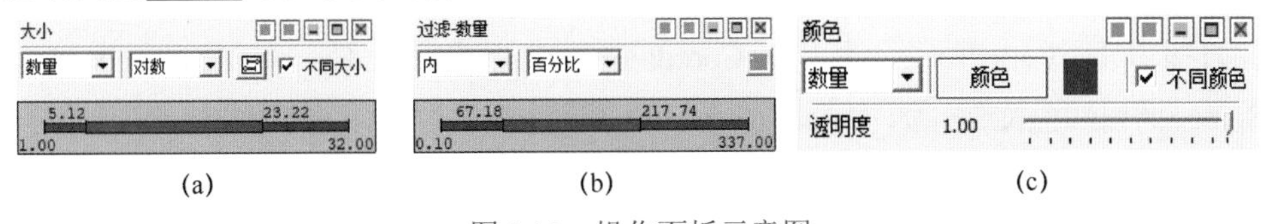

(a)　　(b)　　(c)

图 1.10　操作面板示意图

2. 标签操作

双击右侧操作面板中的“标签”节点，出现“颜色”、“字体”这两个选项。

标签颜色：双击“颜色”按钮，在弹出的对话框中可以改变字体颜色。

标签字体：双击“字体”按钮，在弹出的对话框中可以选择标签字体、字号等。

3. 背景操作

双击右侧操作面板中的“背景”节点，出现“颜色”选项，可以使用该选项改变背景颜色。

4．其他操作

可见性调节：工具箱下方包括“可见”复选框，勾选此复选框则表示当前节点或边可见；取消勾选，则不可见。

2D 与 3D 显示转换：工具箱下方包括“3D”复选框，勾选此复选框可实现当前节点、边在 2D 与 3D 之间转换。

导入 txt 文本文件影响标签和脑表面显示，即在图 1.11（a）格式文件中利用“//”注释掉标签（第 42 行）或脑表面部分（第 43～46 行）代码，则在系统界面就不会显示标签或脑表面。

1.3.3　系统配置

1．环境配置

脑网视系统运行环境为 Microsoft Visual Studio 2019，需要配置目录“\BnuVisBook\SharedResource\BrainNetworkVis\Opengl”中 OpenGL 库的环境，具体操作方法如下。

（1）将 Opengl 中 dll 文件夹下的相关文件，复制到 C:\Windows\System32 中。

（2）将 Opengl 中 include 下 GL 文件夹，复制到目录“C:\Program Files (x86)\Microsoft Visual Studio\2019\Community\VC\Tools\MSVC\14.29.30037\include”中。

（3）将 Opengl 中 lib 文件夹下的相关文件，复制到静态函数库 lib 所在目录“C:\Program Files(x86)\Microsoft Visual Studio\2019\Community\VC\Tools\MSVC\14.29.30037\lib\x86”中。

2．输入文件格式

脑网视系统导入 txt 文件，该文件主要包含 3 个部分：Coord、ColorRamp、Window main，如图 1.11（a）所示，其中，Coord 调用节点坐标文件（如 Node_coord.txt），ColorRamp 调用颜色文件（如 Color.txt），Window main 可调用其中橙色标识以关键词 file 开头的节点属性文件（如 Node_prop.txt）、连接关系文件（如 Connection.txt）、脑表面文件夹（如 Surface，包含 90 个 obj 格式脑区），以及紫色标识以关键词 Annotation 开头的脑区标注文件（如 Annotation.txt）。在导入 txt 文件中需要 5 个相关文档，如图 1.11（b）～1.11（f）所示，其中，图 1.11（b）为节点坐标文件，图 1.11（c）为分层颜色文件，图 1.11（d）为节点及相关属性文件，图 1.11（e）为边及相关属性文件，图 1.11（f）为标签文件。

1.4　导图操作

脑网视系统硬件配置：Intel® Core™ i9-10900K CPU、主频为 3.70GHz、内存为 32GB、显卡类型为 NVIDIA GeForce RTX 3090（显存 24GB）。

软件环境：Windows 10（64 位操作系统）、开发工具为 Visual Studio 2019、开发语言为 C++、NVIDIA 驱动为 531.79、OpenGL4.6。

1.4.1　测试数据

图 1.11 的输入数据是 ADNI 网站中的项目 136_S_1227 中的阿尔兹海默病患者数据。该患者患病 5 年，处于阿尔兹海默病第二阶段中度痴呆期，表现为远近记忆严重受损，简单结构的视空间能力下降，时间、地点定向障碍，不能独立进行室外活动，在穿衣和个人卫生等方面需要帮助。使用软件 PANDA 对数据进行处理，与 AAL 脑分区模板配准，得到 3 个文件，包括 Node_coord.txt、Node_prop.txt 和 Annotation.txt。使用 FACT 算法获取各脑区连接关系，整理成 Connection.txt 文件。

(a)

```
1 Coord  Node_coord.txt   // 包含所有节点位置、属性的文件
2 ColorRamp Color.txt     // 包含所有分层颜色的文件
3 Window main
4    Glyph Points             // 绘制节点
5       file Node_prop.txt    // 包含节点所有特性的文件
6       Color 200 0 255       // 设置节点的单一颜色
7       Opaque 255            // 设置节点颜色的透明度
8       Size                  // 设置节点的大小
9          Range 2 30         // 节点大小的范围
10         Var node property  //  Node 文件中某一属性
11      End
12      Ramp                  // 设置节点分层的颜色
13         Name ramp1    //  Color 文件中某一颜色系统
14         Var node property
15      End
16      Filter                // 设置节点的过滤显示
17         Var node property
18         OutlierBnds a b    // 设置"全"的范围
19         Trans none
20         Interval c d       // 设置"内"的范围
21      End
22   End
23   Glyph Paths              // 绘制连接关系（边）
24      file Connection.txt   // 包含边所有特性的文件
25      Color 200 0 0         // 设置边的单一颜色
26      Opaque 255            // 设置边颜色的透明度
27      Size                  // 设置边的大小
28         Range 21 23        // 边大小的范围
29         Var connection property // Conn文件中某一属性
30      End
31      Ramp                  // 设置边分层的颜色
32         Name ramp2     //  Color文件中某一颜色系统
33         Var connection property
34      End
35      Filter                // 设置边的过滤显示
36         Var connection property
37         OutlierBnds a b    // 设置"全"的范围
38         Trans none
39         Interval c d       // 设置"内"的范围
40      End
41   End
42   Annotation Annotation.txt // 包含各脑区名称的文件
43   Glyph Surface            // 绘制脑表面
44      file Surface     // 包含各脑分区 obj 文件的文件夹
45      Opaque 255            // 设置脑表面颜色的透明度
46   End
47 End
```

(b)

```
id  1       // 每个节点的标识数量
ndim  3     // 节点的维数
nprop 0     // 节点的属性数量
Data        // 各节点详细数据
PreCG.L  -38.65  -5.68   50.94
PreCG.R   41.37  -8.21   52.09
```

(c)

```
// 标识为 ramp1 的颜色系统
Ramp ramp1
255   255   0
0     255   0
……
End
// 标识为 ramp2 的颜色系统
Ramp ramp2
```

(d)

```
ndim  1       // 每个节点的属性
nprop 2       // 节点的属性个数
体积  float   // 第1个属性名称+数据类型
区域  int     // 第2个属性名称+数据类型
Data          // 有关属性的详细数据
ACG.L      39.1   2
ACG.R      46     2
```

(e)

```
ndim 2    // 两个节点形成的边的属性
nprop 1   // 边的属性个数
数量  int  // 第1 个属性名称+数据类型
Data       // 有关属性的详细数据
PreCG.L     SFGdor.L    2
PreCG.L     SFGdor.R    8
……
```

(f)

```
ndim 3        // 标签的维数
Data          // 标签的详细数据
// 每个坐标处的标签名称
-38.65  -5.68     33.94   PreCG.L
```

图 1.11　导入 txt 文件及相关文件解释

1.4.2 操作步骤

1. 打开文件

（1）双击目录“\BnuVisBook\SharedResource\BrainNetworkVis\VisConnectome\Release”中 VisConnectome.exe，在工具栏中单击按钮，在打开的窗口中选择“\BnuVisBook\SharedResource\BrainNetworkVis\data”目录中的 VisConnectome_test.txt 文件，该文件“Window”标识部分只有“Glyph Points”和“Glyph Paths”，系统加载脑网络节点和边数据，如图 1.12 所示。

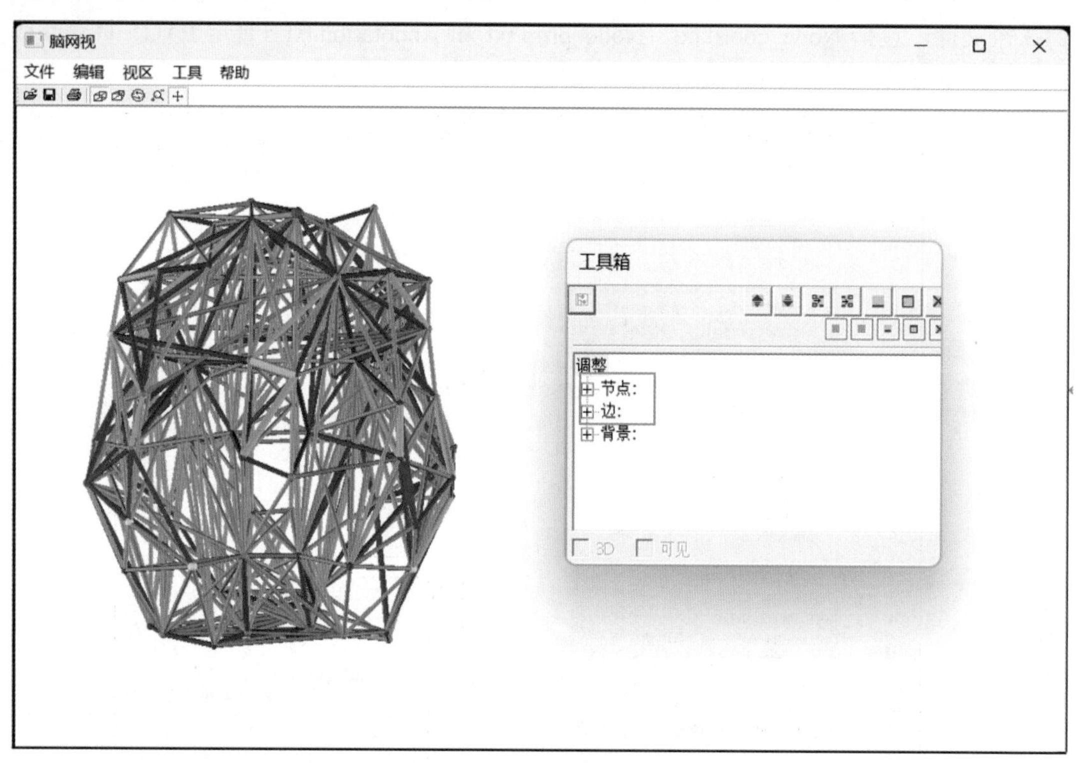

图 1.12　节点和边三维模型

（2）修改 VisConnectome_test.txt 文件，在“Window”标识部分添加图 1.11（a）中显示标签的代码（第 42 行）。保存后在脑网视系统重新打开 VisConnectome_test.txt 文件，系统加载模型节点、边和标签数据，如图 1.13 所示。

（3）修改 VisConnectome_test.txt 文件，在“Window”标识部分添加图 1.11（a）中显示脑表面的代码（第 43～46 行）。保存后在脑网视系统重新打开 VisConnectome_test.txt 文件，系统加载模型节点、边、标签和脑表面数据，如图 1.14 所示。

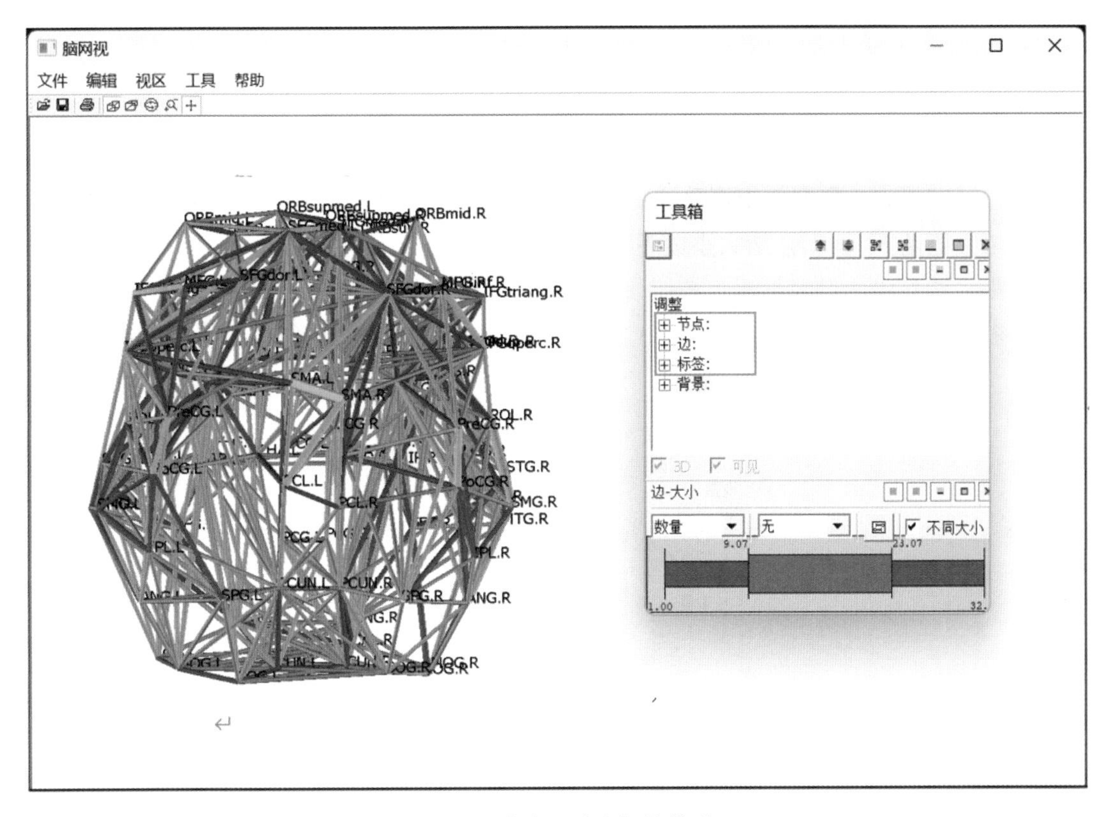

图 1.13　节点、边和标签模型

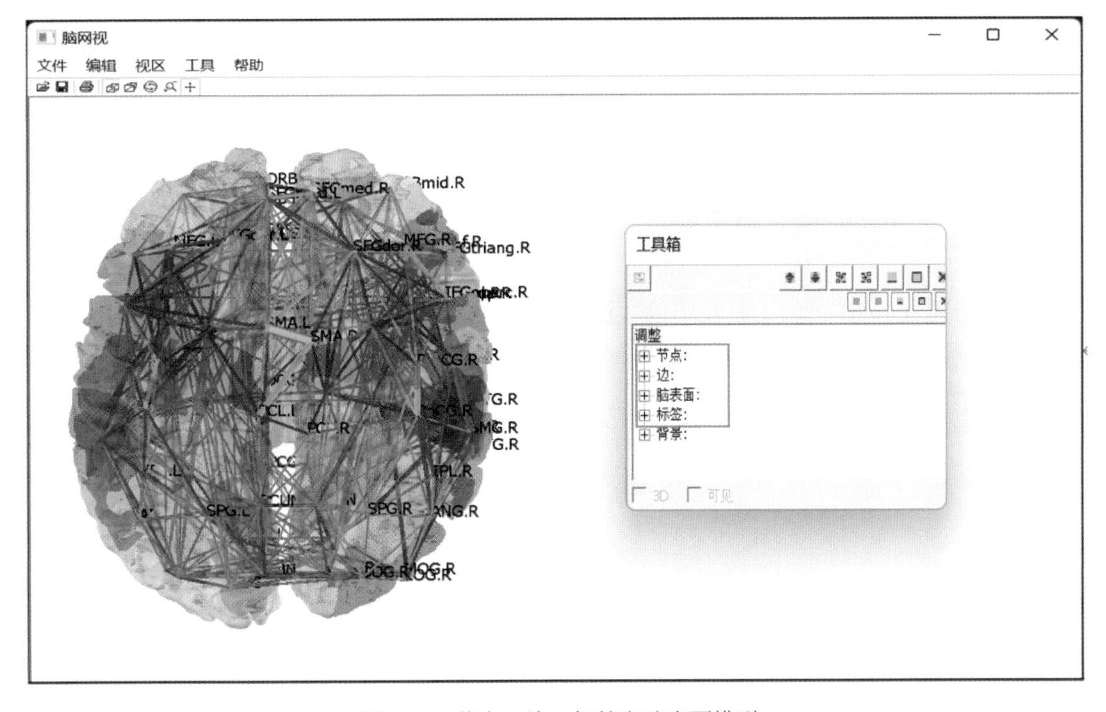

图 1.14　节点、边、标签和脑表面模型

2. 调整脑网络节点、边

单击工具箱中的▣按钮，显示工具箱的所有功能，如图 1.15 所示。双击工具箱中的“节点”（或“边”）节点，也可以单击节点前面的⊞图标，然后双击出现的“大小”按钮，在打开的“大小”面板中拖动调整双滑块的边界，如图 1.10（a）所示。图 1.1 中节点大小边界值是 11 和 27，边大小边界值是 3 和 20。

双击“边”中“过滤显示”按钮，再双击出现的“数量”按钮，在打开的“过滤-数量”面板中调整双滑块的边界，如图 1.10（b）所示，图 1.1 过滤的边界值是 18 和 337。

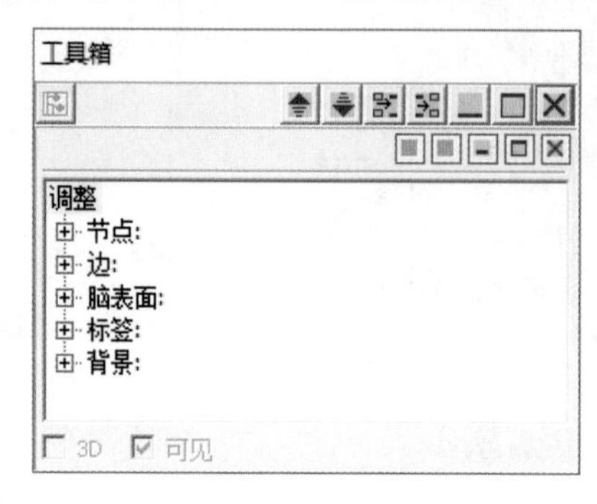

图 1.15　工具箱界面

3. 修改脑区标签

双击如图 1.15 所示的工具箱中的“标签”节点或单击前面的⊞图标，再双击出现的“颜色”按钮，在打开的“标签-颜色”面板中单击“颜色”按钮，选择“黑色”，将标签字体改为黑色。

双击“字体”选项，在打开的“字体”面板中修改字体。设置图 1.1 中的字体为“Times New Roman”、字形为“粗体”、大小为“五号”，单击“确定”按钮。

4. 调整脑表面透明度

双击如图 1.15 所示的工具箱中的“脑表面”节点或单击前面的⊞图标，再双击出现的“颜色”按钮，在打开的“脑表面-颜色”面板中调整刻度 0.12，修改其透明度为 0.5，最终得到图 1.1。

Chapter 2 | 第 2 章

体数据可视化

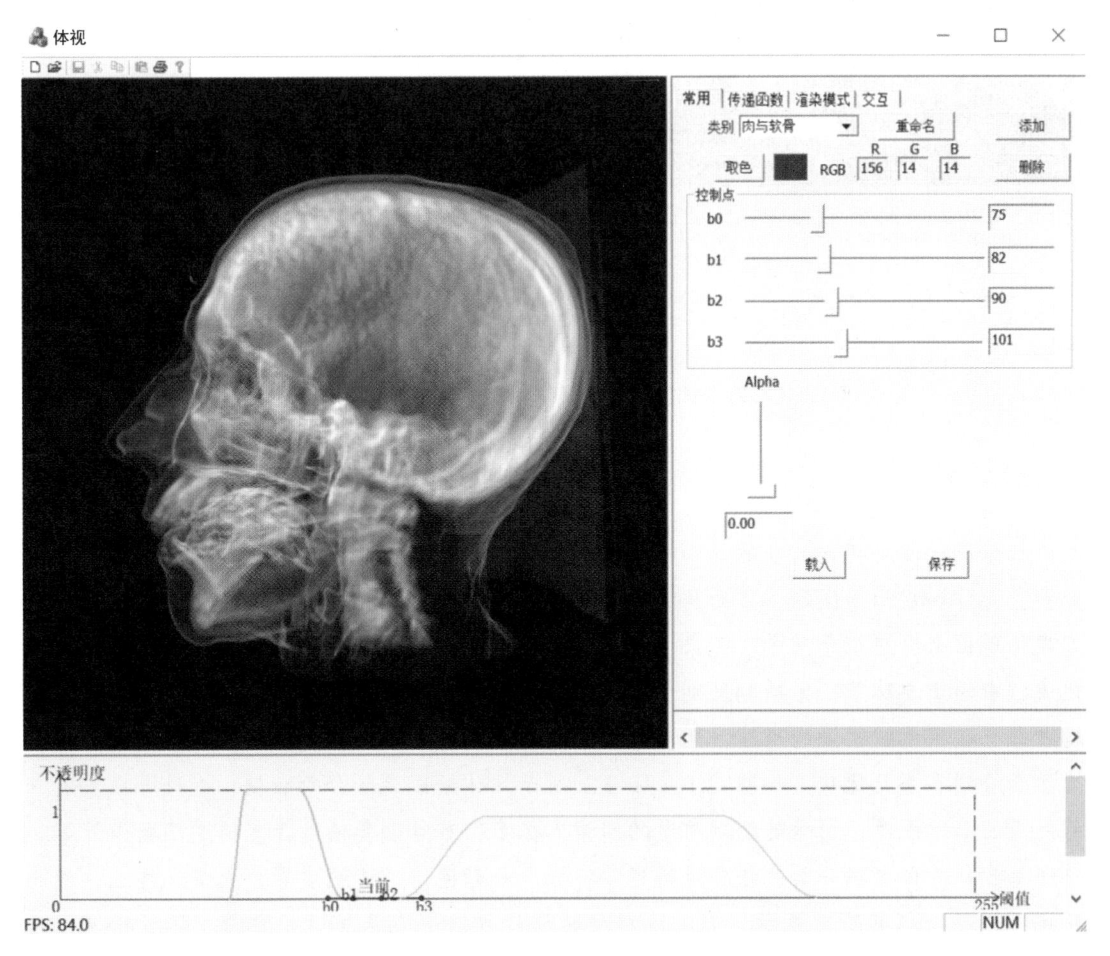

图 2.1　体数据可视化系统界面及效果图

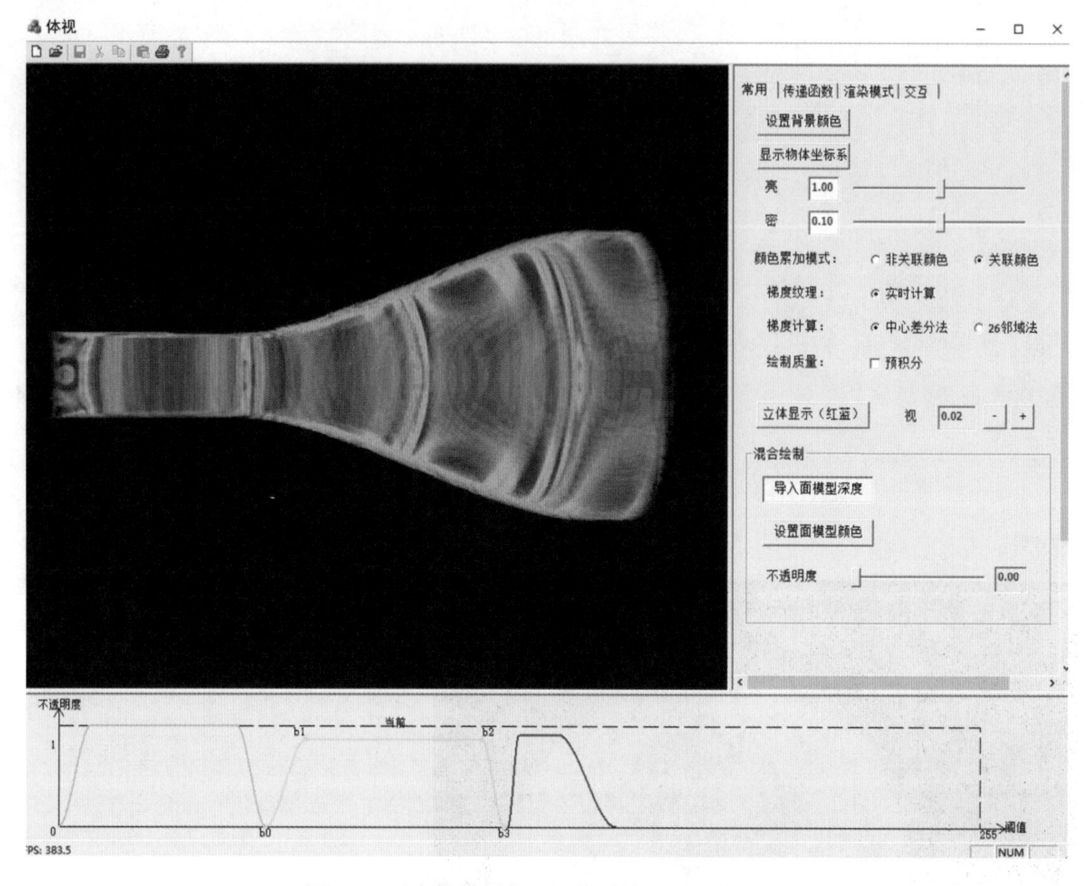

图 2.2　时变体数据集可视化系统界面及效果图

摘要

标量场数据可视化处理的是由标量构成的三维体数据，研究体数据在计算机中表示、变换、操作和显示等问题，目的是探查其内部蕴含的信息，将复杂内部结构及其相互关系直观体现出来，应用于医学、气象、地质和科学模拟等领域。分类与体绘制是体数据可视化流程中的重要环节。体绘制区别于利用二维面片拼接模拟三维物体的面绘制，基于三维场中每个数据贡献累积的原理，生动展现绘制对象内部结构，在挖掘数据潜藏信息方面相比于面绘制有先天优势，如图 2.1、图 2.2 所示。体绘制无须分割数据，直接合成具有三维效果的二维图像，影响其绘制质量的因素有很多，如绘制算法选择、传递函数设计等。传递函数负责体数据分类，任务是将光学特性，如颜色、不透明度等分配给采样点，进而获得感兴趣特征的有效展示，直观、自动的设计方法一直是其研究方向。体数据可视化（简称“体视”）系统基于 CUDA 架构的 GPU 并行体绘制，实现一维梯形传递函数设计，主要包括常用、传递函数、渲染等模块，适用于 CT 体数据可视化。此外，设计分段非重叠梯形传递函数，实现时变电磁模拟体数据集可视化系统，并支持体模型和面模型的混合绘制。读者通过本章的学习可了解标量场数据可视化的光线投射体绘制、传递函数设计以及 GPU 可视化编程等相关技术。

2.1　知识点导读

2.1.1　体数据

1．体数据

体数据（Volume Data）可以视为三维空间网格上的采样点集，理解为 X、Y、Z 方向延伸的立方体，存储形式是离散三维数组。体数据可以视为体素（Voxel）的集合。如图 2.3 所示，医学中每个预处理的二维医学图像序列进行次序累积后产生的体数据，由立方体单元格组成，就像由一块块方砖建造而成，而每一块方砖就是组成它的体素。颜色值和不透明度值是体素的光学特性（可以从后面介绍的传递函数获得），其决定体素是否可见和显示的颜色，也是体素蕴含的数据。

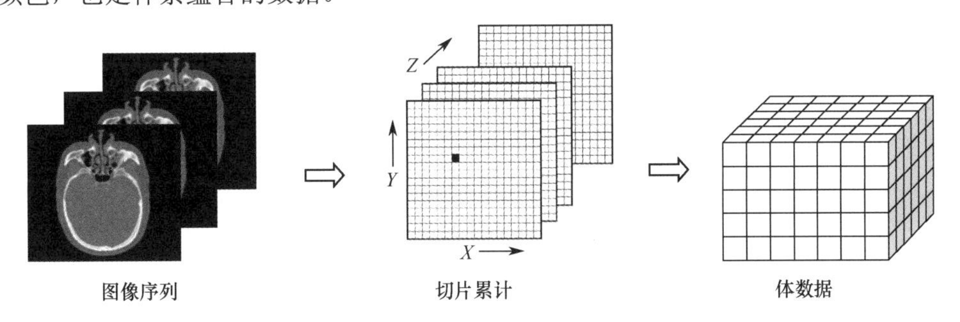

图 2.3　图像序列转化为三维数组所表达的体数据

2．体素

体素是组成体数据的最小单元，图 2.4（a）中每个立方体单元格代表一个体素。图 2.4（b）中的黑色点为体素的 8 个角点，位于体数据相邻两层的网格，用来存储体素的采样值。本章限定标量体数据场，如密度、温度或 CT 扫描数据中不同器官或组织对 X 光的吸收程度等。立方体单元格内的值由其 8 个角点通过插值（如三线性插值，参见附录 2.1）得到。体素可以理解为三维像素，也是二维像素（Pixel）在三维空间的推广。

3．数学描述

通常体数据会有一个体素分布描述，如 $W \times H \times N$ 表示该体数据在 X、Y、Z 方向上分别有 W、H、N 个体素。在实际仪器采样中，会给出体素相邻间隔的数据描述，单位是毫米（mm），X、Y 方向一般表示片层医学图像的长和宽方向，Z 方向为层厚方向，三个方

向的采样间距为 Δx、Δy、Δz，表示片层像素间距为 Δx 和 Δy，层间距为 Δz。

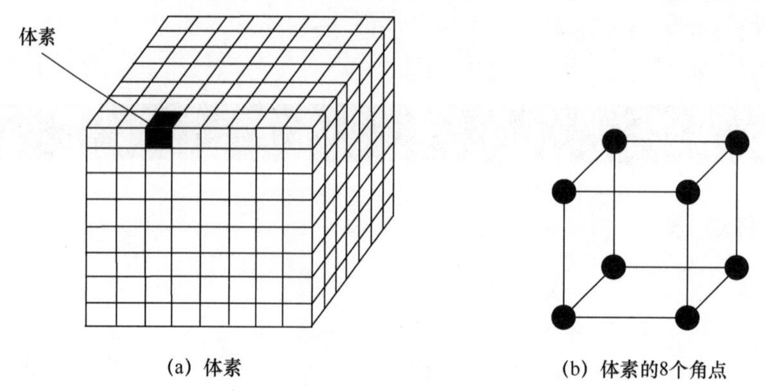

图 2.4　体素示意图

假设第 (i,j,k) 个网格节点处标量值为 $f(x_i,y_j,z_k)$，简记为 $f_{i,j,k}$，即 $f_{i,j,k} = f(x_i,y_j,z_k)$，其中

$$\begin{cases} x_i = i\Delta x\ ,\ i=0,1,\cdots,W-1 \\ y_j = j\Delta y\ ,\ j=0,1,\cdots,H-1 \\ z_k = k\Delta z\ ,\ k=0,1,\cdots,N-1 \end{cases}$$

当原始图像的层间距与层内间距不一致时，可进行层间插值计算，得到三个方向分辨率一致的体数据。

4．来源

数据来源通常包括三类，即测量数据、科学计算模拟数据、几何实体体素化数据。其中测量数据来源及应用最为广泛，如计算机断层扫描（Computed Tomography，CT）、磁共振成像（Magnetic Resonance Imaging，MRI）、超声数据（Ultrasound，US）、正电子发射成像（Positron Emission Tomography，PET）、地震地质勘探数据、气象监测数据等。

对于 CT 扫描的医学体数据，常见的两种文件扩展名是.dcm 和.raw。前者遵循医学数字成像和通信标准（Digital Imaging and Communications in Medicine，DICOM，详细参见附录 2.2），标量值保存在多张图片像素点上，是体数据的数据属性，每个标量值的大小具有特定意义，用来区分不同组织，如骨骼、肌肉和皮肤等。只保留.dcm 文件的图像像素信息，即为.raw 文件。

2.1.2　体数据可视化分类

根据特征表达方式的不同，体绘制技术可以分为两大类，即间接体绘制技术和直接体绘制技术，如图 2.5 所示。间接体绘制技术通过规则拼接从数据场构造出的中间几何图元描述体数据特征，进而利用经典的面绘制方法进行展示，如等值面绘制。图 2.5 列出的体绘制方法则不用构造中间几何图元，直接把三维数据场映射为二维图像，又称为直接体绘制技术，其可有效描绘三维数据体内部结构信息、细节，是科学可视化领域中的重要方向。

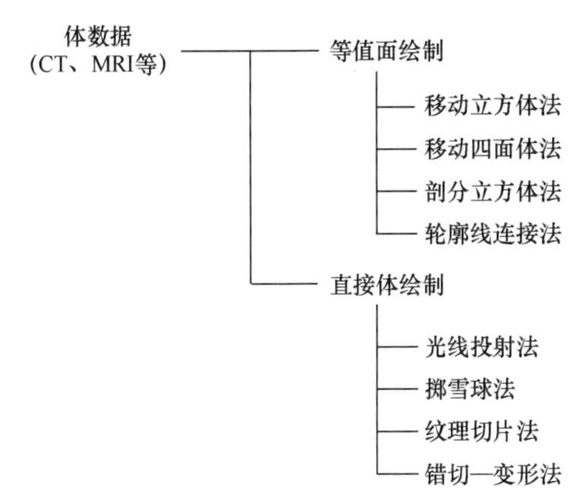

图 2.5　体数据可视化分类

1. 等值面绘制

等值面抽取是等值面绘制最常用方法之一，提取原始数据场中某阈值并通过构造三角形网格来表达，如经典的移动立方体法（Marchig Cube）[7]。标量场可以视为定义在三维空间某区域的函数 $f(x,y,z)$，其等值面是由以下隐函数定义的曲面

$$f(x,y,z)=C$$

其中 C 是等值面的值，即空间中值为 C 的点集合。通过判断体素的 8 个角点的值来判断它是否在等值面上，它可有效绘制三维物体表面，但缺乏内部信息表达。其基本思想如下：逐个处理每个体素，分出与等值面相交的立方体，采用插值计算出等值面与立方体的交点，并将交点按照一定方式连接生成等值面，作为等值面在该体素内的逼近表示，如图 2.6 所示的 15 种状态中阴影部分即为等值面。

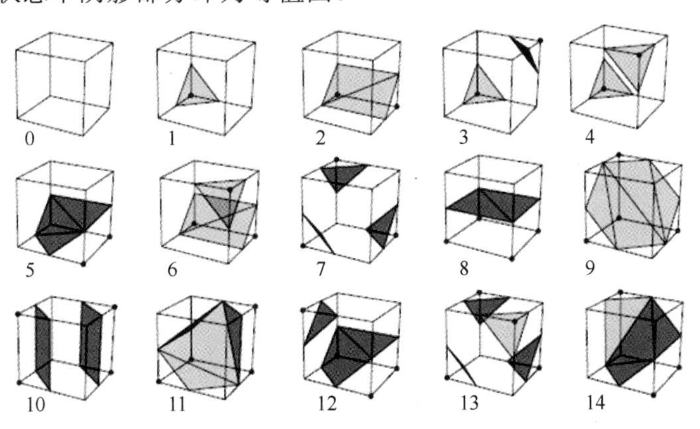

图 2.6　等值面可能的 15 种状态

移动四面体法（Marching Tetrahedra）与移动立方体法类似，不同之处是其将立方体剖分成四面体，然后在四面体内构造等值面。其精度比直接在立方体内所构造的等值面要高，但拓扑结构不易控制，算法实现相对复杂。

剖分立方体法（Dividing Cubes）是当三维数据场密度高于屏幕显示分辨率时采取的一种方案。通过对体素进行剖分，使其在屏幕上的投影等于或小于屏幕像素，然后进行处理，输出等值面结果。

轮廓线连接法（Contour Connection）是首先提取出每层图像的轮廓线，然后在不同层间的轮廓线上选择顶点，通过连接顶点构造三角面片，跟踪连接相邻轮廓线，从而获取特征的拓扑表示。通常，两邻层间轮廓线的对应关系比较难确定，因此只适合层间等值面变化较小的场合。

以上几类间接体绘制方法是早期体数据可视化领域研究的热点，能通过等值面描述指定标量值的特征信息，但无法揭示特征内部的结构信息，因此具有一定局限性。

2．直接体绘制

直接体绘制方法有光线投射法、掷雪球法、纹理切片法、错切-变形法等。

光线投射法（Ray Casting Volume Rendering）[8]是体绘制最典型的一类算法。随着GPU 并行处理能力的提升和增强，基于 GPU 的光线投射体绘制技术成为当今流行的直接体绘制技术。体数据可视化系统基于 GPU 的 CUDA（Compute Unified Device Architecture）架构实现，详细内容参见 2.2 节。

掷雪球法（Splating）模拟雪球被抛到墙壁上留下扩散痕迹的现象，抛掷中心的能量最大，随着与中心距离的增加，能量随之减小。遍历数据空间所有体素，计算每一体素投影的高斯函数所确定强度分布的影响范围，并加以合成，形成最终的结果。

纹理切片法（Texture Slicing）通过在三维模型空间中设置二维切片来采样体数据，切片投影到图像平面，再按照一定规则进行融合，切片可按从前往后或者从后往前的顺序进行排列。

错切—变形法（Shear-warp）由体数据错切和绘制结果变形两部分组成。将光线的变换转移到体数据切片中，使每次渲染都用一个固定的透视角度。体数据按照初始切片顺序投影到二维图像空间，进而对绘制结果图形做变形处理，得到最终可视化结果。

从处理数据的流程来看，体绘制可分为基于图像空间的方法和基于物体空间的方法，如图 2.7 所示。图 2.7（a）是从屏幕像素出发，光线是从视点到屏幕像素引出的射线，穿过三维体数据场，沿着射线选择等距采样点，求出所有采样点的颜色和不透明度值，通过某种方式累加后得到最终图像，其代表方法是光线投射法。图 2.7（b）是根据给定视平面和观察方向，计算体数据空间每个体素所影响二维像素的范围及对其中每个像素点光照强度的贡献，最后将不同体素对同一像素的贡献加以合成，其代表方法包括掷雪球法等。同时还存在混合序体绘制方法，如错切-变形方法。

直接体绘制能反映三维数据场的整体信息，每个体素都参与成像，绘制图像质量高，但计算量大，因此绘制效率是关键。当采样分辨率低时，无法得到满意的绘制质量，而过高采样分辨率会降低绘制速度。随着硬件水平不断发展，采样精度越来越高、密度越来越大，因此，用于体绘制的数据量不断增大，如何应对大规模数据体绘制，目前成为具有挑战性的难题之一。

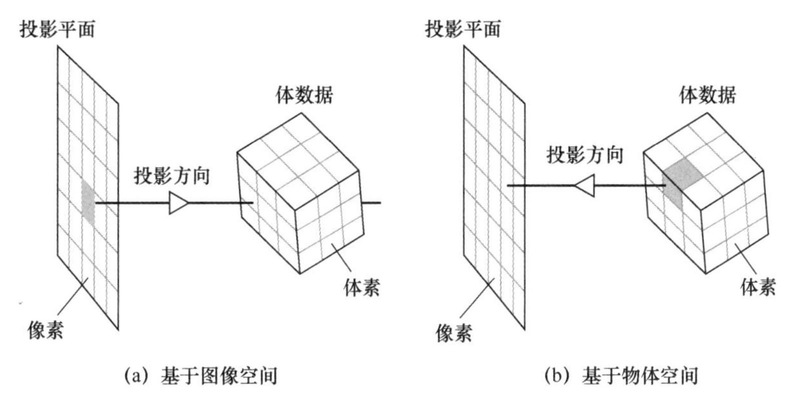

图 2.7　体绘制分类方法示意图

2.1.3　分类

分类（Classification）是整个体绘制流程的核心，将经过处理的原始数据转换为可供绘制的光学属性，如颜色、不透明度等。以人体 CT 体数据为例，需要根据灰度值分类出骨骼、肌肉和皮肤等不同密度的组织，然后采用不同颜色和透明度进行绘制以进行区分。

颜色是人工赋予的，体数据中体素本没有颜色概念，根据不同视觉需求，基于分类设置不同映射关系，从而给不同体素赋予相应的颜色和不透明度，凸显原始数据中比较感兴趣的特征。颜色和不透明度设置通过传递函数完成。

数学描述分类问题：用集合 $\boldsymbol{S}$ 表示数据场标量值取值范围，分类就是将 $\boldsymbol{S}$ 划分为若干不重叠的子集，满足

$$\begin{cases} \boldsymbol{S} = \bigcup_{i=0}^{n-1} \boldsymbol{S}_i \\ \boldsymbol{S}_i \cap \boldsymbol{S}_j = \varnothing (0 \leqslant i < j \leqslant n-1) \end{cases}$$

分类方法一般包括阈值法和概率法。阈值法就是设定若干阈值 $I_l(l=0,\ 1,\ \cdots,\ n-1)$，采样点的值 f，若满足 $I_l \leqslant f < I_{l+1}$，则归为一类 $[I_l, I_{l+1})(l=0,\ 1,\ \cdots,\ n-2)$。

概率法是标量值为 I 的体元中所含有第 i 类物质的概率，表示为

$$p(i|I) = \frac{P(I|i)}{\sum_{j=1}^{n} P(I|j)}$$

其中 $P(I|i)$ 是第 i 类物质值为 I 的条件概率。如果值相同的物质在某区域不超过两种，则各类物质的百分比在该区域内呈线性变化。

以 CT 医学图像为例，不同灰度反映器官和组织对 X 射线的吸收程度，黑影表示低吸收区，即低密度区，如含气体多的肺部；白影表示高吸收区，即高密度区，如骨骼。水的 CT 值定为 0Hu，人体中密度最高的骨头 CT 值定为+1000Hu，而空气密度最低，定为−1000Hu，密度不同的各种组织的 CT 值居于−1000Hu～+1000Hu 的 2000 个分度之间，如图 2.8（a）所示。由图 2.8（b）可以看出，梯形两两相交，重叠区域不是严格意义上的分类，可称其为粗分类。

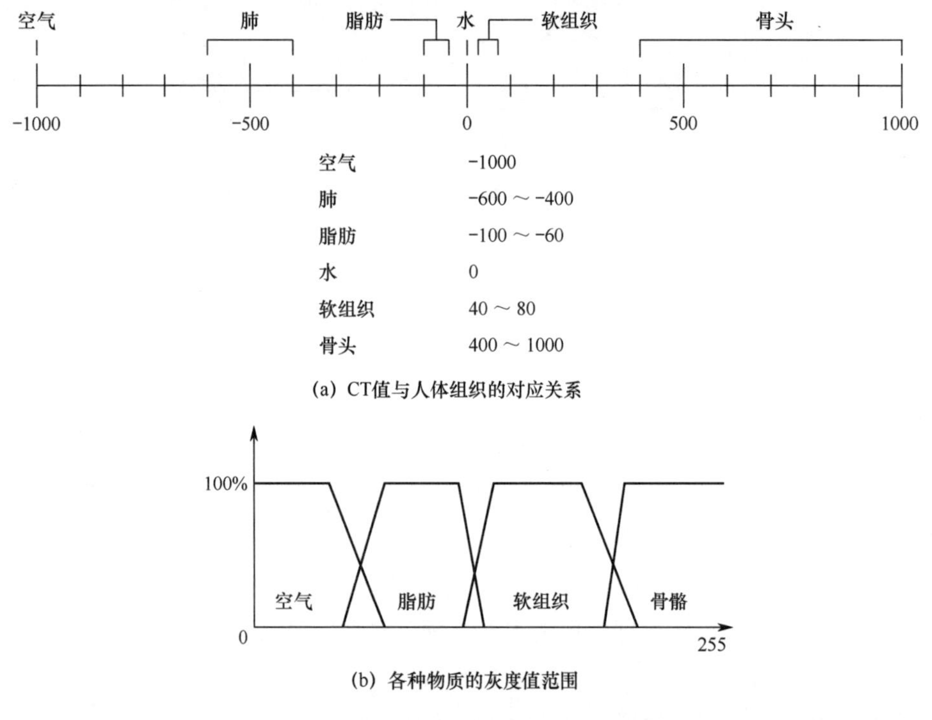

(a) CT值与人体组织的对应关系

(b) 各种物质的灰度值范围

图 2.8　医学 CT 各组织的灰度分布范围

2.1.4　传递函数

在体绘制过程中，分类和着色通过传递函数（Transfer Function）完成。根据其定义域变量的数目，可分为一维、二维或多维传递函数。传递函数将体数据中数值转化为光学属性，如颜色与不透明度，其中颜色值区分不同结构或物质；不透明度决定它们的显示程度，通常将感兴趣的赋予较大的不透明度，其本质上代表着光穿透体素的能力。用户通过调整以上属性值，隐藏或凸显其中特征，产生不同的可视化效果。传递函数在直接体绘制中起着决定作用，它的评价标准为在尽可能减少信息丢失的同时，能最大限度地分离出感兴趣的区域。

传递函数本质上是一种可视化映射关系，根据具体需求，选择合适的标量值属性（定义域）和光学属性（值域），建立映射关系，用函数形式表达，即

$$T: \boldsymbol{X} \mapsto \{\boldsymbol{C}, \alpha\}, \quad \boldsymbol{X} \in \mathbb{R}^n$$

其中 T 是标量值属性到光学属性的映射，$\boldsymbol{X}$ 为定义域，$\boldsymbol{X}$ 的维数 n 为传递函数的维数，值域 $\{\boldsymbol{C},\alpha\}$ 通常为颜色和不透明度的二元组。

1. 定义域

在传递函数设计中，广泛使用的是将体数据标量值和梯度值作为输入。梯度方向可增强阴影效果，梯度的幅值和方向组合有助于真实感绘制。此外，梯度二阶导数可以更准确提取数据场中物质边界、形状等特征，也可以作为复杂输入。以一维传递函数为例，定义地域为体数据标量属性值组成的范围 I，可用如下四个传递函数 T_r 、 T_g 、 T_b 、 T_α 表示

$$\begin{cases} R_i = T_r(I_i) \\ G_i = T_g(I_i) \\ B_i = T_b(I_i) \\ A_i = T_\alpha(I_i) \end{cases}$$

其中 T_α 为不透明度传递函数， $T_\alpha = 1$ 表示完全不透明， $T_\alpha = 0$ 表示完全透明， $I_i \in I$ 。

2. 值域

在传递函数中，颜色和不透明度是最基本的映射结果。其中，颜色是区分数据场中不同物质的最为基础的属性。通过感兴趣程度设置不同透明度，可突出感兴趣的结构，减少或完全隐藏不感兴趣的部分。将采样点的值设定为不同阈值，每个阈值设定不同的透明度和颜色。通常，感兴趣区域设定较大的不透明度，而不感兴趣区域设定较小的不透明度或0，如图 2.9 所示，即可得到体数据内部特征半透明的可视化结果。

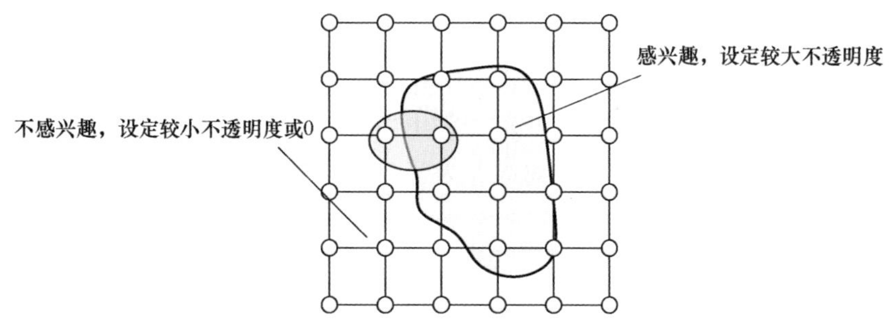

图 2.9　不透明度设定示意图

3. 映射关系

对于一般数据源，映射关系采用分段线性函数、多项式函数或者样条函数。实际应用中多采用分段线性函数，如图 2.10 所示，纵坐标代表不透明度，横坐标代表体数据的

标量值，如密度，虚线隔开的不同标量值属性区间为 I_1、I_2、I_3，分别对应不同颜色和不透明度。

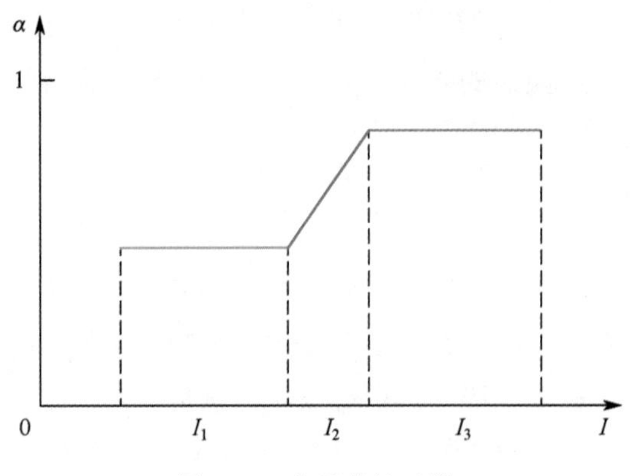

图 2.10　分段线性函数

目前，广泛使用的是一维传递函数，其具有设计简单且易于交互的优点。但是也存在一些缺陷，如一个标量值可能对应多个不同物质的边界，无法区分具有相同标量值的不同结构，因此不能满足特定分类需求。多维传递函数通过扩展分类空间，可以更好地定位对象的边界，区分不同对象，但会出现计算复杂度增长的问题。为方便学习和理解，本章通过一维传递函数进行介绍。

2.1.5　梯度

标量场的梯度（Gradient）是一个向量场，快速、准确的梯度计算对高质量体绘制至关重要。标量场中某一点上的梯度指向标量增长最快的方向，梯度模是最大的变化率。梯度模有助于分析体数据特征的边界信息，在同一种结构内部，标量属性值变化不大，此时梯度模较小；在不同物质交界处，标量值变化迅速，梯度模较大。

若二元连续函数用 $f(x,y)$ 表示，梯度为 $\nabla \boldsymbol{f}=[f_x,f_y]$，在 $P(x_0,y_0)$ 点的梯度，垂直于 $f(x,y)=C$ 的等值线（这里 $C=f(x_0,y_0)$），指向最大上升方向，如图 2.11（a）所示。如果该曲面是高度场表示的曲面，白色曲线即为等高线，类似爬坡，当前位置的梯度即坡度最陡的方向。

若三元连续函数用 $f(x,y,z)$ 表示，则梯度 $\nabla \boldsymbol{f}=[f_x,f_y,f_z]$。梯度大小即模，表示为 $\|\nabla \boldsymbol{f}\|=\sqrt{f_x^2+f_y^2+f_z^2}$ 。记 $C=f(x_0,y_0,z_0)$， $f(x,y,z)$ 在 $P(x_0,y_0,z_0)$ 点的梯度就是等值面 $f(x,y,z)=C$ 在 P 点的法向量。如图 2.11（b）所示的系列等值面中箭头的指向即为 P 点梯度，与过 P 点切平面的法向一致，且从数值低的等值面指向数值高的等值面。

通常，三维体数据场是离散场，即非以上连续函数情形。故实际计算梯度时，采用一些离散的近似方法，如中心差分法、26 邻域法等。下面对这些方法做简单介绍。

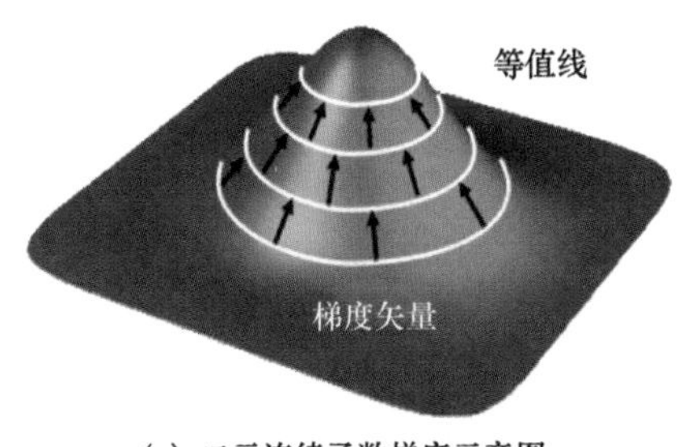

(a) 二元连续函数梯度示意图

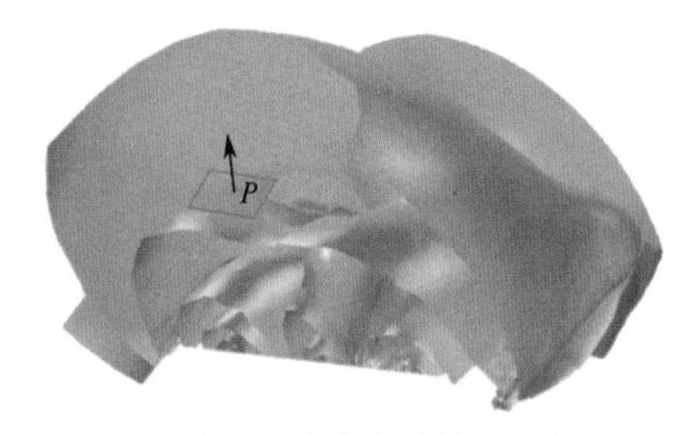

(b) 三元连续函数梯度示意图

图 2.11　梯度的几何意义

1．中心差分法

如图 2.12 所示，黄色标记点是第(i,j,k)个网格节点（蓝色标识）的 6 邻域，从左到右是 i 增加方向，从里到外是 j 增加方向，从下到上是 k 增加方向。通过六个相邻网格节点计算梯度，离散表达式为

$$\nabla \boldsymbol{f}_{i,j,k} = \begin{bmatrix} \dfrac{f_{i+1,j,k} - f_{i-1,j,k}}{2\Delta x} \\ \dfrac{f_{i,j+1,k} - f_{i,j-1,k}}{2\Delta y} \\ \dfrac{f_{i,j,k+1} - f_{i,j,k-1}}{2\Delta z} \end{bmatrix}$$

其单位化表示为

$$\hat{\boldsymbol{G}} = \frac{\nabla \boldsymbol{f}_{i,j,k}}{\left\| \nabla \boldsymbol{f}_{i,j,k} \right\|}$$

2．26 邻域法

如图 2.12 所示，蓝色表示中心第(i,j,k)个网格节点，黄色和绿色表示其 26 个邻域。由于充分考虑 26 个邻域的 13 个方向对中心的共同影响，中心点周围有 26 个点，两两绕中心点呈中心对称，13 组点构成 13 个方向，并利用数据的规则分布简化模型结构，使得逼近的梯度值更精确。

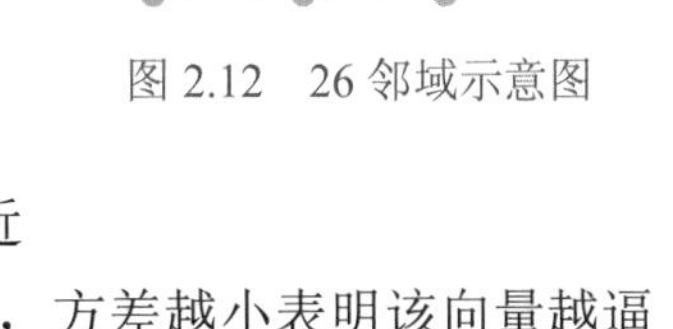

图 2.12　26 邻域示意图

构造由 26 邻域计算近似标量值的方程为

$$f(x,y,z) \approx Ax + By + Cz + D$$

其中 x、y、z 表示 26 邻域的位置坐标，D 为中心体素的近似标量值，$\boldsymbol{n} = (A,B,C)$ 为该体素法向量，利用方差估计计算，方差越小表明该向量越逼近梯度 $\boldsymbol{G}$。

其方差 E 的计算公式为

$$E(A,B,C)=\sum_{k=0}^{26}w_k(Ax_k+By_k+Cz_k+D-f_k)^2 \quad (k\neq 13)$$

其中 x_k、y_k、z_k 为第 k 个邻域点的坐标，设 w_k 为 k 点对中心体素的影响因子，f_k 为 k 点的实际标量值，索引 k 按先 X 后 Y 再 Z 的顺序遍历

$$k=9(z+1)+3(y+1)+x+1\text{，其中 } x,y,z\in\{-1,0,1\}$$

根据极值法求最小方差，当 $E(A,B,C,D)$ 偏导全为 0 时，可能为最小方差值。

$$\frac{\partial E}{\partial A}=2\sum_{k=0}^{26}w_k(Ax_k+By_k+Cz_k+D-f_k)x_k \quad (k\neq 13)$$

$$\frac{\partial E}{\partial B}=2\sum_{k=0}^{26}w_k(Ax_k+By_k+Cz_k+D-f_k)y_k \quad (k\neq 13)$$

$$\frac{\partial E}{\partial C}=2\sum_{k=0}^{26}w_k(Ax_k+By_k+Cz_k+D-f_k)z_k \quad (k\neq 13)$$

$$\frac{\partial E}{\partial D}=2\sum_{k=0}^{26}w_k(Ax_k+By_k+Cz_k+D-f_k) \quad (k\neq 13)$$

矩阵形式为

$$\begin{bmatrix}\sum_{k=0}^{26}w_kx_k^2 & \sum_{k=0}^{26}w_kx_ky_k & \sum_{k=0}^{26}w_kx_kz_k & \sum_{k=0}^{26}w_kx_k\\ \sum_{k=0}^{26}w_kx_ky_k & \sum_{k=0}^{26}w_ky_k^2 & \sum_{k=0}^{26}w_ky_kz_k & \sum_{k=0}^{26}w_ky_k\\ \sum_{k=0}^{26}w_kx_kz_k & \sum_{k=0}^{26}w_ky_kz_k & \sum_{k=0}^{26}w_kz_k^2 & \sum_{k=0}^{26}w_kz_k\\ \sum_{k=0}^{26}w_kx_k & \sum_{k=0}^{26}w_ky_k & \sum_{k=0}^{26}w_kz_k & \sum_{k=0}^{26}w_k\end{bmatrix}\begin{bmatrix}A\\B\\C\\D\end{bmatrix}=\begin{bmatrix}\sum_{k=0}^{26}w_kf_kx_k\\ \sum_{k=0}^{26}w_kf_ky_k\\ \sum_{k=0}^{26}w_kf_kz_k\\ \sum_{k=0}^{26}w_kf_k\end{bmatrix} \tag{2.1}$$

假设三维数据场是规则对称的，即在三个坐标方向上的采样距离相等，所以第 k 个邻域点的坐标采样间距相等，即 $x_k,y_k,z_k\in\{-1,0,1\}$，且认为相邻接体素对中心体素的影响因子相等，式（2.1）可简化为以下形式

$$\begin{bmatrix}\sum_{k=0}^{26}w_kx_k^2 & 0 & 0 & 0\\ 0 & \sum_{k=0}^{26}w_ky_k^2 & 0 & 0\\ 0 & 0 & \sum_{k=0}^{26}w_kz_k^2 & 0\\ 0 & 0 & 0 & \sum_{k=0}^{26}w_k\end{bmatrix}\begin{bmatrix}A\\B\\C\\D\end{bmatrix}=\begin{bmatrix}\sum_{k=0}^{26}w_kf_kx_k\\ \sum_{k=0}^{26}w_kf_ky_k\\ \sum_{k=0}^{26}w_kf_kz_k\\ \sum_{k=0}^{26}w_kf_k\end{bmatrix}$$

以上矩阵方程左边的系数矩阵元素均为已知常数，右边矩阵中的 f_k 是数据场中测量的值，最终可以求得向量 $[A,B,C]$ 的元素如下

$$A = w_A \sum_{k=0}^{26} w_k f_k x_k,\ B = w_B \sum_{k=0}^{26} w_k f_k y_k,\ C = w_C \sum_{k=0}^{26} w_k f_k z_k \quad (k \neq 13)$$

根据坐标轴的对称性，可以得到 $w_A = w_B = w_C$。为了避免非归一化梯度导致的伪影，需对 $[A,B,C]$ 矢量单位化，其等价于对 $\sum_{k=0}^{26} w_k f_k x_k, \sum_{k=0}^{26} w_k f_k y_k, \sum_{k=0}^{26} w_k f_k z_k (k \neq 13)$ 单位化，其中 f_k 为第 k 点的标量值。

2.1.6　光照效应

真实感图形基于一定的光学物理模型，人们称之为光照模型；基于场景几何和光照模型生成一幅真实感图形的过程被称为绘制[9]。真实感绘制是指能较逼真地表示相对位置、遮挡关系、由于光线传播产生的明暗过渡色彩等可视化效果。为了模拟光源照射到物体表面时发生的反射和透射现象，根据光学物理有关定律，计算物体表面上任一点投向观察者眼中的光亮度大小和色彩组成的光照模型，这是真实感图形绘制的基础。光照模型分为局部光照模型和整体光照模型，前者仅考虑光源直接照射到物体表面所产生的光照效果，后者除了考虑光源所产生的光照效果，还考虑周围环境对物体表面的影响。在体可视化领域，光照也能有效反映体数据特征表面的明暗变化，增强体数据内部特征的形状感知。

目前常用的局部光照模型是 Phong 光照模型，其描述环境光、漫反射以及镜面反射对物体表面颜色的影响效果，是一个几何经验模型，其计算公式为

$$\begin{aligned}\begin{bmatrix} r \\ g \\ b \end{bmatrix} &= k_a \begin{bmatrix} r_a \\ g_a \\ b_a \end{bmatrix} + k_d \begin{bmatrix} r_d \\ g_d \\ b_d \end{bmatrix} (\boldsymbol{L} \cdot \boldsymbol{N}) + k_s \begin{bmatrix} r_s \\ g_s \\ b_s \end{bmatrix} (\boldsymbol{R} \cdot \boldsymbol{V})^n \\ &= k_a \begin{bmatrix} r_a \\ g_a \\ b_a \end{bmatrix} + k_d \begin{bmatrix} r_d \\ g_d \\ b_d \end{bmatrix} \cos\alpha + k_s \begin{bmatrix} r_s \\ g_s \\ b_s \end{bmatrix} \cos^n \beta \end{aligned} \tag{2.2}$$

其中第一项是环境光分量，第二项为漫反射分量，最后一项是镜面反射分量。在实际应用中，$\boldsymbol{R} \cdot \boldsymbol{V}$ 计算不方便，故使用 $\boldsymbol{N} \cdot \boldsymbol{H}$ 代替，此时式（2.2）中 $\cos\beta$ 用 $\cos\gamma$ 替代，即 Blinn-Phong 光照模型。此处 $\boldsymbol{H}$ 是 $\boldsymbol{L}$ 和 $\boldsymbol{V}$ 的角平分线方向的单位向量，$\boldsymbol{H}$ 和 $\boldsymbol{N}$ 的角度反映朝向观察者的镜面反射光的大小，涉及各方向向量及角度，如图 2.13 所示，相关参数的含义如下。

① K_a：环境光系数。

② K_d：漫反射系数。

③ K_s：镜面反射系数。

④ $\boldsymbol{N}$：法向量。

⑤ $\boldsymbol{L}$：入射方向。

⑥ $\boldsymbol{R}$：反射方向。

⑦ $\boldsymbol{V}$：视线方向。

⑧ $\boldsymbol{H}$： $\boldsymbol{L}$ 与 $\boldsymbol{V}$ 的角平分线方向。

⑨ α: $\boldsymbol{L}$ 和 $\boldsymbol{N}$ 的夹角。

⑩ β: $\boldsymbol{R}$ 和 $\boldsymbol{V}$ 的夹角。

⑪ γ: $\boldsymbol{H}$ 和 $\boldsymbol{N}$ 的夹角。

⑫ 指数 n：高光系数。

⑬ $\boldsymbol{C}_a=[r_a, g_a, b_a]^{\mathrm{T}}$：环境光颜色。

⑭ $\boldsymbol{C}_d=[r_d, g_d, b_d]^{\mathrm{T}}$：漫反射颜色。

⑮ $\boldsymbol{C}_s=[r_s, g_s, b_s]^{\mathrm{T}}$：镜面反射颜色。

如图 2.14 所示，采样点用黑色表示，中心点（黄色标识）的梯度可以根据其所在体素的 8 个角点的梯度（黑色箭头）进行三线性插值得到，即蓝色箭头。通常梯度代替法向量，使用 Phong 光照模型进行光照效应计算。

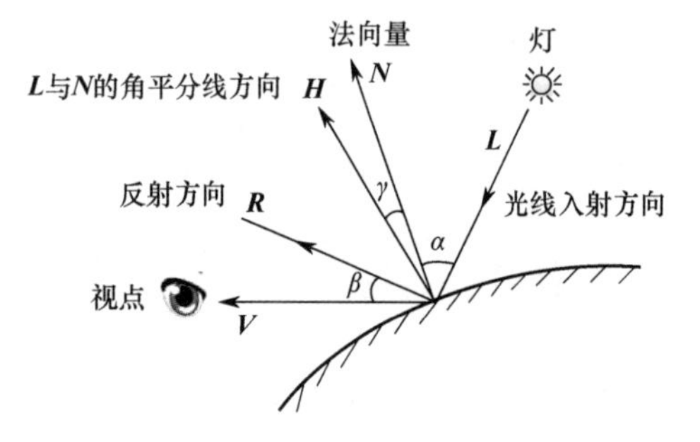

图 2.13 Phong 光照模型示意图

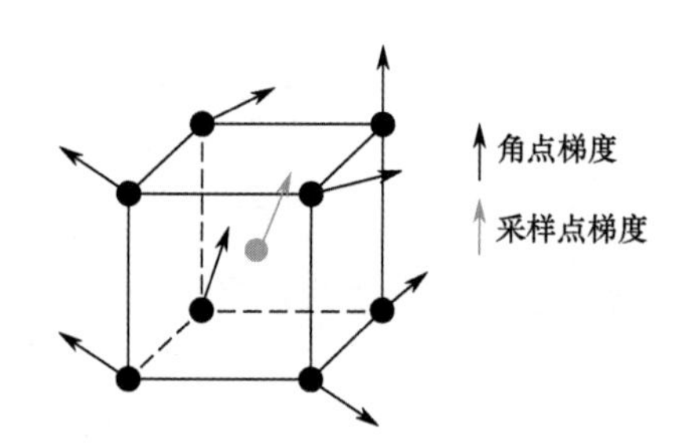

图 2.14 采样点的梯度示意图

2.1.7 预积分分类

预积分分类是指将体绘制数值积分过程分为两个部分。首先，沿视线方向对连续标量场 $s(x)$ 采样，将各采样值定义为一维分段线性标量场。其次，分别对每一小线段进行体绘制积分，通过查找表的方法来完成[10]，基本思想是重构传输函数以获得最佳绘制效果。如图 2.15 所示，假设第 i 段起点的标量值为 s_f，终点的标量值为 s_b，间隔为 d，相邻采样点之间线性变化，则第 i 段不透明度可以近似为

$$A_i=1-\exp\left(-\int_{id}^{(i+1)d}\tau(s(x(\lambda)))\mathrm{d}\lambda\right)\approx 1-\exp\left(-\int_0^1\tau((1-\omega)s_f+\omega s_b)d\mathrm{d}\omega\right)$$

第 i 段的颜色近似为

$$C_i=\int_0^1 c((1-\omega)s_f+\omega s_b)\times\exp\left(-\int_0^{\omega}\tau((1-\omega')s_f+\omega' s_b)d\mathrm{d}\omega'\right)d\mathrm{d}\omega$$

预积分分类体绘制方法降低重构三维连续数据场所需的高频信息，对任何非线性传递

函数，可在不增加采样率的情况下为体绘制积分方程赋值正确的颜色和不透明度值，提高绘制图像的质量。

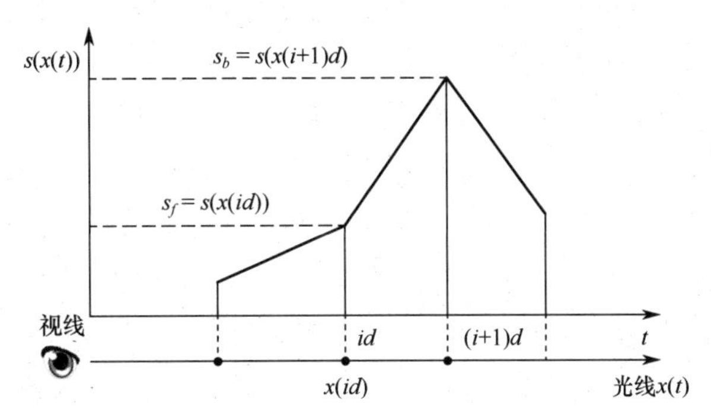

图 2.15 预积分分类光线第 i 段光学属性的示意图

2.1.8 体图示

非真实感绘制是一种风格化绘制方法，不拘泥于绘制结果的真实性，而是进行适当处理，使绘制结果具有特殊效果，从而灵活地对绘制效果进行调整，有选择地绘制感兴趣的信息并进行增强。将非真实感技术融入体绘制的方法称为体图示（Volume Illustration）[11]，体图示绘制流程图如图 2.16 所示，即通过修改传递函数得到颜色值和不透明度，然后得到采样点最终颜色，按照体绘制算法累加合成得到最终结果。利用某种绘制风格展现感兴趣的对象细节及内部结构，突出其局部细节以体现某方面特征，对体数据可视化有着重要应用价值。

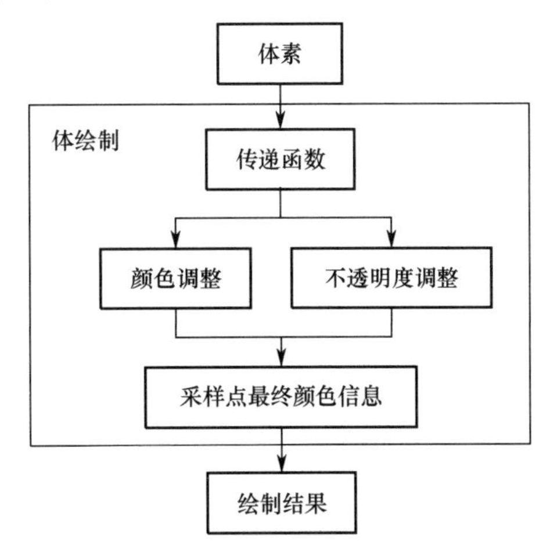

图 2.16 体图示绘制流程图

体图示若应用于血管可视化，可清楚再现结构信息，如深度、梯度、观察方向、光线方向等。如图 2.17 所示为血管体图示效果，其中图 2.17（a）为脑动脉瘤效果，图 2.17（b）为脑血管效果。

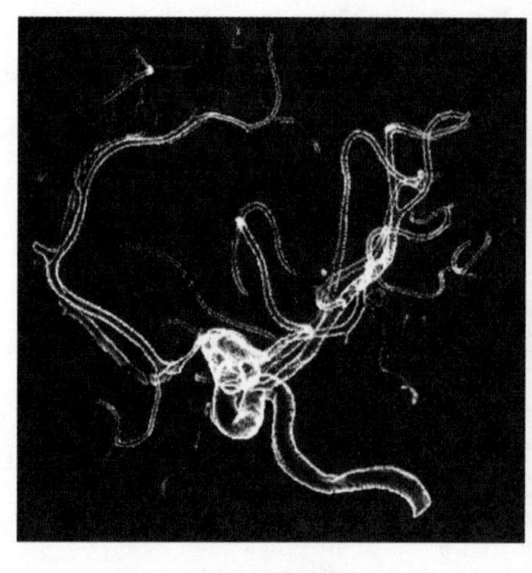
(a) 脑动脉瘤效果

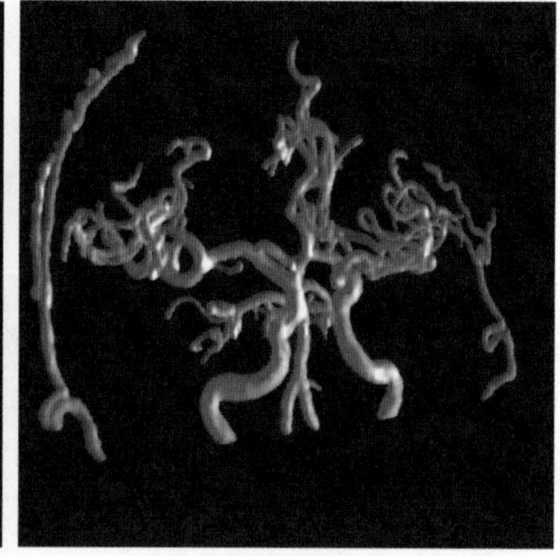
(b) 脑血管效果

图 2.17 血管的体图示效果

相比于传递函数控制绘制效果，体图示灵活性更好，因为它能对体数据进行整体和局部的结构分析，利用光线和观察方向产生某些特殊效果。体图示技术主要包括边界增强、轮廓增强、基于深度的颜色融合、Tone Shading 等。根据参考文献[11]至[13]，下面对体图示技术进行简单介绍。

1．边界增强

边界增强是指对物质之间的边界进行增强，从而突出物体各部分的分布特征。边界指不同物质之间的临界线，如果只有一种物质，则表示物体与周围环境之间的临界线。增强边界是增强结构信息的常用方法，如果体绘制中将不同物质之间的交界凸显出来，能够使得结果图像中的物质分布情况更加清晰。

在实施边界增强时，要用梯度概念来衡量体素位于边界部分的可能性。两种物质在边界处会有梯度大小的明显改变。实施边界增强即根据梯度大小计算出增强量，采样点不透明度变为

$$O_b = O_v(k_{\mathrm{bc}} + k_{\mathrm{bs}}\|\boldsymbol{G}\|^{k_{\mathrm{be}}})$$

其中 O_v、O_b 分别表示原始不透明度和边界增强后的不透明度值，$\boldsymbol{G}$ 是采样点的梯度，k_{bc}、k_{bs}、k_{be} 分别控制原始不透明度、增强量和不透明度曲线斜率的参数。

进一步，为模拟现实世界中“观察近处物体的边界总是比远处物体的边界更加清晰”的效果，可加入距离因子对距离视平面较近处（深度值小）的部分实施较高程度的边界增强，对距离较远处（深度值大）的部分实施较低程度的边界增强。改进后的公式为

$$O_b = O_v\left(k_{\mathrm{bc}} + k_{\mathrm{bd}}\frac{d_i}{D_{\max}} + k_{\mathrm{bs}}\left(1-\frac{d_i}{D_{\max}}\right)\|\boldsymbol{G}\|^{k_{\mathrm{be}}}\right)$$

其中 O_v、O_b 分别表示原始不透明度和边界增强后的不透明度值，d_i 为当前采样点到视平

面的距离，$D_{\max}$ 为数据场中最大距离。k_{bc} 表示不参与边界部分的比例，k_{bd} 是补偿深度较大部分的不透明度值，k_{bs} 代表边界增强量。通常情况下，k_{bc}、k_{bd}、k_{bs} 非负且小于 1，且 $k_{\mathrm{bc}}+k_{\mathrm{bd}}+k_{\mathrm{bs}}=1$。$k_{\mathrm{bs}}$ 和 k_{be} 越大，说明越多边界参与边界增强。

2. 轮廓增强

轮廓主要指物体表面或者内部凸凹不平的各种褶皱，其增强可以使物体结构分布更加清晰。轮廓不仅包括物体的外形勾勒线，有时也用来表示物体表面凹凸褶皱的线条，轮廓线进一步分为形状线条和外形线条。对于多边形网格，轮廓包括所有连接法向量向后（不可见）多边形和法向量向前（可能可见）多边形的边；对于光滑的表面，轮廓可以定义为表面上法向量 $\boldsymbol{N}_i$ 垂直于观察对象 $\boldsymbol{V}_i$ 的部分，即 $\boldsymbol{N}_i\cdot\boldsymbol{V}_i=0$。

体绘制中的轮廓被认为是表面法向量和观察向量垂直的区域，这些区域包括物体的外形轮廓，也可能包括物体表面上一些凹凸和褶皱部分。但是，体数据是一个标量场，没有表面概念，因而不存在实际的法向量，故用梯度代替。

体图示的轮廓增强和边界增强基本相同，通过增大梯度方向和观察方向垂直的采样点的不透明度来完成。轮廓可认为是梯度和观察向量垂直的区域，即满足

$$|\boldsymbol{G}\cdot\boldsymbol{V}|\to 0$$

因为轮廓部分的梯度模一般比较大，则

$$O_s=O_v\left(k_{\mathrm{sf}}+k_{\mathrm{sc}}\left(1-\frac{\|\boldsymbol{G}\|}{\|G_{\max}\|}\right)+k_{\mathrm{ss}}\frac{\|\boldsymbol{G}\|}{\|G_{\max}\|}\left(1-|\hat{\boldsymbol{G}}\cdot\hat{\boldsymbol{V}}|\right)^{k_{\mathrm{se}}}\right)$$

其中 O_v、O_s 分别表示原始不透明度值和轮廓增强后不透明度值，k_{sf} 控制不参与轮廓增强部分，k_{sc} 是一个补偿因子，增强梯度量较小部分的轮廓；否则增强后的不透明度值太小会导致丢失一些细节信息，k_{ss} 控制轮廓增强部分，k_{se} 为不透明度曲线斜率；$\hat{\boldsymbol{G}}$ 为 $\boldsymbol{G}$ 的单位化向量，$G_{\max}$ 为最大梯度，$\hat{\boldsymbol{V}}$ 是观察方向的单位化向量。通常情况下，k_{sf}、k_{sc}、k_{ss} 大于 0，且 $k_{\mathrm{sf}}+k_{\mathrm{sc}}+k_{\mathrm{ss}}=1$。

以上方法可以凸显轮廓，缺点是难以控制轮廓线的宽度，如在一些梯度几乎垂直于视线方向的区域，轮廓线的宽度较大。曲率表示轮廓变化程度，可采用 Bruckner 等人给出的方法[13]，引入宽度因子，即

$$\left|\hat{\boldsymbol{G}}\cdot\hat{\boldsymbol{V}}\right|\leqslant\sqrt{Tk_v(2-Tk_v)} \tag{2.3}$$

其中 T 为宽度参数，k_v 为曲率。采用 Bruckner 等人给出的方法，满足以上条件的采样点可以用某一恒定的颜色和不透明度。当执行 GPU 光线投射算法，采样点距离足够小时，采用相继两个采样点梯度方向 $\boldsymbol{G}_1$ 和 $\boldsymbol{G}_2$ 的夹角 α 除以采样点之间的距离 L 表示，如图 2.18（a）所示。可表示为

$$k_v\approx\frac{\alpha}{L} \tag{2.4}$$

将式（2.4）代入式（2.3），改进的轮廓增强算法通过引入宽度因子T（一般小于 1），且随着宽度因子增大，轮廓增强部分的厚度越大，可有效提高其交互可控性。图 2.18（b）是效果图，中间聚焦区域是光线投射体绘制结果，其余是对应 T=1.6 的轮廓效果图。

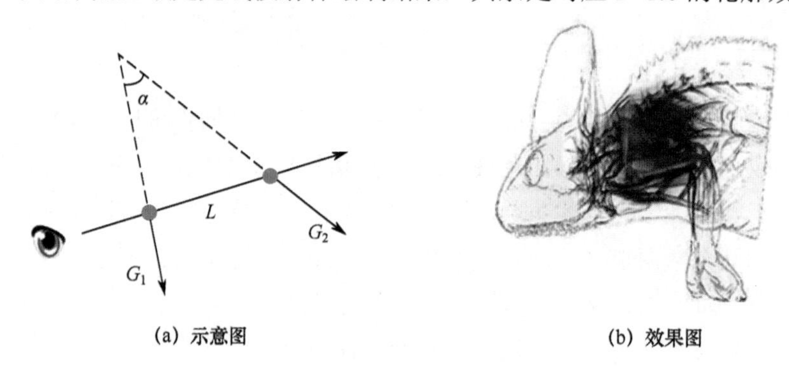

图 2.18　曲率计算示意图与效果图

3．基于深度的颜色融合

根据采样点位置的深度值，赋予相应颜色，形成从前到后的颜色渐变，凸显深度信息。深度线索提示依赖于视点，根据物体距离视点位置的不同使用不同的颜色提示，进一步采用以下基于深度的颜色融合公式

$$\boldsymbol{C}_{i,\text{new}}=\boldsymbol{C}_i(1-k_{\text{dw}})+k_{\text{dw}}\left(\boldsymbol{C}_n\frac{d_i-D_{\min}}{D_{\max}-D_{\min}}+\boldsymbol{C}_f\left(1-\frac{d_i-D_{\min}}{D_{\max}-D_{\min}}\right)\right)$$

其中$\boldsymbol{C}_i$表示从传递函数得到的颜色，k_{dw}表示深度提示权重，d_i表示采样点$\boldsymbol{P}_i$的深度，$D_{\min}$表示光线进入体数据包围盒初始入点到视平面的距离，$D_{\max}$表示光线离开体数据包围盒点到视平面的距离，$\boldsymbol{C}_n$和$\boldsymbol{C}_f$表示两个参考平面（即近平面和远平面）的颜色，如图 2.19 所示。

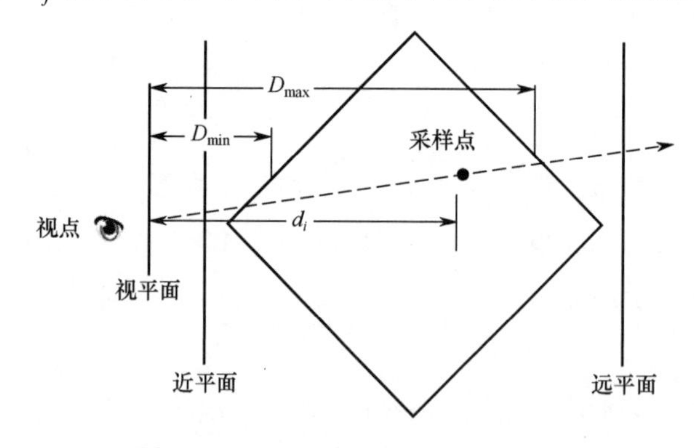

图 2.19　基于深度的颜色融合示意图

4．Tone Shading

Tone Shading 是一类非真实感光照模型，根据物体和光源的位置关系使用不同色调。例如，为物体朝向光源的一面赋予暖色调，为背向光源的一面赋予冷色调，目的是暗示物

体处于暖色光源照射的场景当中，如太阳光。

基于多光源的 Tone Shading 模型，即一个采样点的颜色由三部分组成：物体颜色（如应用传递函数得到的颜色）、Tone Shading 效果和各个光源的直接光照。其表达式为

$$I = k_{\text{ta}} I_G + \sum_{i}^{N_L} (I_t + k_{\text{td}} I_o)$$

其中 k_{ta}、k_{td} 分别控制物体颜色 I_G 和直接光照部分 I_o 在整个颜色计算中的比重，N_L 表示场景中光源个数，I_t 为 Tone Shading 部分，根据光线方向与采样点梯度方向的角度在冷暖色调间进行插值计算，其具体计算公式为

$$I_t = I_c \left(1 - \frac{(1 + \boldsymbol{G} \cdot \boldsymbol{L})}{2}\right) + I_w \frac{1 + \boldsymbol{G} \cdot \boldsymbol{L}}{2}$$

其中 $\boldsymbol{L}$ 是沿着光线方向的单位向量，I_c、I_w 分别代表插值的冷色和暖色，采样点若朝向光源则显示的颜色更接近暖色，反之更接近冷色。

考虑单光源强度为 I_i 时，直接光照部分 I_o 的计算方法如下

$$I_o = \begin{cases} k_{\text{td}} I_i (\boldsymbol{G} \cdot \boldsymbol{L}), & \boldsymbol{G} \cdot \boldsymbol{L} > 0 \\ 0, & \boldsymbol{G} \cdot \boldsymbol{L} < 0 \end{cases}$$

可以看出，Tone Shading 类似直接体绘制中的 Phong 光照模型。

2.1.9　时变体数据集

时变数据是指随着时间变化、带有时间属性的数据，其随着时间变化产生不同规律。可视化一个时变数据集，不仅可以使人观察数据的空间分布特征，还可以探索一个时间域内数据随时间演化的规律。

当时变数据对象是一系列随时间变化的体数据时，就是时变体数据集。以时变电磁模拟体数据集为例，其反映电磁波在工件内传播过程中，随时间推移产生的变化，如波形、波长、能量值等，这些特征在一段连续时间内，呈现规律性变化，通过观察这些变化，可帮助人们深入了解时变体数据集的变化过程，分析电磁波和工件之间的相互影响，辅助工件的设计。

在实际应用中，时变体数据集具有量大、维度多、变量多、类型丰富、分布范围广泛等特点，需要采用合适的可视化方法，清晰准确地展现原始数据的时变规律，并提供适当的用户交互手段。

2.2　方法概要

2.2.1　光线投射体绘制原理

经典计算机图形学表示三维物体使用的建模方法是使用表面模型，即将形体表示成面

的集合，但对物体内部没有定义。体绘制的不同之处在于，其不是利用二维面片拼接模拟出三维物体，而是利用数据场中每个数据贡献累积而合成的。其主要作用是将离散分布的三维数据场，按照一定规则转换为图形设备帧缓存中的二维离散信号，即生成每个像素的RGB 值，其实质是重新采样和图像合成。

体绘制描述的三维物体包含物体属性，不仅包括表面属性，还包括物体内部属性（如温度、密度等）。其典型算法是光线投射体绘制，近似模拟充满体素数据的三维空间中光线通过反射和吸收等现象。如图 2.20 所示，用来成像的平面称为视平面，其中每个像素点都穿过一条光线，沿着此光线进行采样、计算、合成，并将最终颜色投影在此平面上。

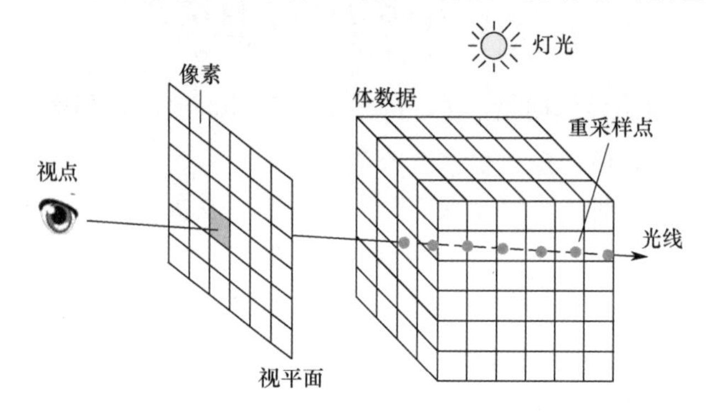

图 2.20　光线投射体绘制成像原理图示

假设采样点 $\boldsymbol{P}_i$ 的颜色值为 $\boldsymbol{C}_i$ 和不透明度值为 α_i，光线投射算法从前往后的累加公式为

$$\begin{cases} \boldsymbol{C}_i^* = \boldsymbol{C}_{i-1}^* + (1-\alpha_{i-1}^*)\alpha_i \boldsymbol{C}_i \\ \alpha_i^* = \alpha_{i-1}^* + (1-\alpha_{i-1}^*)\alpha_i \end{cases} \tag{2.5}$$

其中 α_i^*、$\boldsymbol{C}_i^*$ 对应累加的不透明度值和颜色值。初始条件为 $\boldsymbol{C}_0^* = \boldsymbol{C}_0\alpha_0$，$\alpha_0{}^* = \alpha_0$。

假设视平面和体数据中心的距离为 d，将视平面中心放置在$(0,0,d)$，如图 2.21 所示。从不同角度观察体数据：①旋转视点，实质是将视点、视平面绕原点旋转；②旋转体数据，即保持视点和视平面不动，体数据绕原点旋转，但通常是采取第一种简单方式。

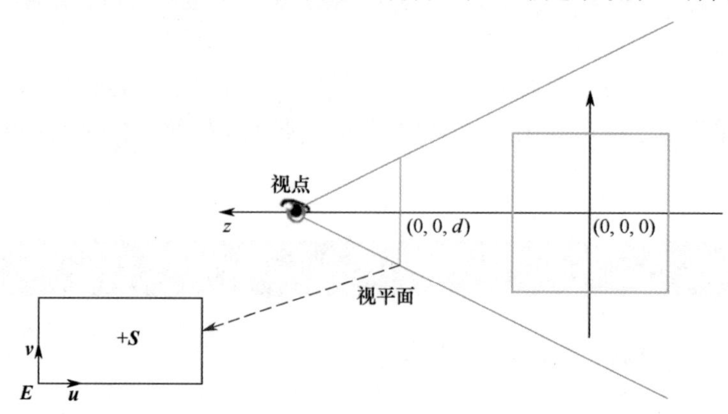

图 2.21　视点、视平面与体数据的相对位置

在图 2.21 中，$\boldsymbol{E}$ 为视平面的左下角，$\boldsymbol{S}$ 为其中心，假设视平面有 $L\times M$ 个像素，那么

$$\boldsymbol{E}=\boldsymbol{S}-\frac{L}{2}\boldsymbol{u}-\frac{M}{2}\boldsymbol{v}$$

于是，像素 (i,j) 对应在视平面的坐标为

$$\boldsymbol{P}=\boldsymbol{E}+i\boldsymbol{u}+j\boldsymbol{v}$$

2.2.2　光线投射体绘制方法

1. 光学模型

体数据可以视为发光粒子的集合，是充满在体素数据的三维空间数据。每个体素微粒自身的体积非常小，在宏观上不可见，表现对光不同波长的能量吸收率，最后反映为透过体素后的可见光的颜色。体素除了对光线的阻挡和吸收作用，自身还可能发射光线，可能是体素自身的能量辐射，或反射其他体素或光源的光线。

体绘制算法通常基于“在某一密度条件下，光线穿越体数据场时，根据每个体素对光线的吸收、反射分布情况，通过沿着视线方向合成为发光粒子的光学属性，以获得绘制结果图像”，这一思想来源于物理光学，并最终通过光学模型进行描述。

体绘制中光学模型描述三维数据如何产生反射、阻挡及散射光线，从而计算全部采样点对屏幕像素的贡献。Nelson Max[14]建立光线在一个半透明三维物界中传播的物理模型，假设连续分布的三维体数据场中充满着小粒子，由于这些小粒子的发光、吸收、反射等功能使得光线通过三维数据场时发生变化，基于这种假设形成不同光学模型。其中最具代表性的三种光学模型是光线吸收模型、光线发射模型和光线吸收与发射模型。常用的光学模型是光线吸收与发射模型。

为了使相应模型的推导简化，使用细长圆柱体对光线在体数据中的传输进行简化，其轴心为光线方向。由于体数据分布空间是连续的，因此可采用微元思想，假设这个圆柱体足够细，所以横向上体数据场性质近似保持不变，但在纵向上变化。光线由这个微元圆柱体后端进入，由前端离开并进入人眼中。透过圆柱体的发射光线决定相应像素的颜色。

（1）光线吸收模型

假定三维空间中小粒子可完全吸收所射入的光线，而无反射和发光功能，那么就构成了一个光线吸收模型，如图 2.22 所示。

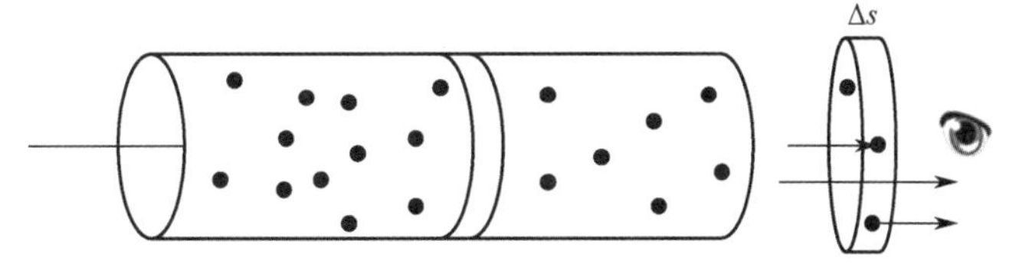

图 2.22　绘制的粒子模型示意图

再进行以下假设：

① 粒子半径为 r，投影面积为 $A = \pi r^2$。

② 单位体积内粒子数为 ρ。

③ 圆柱形薄板：若剖面积为 E，厚度为 Δs，则体积为 $E\Delta s$，体积内的粒子数为 $\rho E\Delta s$。

④ 光线以垂直于圆柱形薄板的方向射入，当 Δs 很小时，粒子投影相互覆盖很小，所有粒子的覆盖总面积为 $NA = \rho AE\Delta s$。

于是，投影到圆柱形薄板上的光线被这些粒子全部吸收的部分占全部光线的比例为

$$\rho AE\Delta s / E = \rho A\Delta s$$

假设入射光的强度为 I，被吸收掉的部分为 ΔI，由

$$\frac{\Delta I}{I} = \rho A\Delta s$$

得到

$$\frac{\mathrm{d}I}{\mathrm{d}s} = -\rho(s)AI(s) = -\tau(s)I(s) \tag{2.6}$$

于是

$$I(s) = I_0 \mathrm{e}^{-\int_0^s \tau(t)\mathrm{d}t}$$

其中 I_0 是光线进入三维数据场时($s = 0$)的光线强度，若 s 为光线投射方向的长度参数，则

① $I(s)$ 为距离 s 处的光线强度。

② $\tau(s)$ 是光线强度的衰减系数，定义沿光线投射方向 s 处的光线吸收率。

③ $T(s) = \mathrm{e}^{-\int_0^s \tau(t)\mathrm{d}t}$ 表示光线经过数据场边缘到达 s 这段距离的光线强度，也称为透明度。

④ $\alpha = 1 - T(s) = 1 - \mathrm{e}^{-\int_0^s \tau(t)\mathrm{d}t}$ 为不透明度。

（2）光线发射模型

假设粒子很小且透明，并可以认为小粒子具有发射光线的功能。模拟火焰、高温气体等可视化时，粒子发出强光。

假设如下：

① 圆柱形截面单位投影面积上，小粒子均匀发出强度为 C 的光线。

② 整个圆柱形截面上将发射出光通量为 $C\rho AE\Delta s$ 的光。

③ 单位面积的光通量为 $C\rho A\Delta s$，则 $\Delta I = C\rho A\Delta s$。

于是

$$\frac{\mathrm{d}I}{\mathrm{d}s} = C(s)\rho(s)A = C(s)\tau(s) = g(s) \tag{2.7}$$

其中 $\tau(s) = \rho(s)A$， $g(s) = C(s)\tau(s)$。

得到

$$I(s)=I_0+\int_0^s g(s)\mathrm{d}t$$

（3）光线吸收和发射模型

光线吸收和发射模型是将光线吸收模型与发射模型相结合，假设三维数据场中体素既能发射光线，又能吸收光线，由式（2.6）和式（2.7），得到

$$\frac{\mathrm{d}I}{\mathrm{d}s}=g(s)-\tau(s)I(s)$$

该模型可以很好地反映光线在数据场中的变化，具有普遍意义，是现有体绘制算法的理论基础。在实际应用中，采用黎曼和对其离散逼近得到解，如图 2.23 所示。

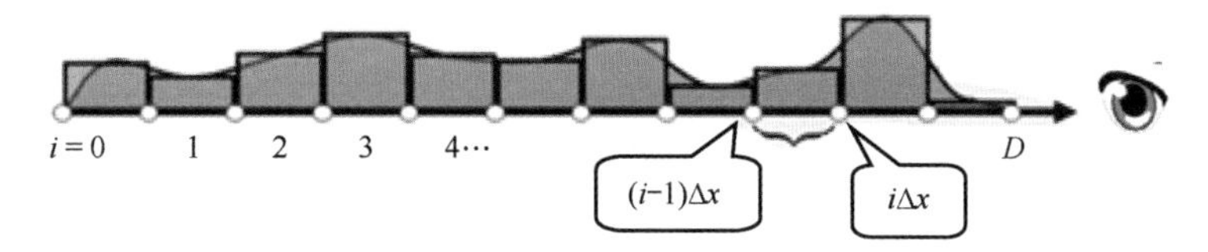

图 2.23　光线吸收和发射模型的离散求解示意图

表示为

$$\begin{aligned}I(D)&=I_0\mathrm{e}^{-\int_0^D\tau(t)\mathrm{d}t}+\int_0^D g(s)\mathrm{e}^{-\int_s^D\tau(t)\mathrm{d}t}\\&\approx g_n+g_{n-1}t_n+g_{n-2}t_{n-1}t_n+\cdots+g_2t_3\cdots t_n+g_1t_2\cdots t_n+I_0t_1\cdots t_n\\&\approx\sum_{i=1}^{n}g_i\prod_{j=i+1}^{n}t_j+I_0\prod_{i=1}^{n}t_i\end{aligned}$$

其中 $g_i=g(i\Delta x)$， $t_i=\mathrm{e}^{-\tau(i\Delta x)\Delta x}$，第一行第一项表示从背景处入射的光线从体数据边缘处 $(s=0)$ 经过三维数据吸收后（即乘以数据场的透明度），到达观察点 $(s=D)$ 的光强；第二项代表 s 处的光源对观察点的贡献，由此得出从背景处射入并由后往前计算到达观察点的光强度值的离散逼近

$$I\approx\sum_{i=0}^{n}\boldsymbol{C}_i\prod_{j=0}^{i-1}(1-\alpha_j)$$

可以选择从前往后累加（Front-to-back）或者从后往前（Back-to-front）的迭代求解。通常采用从前往后累加的方式，如图 2.24 所示，设当前采样点颜色为 C_{now}，不透明度为 α_{now}，进入其之前颜色为 C_{in}，不透明度为 α_{in}，则有式（2.8）[15]，其与式（2.5）意义相同，当累加不透明度为 1 时终止。每次累加时，由于基于上一次累加颜色乘以不透明度，称为关联颜色累加。

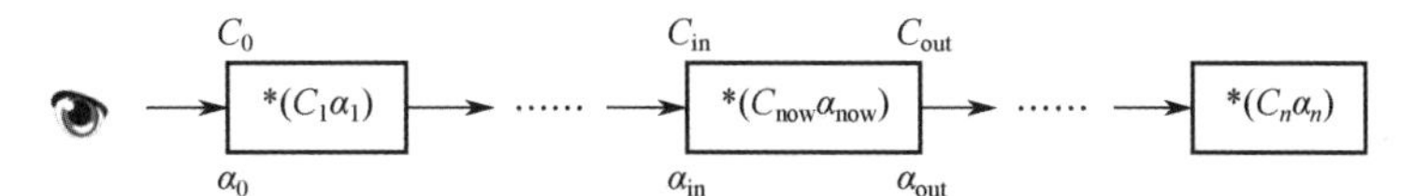

图 2.24　从前往后累加合成示意图

再进行以下假设：

$$\begin{cases} \boldsymbol{C}_{\text{out}}\alpha_{\text{out}} = \boldsymbol{C}_{\text{in}}\alpha_{\text{in}} + \boldsymbol{C}_{\text{now}}\alpha_{\text{now}}(1-\alpha_{\text{in}}) \\ \alpha_{\text{out}} = \alpha_{\text{in}} + \alpha_{\text{now}}(1-\alpha_{\text{in}}) \end{cases} \tag{2.8}$$

此外，还有以下其他光学模型：

① 散射和阴影模型：体素可以散射（反射和折射）外部光源的光线，并且可描述由于体素之间的遮挡而产生的阴影。

② 多散射模型：光线在被眼睛观察之前，可以被多个体素散射。

关于以上，本书就不再赘述了。

2．流程

光线投射算法流程图如图 2.25 所示，包括体数据生成、预处理、梯度计算、重采样、分类与着色、光照效应计算、累加合成及显示。首先，根据设定观察方向发出一条射线，经投影屏幕上每个像素点，沿着该射线选择 K 个等距采样点，由采样点最近的 8 个角点做三次线性插值（具体方法见附录 2.1，GPU 上可自动插值），求出采样点标量值和梯度值。然后，根据传递函数对采样点分类，计算光照效应，将每条射线上各采样点颜色值和不透明值由前往后或由后往前累加合成。最后，统一将计算结果显示。

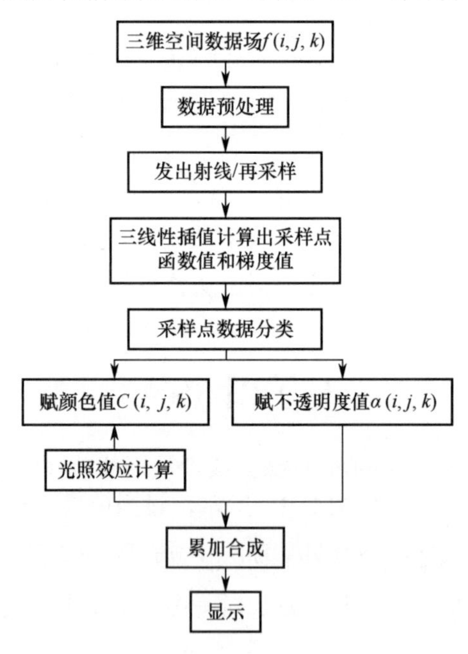

图 2.25　光线投射算法流程图

算法描述如下：

① 根据设定观察方向发出一条射线，经过屏幕上每个像素点；

② 沿着该射线选择 K 个等距的采样点；

③ 由采样点最近的 8 个角点做三次线性插值，求出采样点标量值，然后，根据传递

函数对采样点分类，得到不透明度值和颜色值；

④ 计算光照效应；

⑤ 将每条射线上各采样点颜色值和不透明值由前往后或由后往前累加合成。

主要流程步骤说明如下。

（1）预处理

在保证最大限度减少有效信息丢失的前提下，对数据生成阶段产生的数据加以提炼，当数据分布过分稀疏可能影响可视化效果时，进行有效插值，也可以在这一步对原始数据进行噪声消除、参数域变换以及梯度计算等。

（2）沿光线方向进行采样

光线从视点 $\boldsymbol{O}$ 射入到体数据包围盒中，假设入点为 $\boldsymbol{P}_{\text{start}}$，出点为 $\boldsymbol{P}_{\text{end}}$，采样间隔为 Δd，$\boldsymbol{E}=\boldsymbol{P}_{\text{end}}-\boldsymbol{P}_{\text{start}}$，$\hat{\boldsymbol{E}}$ 是 $\boldsymbol{E}$ 的单位化向量，则第 i 个采样点 $\boldsymbol{P}_i$ 的计算公式为

$$\boldsymbol{P}_i=\boldsymbol{P}_{\text{start}}+i\Delta d\hat{\boldsymbol{E}}$$

关于入点 $\boldsymbol{P}_{\text{start}}$ 和出点 $\boldsymbol{P}_{\text{end}}$ 的计算，以二维为例，如图 2.26 所示。定义 slab 为包围盒对应 X 或 Y 方向的一个对边。

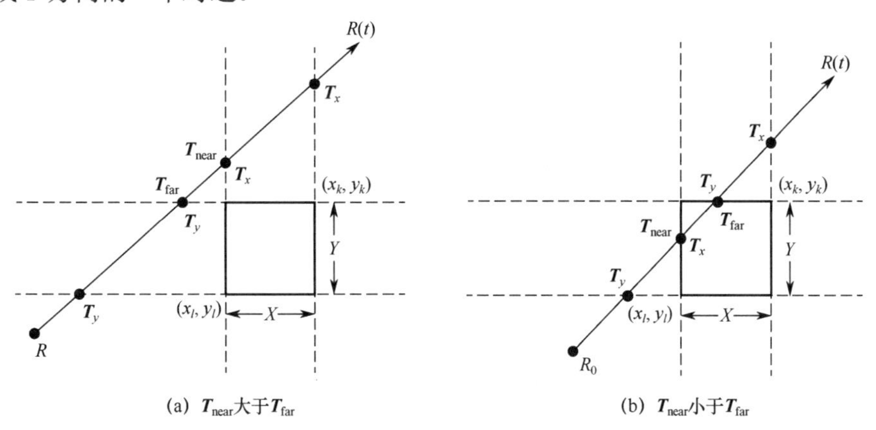

图 2.26　二维空间射线穿过包围盒的入点和出点示意图

$\boldsymbol{T}_{\text{near}}$ 为光线与一个 slab 的近相交点，$\boldsymbol{T}_{\text{far}}$ 为光线与一个 slab 的远相交点。首先计算每个 slab 的 $\boldsymbol{T}_{\text{near}}$ 和 $\boldsymbol{T}_{\text{far}}$，并求出三个 slab 中最大的 $\boldsymbol{T}_{\text{near}}$ 与最小的 $\boldsymbol{T}_{\text{far}}$，若 $\boldsymbol{T}_{\text{near}}$ 大于 $\boldsymbol{T}_{\text{far}}$，则光线与盒体没有交点；否则，交点分别位于 $\boldsymbol{T}_{\text{near}}$ 和 $\boldsymbol{T}_{\text{far}}$，此时，$\boldsymbol{P}_{\text{start}}=\boldsymbol{T}_{\text{near}}$，$\boldsymbol{P}_{\text{end}}=\boldsymbol{T}_{\text{far}}$[16]。然而，等距采样可能出现伪影，原因是从采样点 $\boldsymbol{P}_i$ 到 $\boldsymbol{P}_{i+1}$ 的光学属性可能有较大变化。因此可采用自适应采样，即如果相邻两个采样点的标量值相差小，则减少采样点数；反之，增加采样点数。

（3）梯形传递函数设计

分类是为不同体素值赋予相应不透明度，不同结构或区域设置不同颜色和透明度，通过传递函数实现。采样点的标量值，根据其所在体素的 8 个角点标量值的三线性插值得到，然后通过传递函数得到其不透明度值和颜色值，称为后分类。如果先对 8 个角点通过

传递函数得到不透明度值和颜色值，然后再使用三线性插值得到采样点的不透明度值和颜色值，则称为先分类。考虑到计算量，通常采用后分类。

在标量场数据中，分类不可能完全由单一标量值的阈值准确划分，必然存在多种区间重合的情形。设计梯形传递函数，其腰可能对应多物质重合区间，通过权重控制不同体素贡献[17][18]，下面进行简单介绍。

以一条从视点引出的射线$\boldsymbol{V}$为例，假设f_i是$\boldsymbol{V}$上采样点$\boldsymbol{P}_i$对应的标量值。如图 2.27 所示，纵坐标代表不透明度，横坐标代表体数据的标量值，传递函数用多个梯形描述，其中每个梯形代表一类，如骨骼、皮肤、肌肉等。

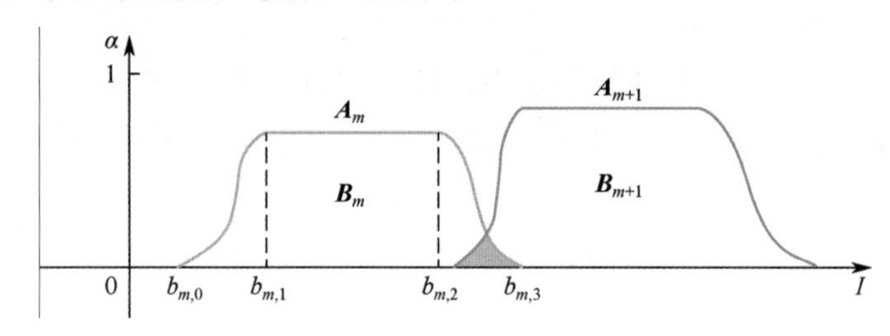

图 2.27　梯形传递函数

假设分类数目为 K，f_i所属类为$\boldsymbol{B}_m (m \in \{1, 2, \cdots, K\})$，第 m 个梯形的控制顶点横坐标集表示为$\boldsymbol{B}_m = [b_{m,0}, b_{m,1}, b_{m,2}, b_{m,3}]$，其颜色值为 T_m，最大不透明度为 A_m，相邻两类之间可能有重叠区域，如图 2.27 中$\boldsymbol{B}_m$和$\boldsymbol{B}_{m+1} (m = 1, 2, \cdots, K-1)$。对非重叠区域，采样点的不透明度和颜色值可以从其对应的梯形得到。对于重叠区域，下面介绍通过权重确定其不透明度和颜色的方法。

f_i的权重w_i由下式决定

$$w_i = \begin{cases} g\left(\dfrac{f_i - b_{m,0}}{b_{m,1} - b_{m,0}}\right), & f_i \in [b_{m,0}, b_{m,1}] \\ 1, & f_i \in [b_{m,1}, b_{m,2}] \\ 1 - g\left(\dfrac{f_i - b_{m,2}}{b_{m,3} - b_{m,2}}\right), & f_i \in [b_{m,2}, b_{m,3}] \end{cases} \tag{2.9}$$

其中$g(t)$是函数值限定在$[0,1]$的三次函数，可取$g(t) = t^2(3-2t)$。

$\boldsymbol{P}_i$的不透明度α_i为

$$\alpha_i = \begin{cases} g\left(\dfrac{f_i - b_{m,0}}{b_{m,1} - b_{m,0}}\right) A_m, & f_i \in [b_{m,0}, b_{m,1}] \\ A_m, & f_i \in [b_{m,1}, b_{m,2}] \\ \dfrac{\left(1 - g\left(\dfrac{f_i - b_{m,2}}{b_{m,3} - b_{m,2}}\right)\right) A_m + g\left(\dfrac{f_i - b_{m+1,0}}{b_{m+1,1} - b_{m+1,0}}\right) A_{m+1}}{A_m + A_{m+1}}, & f_i \in [b_{m,2}, b_{m,3}] \end{cases}$$

由以上，可以确定 $\boldsymbol{P}_i$ 的关联颜色值。

（4）光照效应

光照效应可以增强绘制质量，也可以突出体数据中物质的边界特征。由前面过程可以得到采样点不透明度值和颜色值，进一步采用 2.1.6 节提到的 Phong 光照模型计算光照效应，其中漫反射颜色用从传递函数得到的 $\boldsymbol{C}_i$ 代替，也可以选用其他高级光照模型。

（5）累加合成

透明度本质上代表着光线穿透物体的能力，光线穿越多个体素，这种变化进行累加。每条射线 $\boldsymbol{V}$ 和视平面上的像素一一对应，计算 $\boldsymbol{V}$ 上各个采样点的颜色值及不透明度值，按照光线投射算法从前往后的累加公式（2.5），计算该像素点的最终颜色值。所有像素点融合的图像形成最终的体绘制结果。

2.2.3　GPU 光线投射体绘制

光线投射体绘制的最大优点就是成像质量高，如进一步利用预积分，可规避由于采样频率引起的走样现象，提高绘制质量[19]，但由此带来庞大的计算量制约了绘制速度。对于大小为 $N \times N \times N$ 的体数据，若绘制成一幅 $M \times M$ 的图像，则光线投射体绘制时间为 $t \times s \times M^2$，其中 s 为单条光线采样点个数，t 为计算每个采样点所用操作数。CUDA 的可编程功能及其强大并行计算能力，为体数据快速可视化提供可能性，其中每条光线的任务交由 CUDA 的一个线程去完成，所有线程并行计算可视化结果。关于 CUDA 的有关细节可以参见附录 2.3。

基于 CUDA 光线投射体绘制实现加速绘制，如图 2.28 所示。视平面上每个像素和视点的连线确定一条射线即光线，每一条光线作为加速的基本单元被分配到每个线程并行处理，这些线程由适当的结构组织管理。这种根据绘制窗口的像素来组织分配线程的做法既满足成像分辨率的需求，也充分发挥 GPU 并行加速的能力。

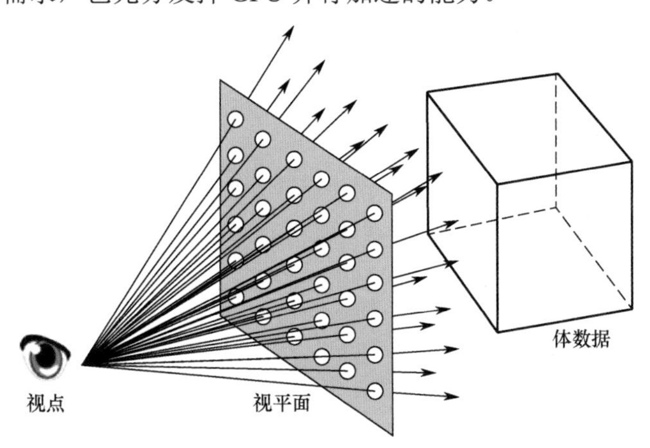

图 2.28　基于 CUDA 的光线投射体绘制示意图

从光线投射算法流程图（图 2.25）和基于 CUDA 的光线投射体绘制示意图（图 2.28）可以看出，穿过三维数据场的光线方向由屏幕上的每一个像素点和观察视点确定，光线相互独立，并行执行相似计算。光线计算任务交由 GPU 线程并行处理。GPU 在每个线程中，首先计算线程索引，根据线程索引与视平面上像素的对应关系，确定该线程对应光线方向，若此光线与体数据相交，则通过累加颜色和不透明度得到视平面上对应像素的值，否则终止光线，如图 2.29 所示。

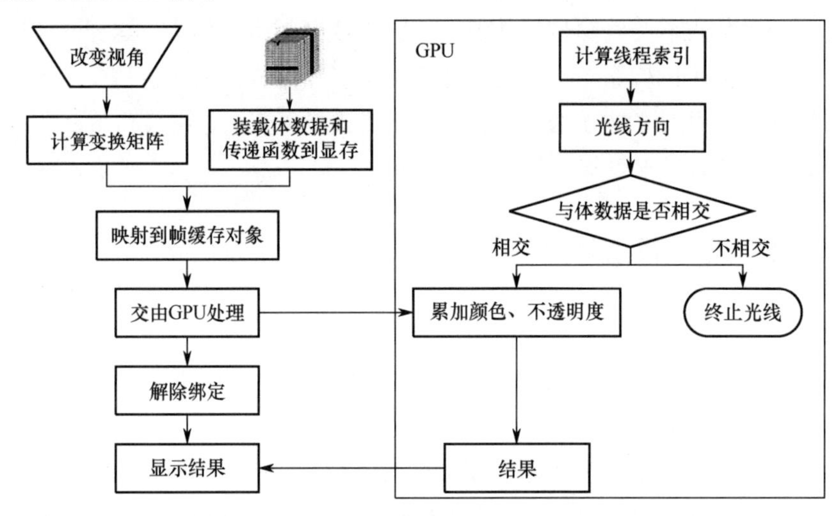

图 2.29　GPU 光线投射体绘制流程图

基于时变体数据集的体绘制，相较单一体数据，面临数据量大、特征难以呈现等问题。基于 GPU 光线投射体绘制可生成时变体数据集的实时动态可视化效果。体绘制之前，加载T_1时间片的体数据到主存，在 CPU 中进行数据预处理；然后，将该体数据从 CPU 加载到 GPU 的内存缓冲区中，实施光线投射体绘制；当T_1时间片上生成结果图像后，在屏幕上显示并停留片刻，之后被T_2时间片的结果图像刷新；依次类推，T_i时间片上的体数据连续被加载、绘制，当绘制完第N个时间片段的图像或用户强制停止时，算法结束。

2.2.4　基于影响因子累加的 GPU 光线投射体绘制

Bruckner 等人在式（2.5）的基础上提出基于影响因子（Importance）的累加[20]，对不同区域的体素赋予不同的影响因子，对重要部分体素赋予大的影响因子，通过对该参数调节来达到增强重要（或感兴趣）部分而抑制次重要（或非感兴趣）部分的效果。

若记

$$\delta_i=\begin{cases}I_i-I_{\max_i}\ ,& \text{假如}\ I_i>I_{\max_i}\\0\ ,& \text{否则}\end{cases}$$

其中I_i是P_i的影响因子，$I_{\max_i}$是沿光线V方向当前最大的影响因子。又$\beta_i=1-\gamma\delta_i$，则

$$\begin{cases} \boldsymbol{C}_i^* = \boldsymbol{C}_{i-1}^{\ *}\beta_i + (1-\beta_i\alpha_{i-1}^*)\alpha_i\boldsymbol{C}_i \\ \alpha_i^{\ *} = \alpha_{i-1}^{\ *}\beta_i + (1-\beta_i\alpha_{i-1}^*)\alpha_i \end{cases}$$

基于影响因子累加的优点是用参数γ控制显示模式从 DVR（当$\gamma=0$时）到 MIDA（Maximum Importance Difference Accumulation），当$\gamma=1$时，平滑过渡，且解决非重要部分对重要部分的遮挡问题。图 2.30 是中间聚焦区域参数γ分别取 0.0、0.3、0.5 和 1.0 时的可视化结果[17]。

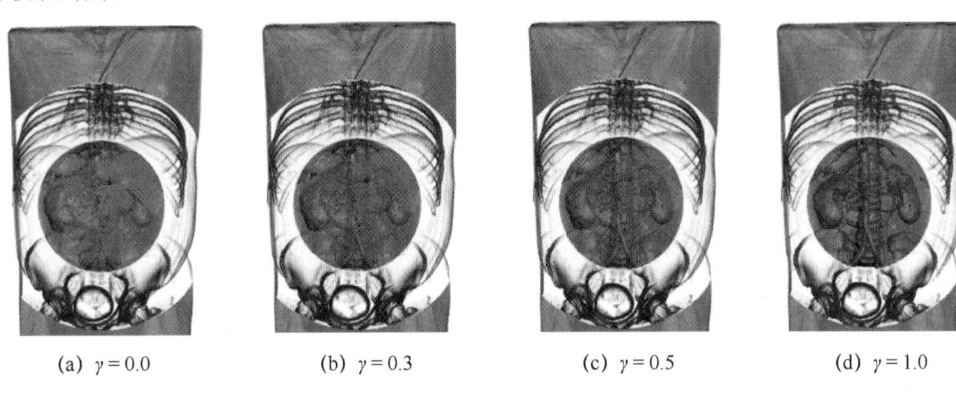

(a) $\gamma=0.0$　(b) $\gamma=0.3$　(c) $\gamma=0.5$　(d) $\gamma=1.0$

图 2.30　聚焦区域中参数γ取不同值的可视化结果

2.2.5　混合绘制

体绘制虽然可以显示体数据内部细节，但在表达边界、形状等信息方面有所欠缺；而基于点、线及多边形绘制的面模型，可以克服以上缺点。将面模型与体模型混合绘制，能结合各自优点，达到更好的效果。

在进行面模型绘制时使用深度缓存算法，对所有对象投影到屏幕上的点都进行深度测试，显示距离观察点最近的物体图像。基于 GPU 混合绘制，将体模型与面模型同时绘制到一个视口时，距离观察点近的模型会遮挡住更远的模型。

基于面模型深度缓存的混合绘制算法，如图 2.31 所示，可解决以上遮挡问题。保留面模型深度信息，通过计算确定面模型和体模型的深度关系，进行混合绘制，该方法适用于凸几何模型。首先，对几何模型进行渲染，得到深度缓冲区中每个像素对应的深度。其次，在摄像机坐标系下，求出视线与曲面模型的前后交点；最后，只渲染面模型内部的体素。

以时变电磁模拟体数据集为例[21]，其从窄口发射进去，向另一端的宽口发射出。为辅助工件设计，需要观察到工件内部电磁能量的变化情况。然而，电磁波会充斥整个测量空间，形成一个立方体包围盒，难以观察到工件内部的电磁波。将电磁模拟体数据和工件的面模型混合绘制，可以解决该问题[22]。

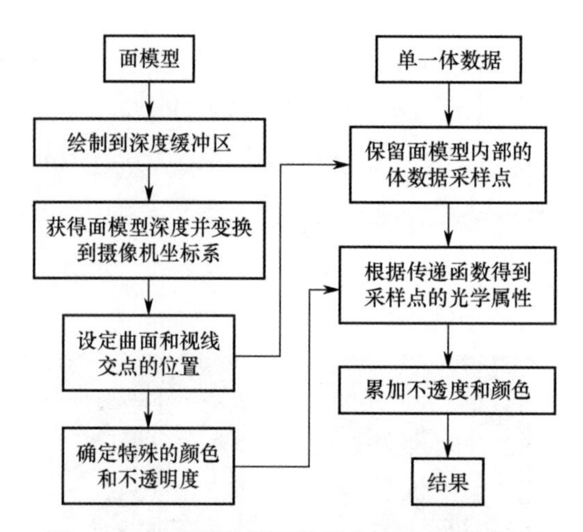

图 2.31　基于面模型深度缓存的混合绘制算法

首先，获得视线与面模型后表面的交点，如图 2.32 中的红色标记点。其次，对交点之间的体数据进行等距采样，忽略面模型外部的体素，即图中浅蓝色标记点。光线投射体绘制算法通过传递函数直接将体素标量值映射到光学属性，面模型内部的体素渲染方法（如图 2.32 中绿色点）与传统方法（式（2.5））相同，而外部体素被忽略；同时，为视线与面模型的交点，设置特殊颜色和不透明度，参与式（2.5）累加，通过改变不透明度控制面模型在最终图像中的贡献。

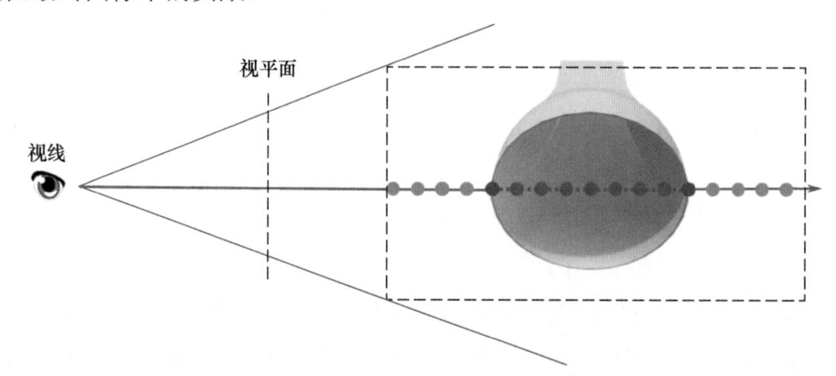

图 2.32　确定视线上采样点光学属性

2.3　系统介绍

2.3.1　系统架构

体视系统采用面向对象的分析、设计以及编程方法，采用基于 MFC 的 GUI 框架。考虑到系统的健壮性和可扩展性，采用模块化设计思想，主要分为三个模块：体绘制视区、用户操作和控制信息显示，如表 2.1 所示。体绘制视区负责显示 CUDA 设备端的计算结果，利用 TAB 分页集成常用操作，便于功能扩展，包括常用、传递函数、渲染模式等页面。“控制信息显示”用于直观显示传递函数，支持交互修改控制顶点的横坐标 *b*0、*b*1、*b*2、*b*3。

表 2.1　系统主要功能模块

模块名	功能
体绘制视区	显示绘制结果
用户操作	常用页面：背景色、亮度、密度调节、梯度计算、自适应采样等
	传递函数设置页面：调整传递函数
	渲染模式页面：Phong 真实感绘制和非真实感绘制
控制信息显示	传递函数视区

体视系统架构示意图如图 2.33 所示。整个模块利用全局变量记录交互的各种状态和参数，以事件作为触发刷新光线投射体绘制的结果显示。用户各种操作行为以变量参数形式保存在全局变量中，并控制信息显示模块。为提高交互的直观性和友好性，可直接拖动控制信息显示模块中的 *b*0、*b*1、*b*2、*b*3，修改控制点，每一次操作都将触发体绘制显示模块。体绘制显示模块根据全局变量的变化，选取所需参数作为输入，调用 CUDA 端的核函数，并将并行运算结果复制至 GPU 和 OpenGL 共享缓冲区，通过 OpenGL 显示。

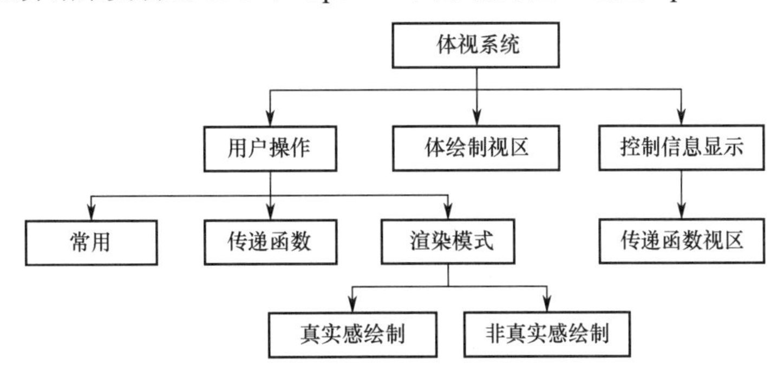

图 2.33　体视系统架构示意图

图 2.34 是体视系统项目结构图。kernal.cu 是 GPU 并行计算的核心代码，包括在 GPU 端执行的所有核函数，用 global 作为标识。在体绘制中一般一个加速阶段对应一个核函数，kernal.cu 文件中之所以有许多个 global 函数，是因为在编写程序时，不同功能被划分成模块形式，不同情况下每次只调用其中一个 global 标识的函数，完成光线投射体绘制中的再采样、累加合成等并行计算。另外，kernal.cu 文件中还包括 GPU 端存储空间管理、纹理使用等操作。资源文件对应 MFC 窗口资源代码，头文件和源文件分别对应系统的头文件和主文件，每个文件代表不同的功能模块。其他函数的功能如下。

① MainFrm.cpp 为程序主函数，主要负责窗口的划分和文件读取功能的实现。

② GlobalFuncApi.cpp 主要用于 GPU 与 CPU 通信函数的声明和系统全局变量、函数

的定义实现。

③ CUDAView.cpp 主要包括绘制窗口的相应函数，根据不同状态标志调用不同函数，对应体绘制视区部分。

④ FuncViews.cpp 对应控制信息显示部分，主要为传递函数的同步显示及交互操作。

⑤ ControlView.cpp 为控制区，对应用户操作部分，其中包含对象 TabPage0.cpp、TabPage1.cpp、TabPage2.cpp、TabPage3.cpp，分别对应常用模块、传递函数模块、渲染模式模块、交互模块。

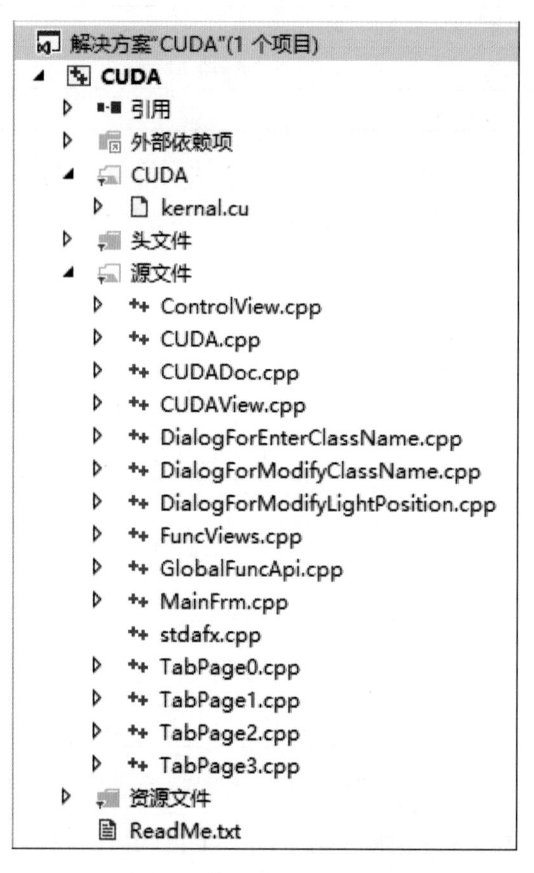

图 2.34 体视系统项目结构图

2.3.2 系统界面

工具栏的第一个按钮打开 raw 格式文件，第二个按钮打开 dcm 数据文件夹，“常用”选项卡如图 2.35 所示，主要用来设置全局渲染效果，主要有以下 8 个功能。

① 设置背景颜色：选择背景颜色，产生重新融合背景色的绘制效果。

② 亮度和密度：调节模型整体亮度和密度。可通过拖动滑块，调节体模型亮度和密度，越向右亮度或密度越大。按住滑块，然后按键盘上的左、右方向键还可以进行微调。

③ 颜色累加模式：非关联颜色将不透明度影响融入颜色中，不透明度值设为 1，模型较暗。选择关联颜色时，不透明度值和颜色值相互独立，模型较亮。

④ 梯度纹理：实时计算，表明在 GPU 中计算梯度。

⑤ 梯度计算：可选用中心差分法、26 邻域法。

⑥ 绘制质量：勾选“预积分”或“自适应采样”复选框，可以改进叠影走样，增强绘制质量。

⑦ 采样点数：可根据绘制速度选用“少”、“中”、“多”。

⑧ 立体（红蓝）显示：红蓝 3D，单击右侧“−”、“+”按钮可以控制视差。

“传递函数”选项卡如图 2.36 所示，主要用来控制图 2.37 中的传递函数。其中，每个梯形代表一个类，例如当选择“皮肤”选项时，图 2.37 中的传递函数代表“皮肤”的梯形被选中。通过拖动图 2.36 中“控制点”滑块可调整梯形 4 个顶点的横坐标位置，也可以使用键盘上的方向键进行微调，相对位置满足 $b0<b1<b2<b3$。

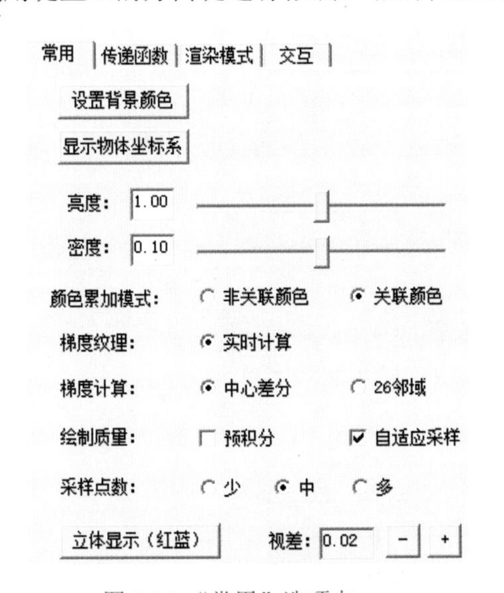

图 2.35 “常用”选项卡

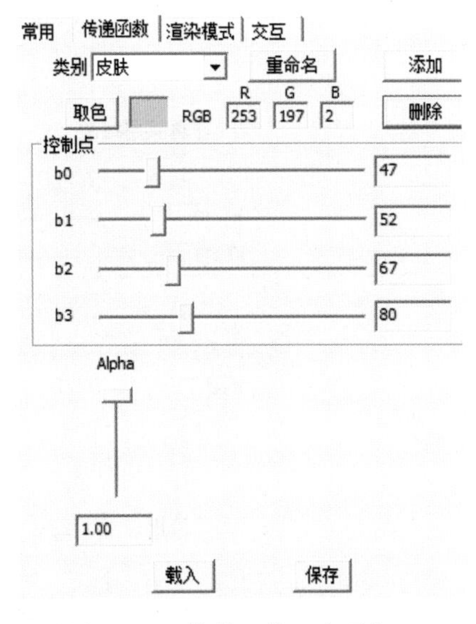

图 2.36 “传递函数”选项卡

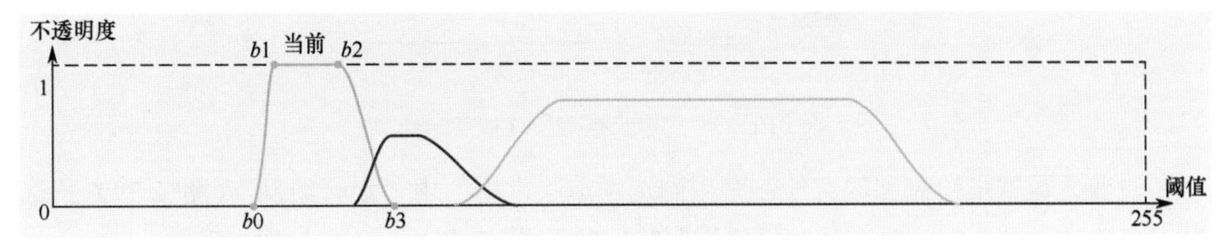

图 2.37　传递函数视图

Alpha 用来调节梯形高度，即不透明度，可以将不感兴趣类的不透明度设为 0，只观察感兴趣部分。还可以通过“添加”和“删除”按钮来增加和减少梯形个数，通过“取色”按钮改变梯形颜色。当调出较为满意的结果后，选择“保存”按钮可保存当前传递函数。保存传递函数的格式为 xml，名字与所打开的 raw 文件相同。当下次打开该 raw 文件时，会自动加载上次保存和其同名的传递函数。

“渲染模式”选项卡如图 2.38 所示。可根据需求选择真实感绘制或非真实感绘制，其中真实感绘制有 Phong 光照模型，非真实感绘制有 Tone Shading，轮廓增强和基于深度的边界增强。通过调整相关参数可以获得不同渲染效果。

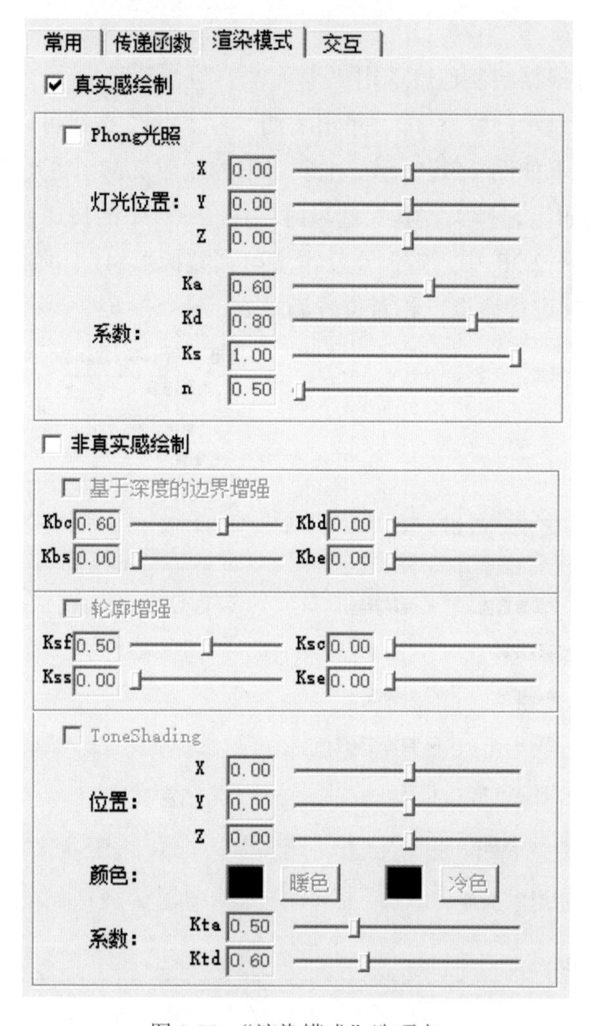

图 2.38 “渲染模式”选项卡

时变体数据集绘制和混合绘制时用到选项卡“常用”中“混合绘制”（图 2.39）和选项卡“传递函数”中“时变体数据集控制时间轴”（图 2.40），主要功能如下。

① 导入面模型深度：导入面模型进行混合绘制。

② 设置面模型颜色：选择进行混合绘制的面模型颜色。

③ 不透明度：拖动滑块选择进行融合时面模型的不透明度。

④ 时间：单击“<|”、“|>”按钮调整观察不同时刻的数据信息。

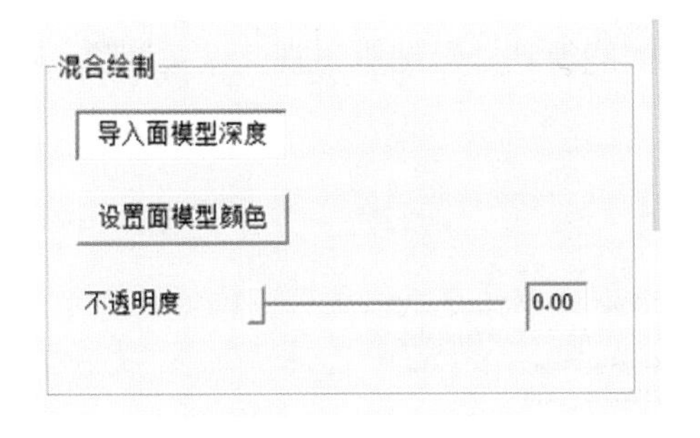

图 2.39　混合绘制

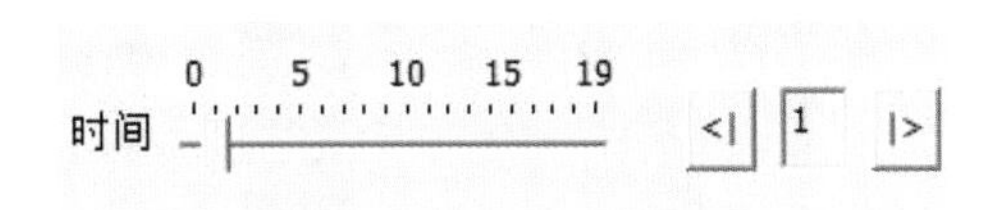

图 2.40　时变体数据集控制时间轴

2.3.3　系统配置

以图 2.1 的测试环境为例，系统配置为 Windows 10+Visual Studio 2019+CUDA11.2，具体安装步骤如下。

第一步，安装 Visual Studio 2019。

下载 Visual Studio 2019 安装包，运行 setup.exe，根据安装向导完成安装。

第二步，查看 GPU 显卡型号。

展开计算机 “设备管理器”中的“显示适配器”，查看显卡型号为 NVIDIA GeForce RTX 3090。

第三步，下载并安装 CUDA。

在 CUDA 官网下载与计算机相匹配的 CUDA 安装程序，以 cuda11.2 为例，界面如图 2.41 所示。如果 CUDA 版本高于 11.2，在安装界面“资源”中选择“cuda 早期版本档案” 选项，出现图 2.41 的界面，下载后自动解压，然后安装。

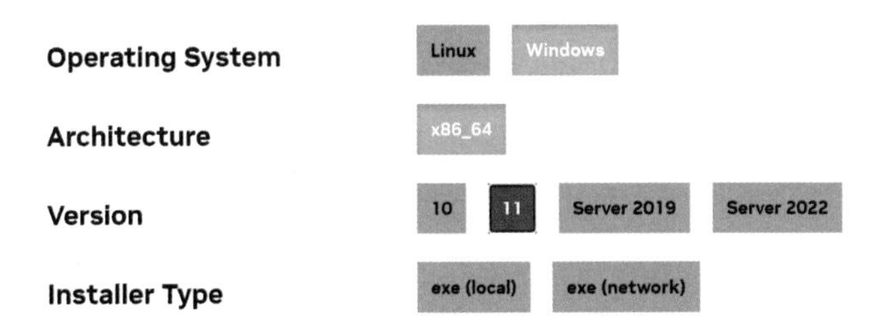

图 2.41　根据计算机配置选择 CUDA 程序

第四步，测试。

进入“C:\ProgramData\NVIDIA Corporation\CUDA Samples\v10.1”文件夹，选择一个 CUDA 用例测试其是否成功安装。例如选择其中的“\2_Graphics\volumeRender”用例，双击打开 “volumeRender_vs2019.sln”文件。如果 Visual Studio 版本高于 2019，在解决方案资源管理器界面中，右击项目（如 volume Render），调出属性页，如图 2.42 所示。在弹出的“Volume Render 属性页”对话框中选择“配置属性”→“常规”→“平台工具集”→

Visual Studio 2019 （v142）选项。运行该项目，如能得到神经细胞可视化结果图■，则表示 CUDA 安装成功。

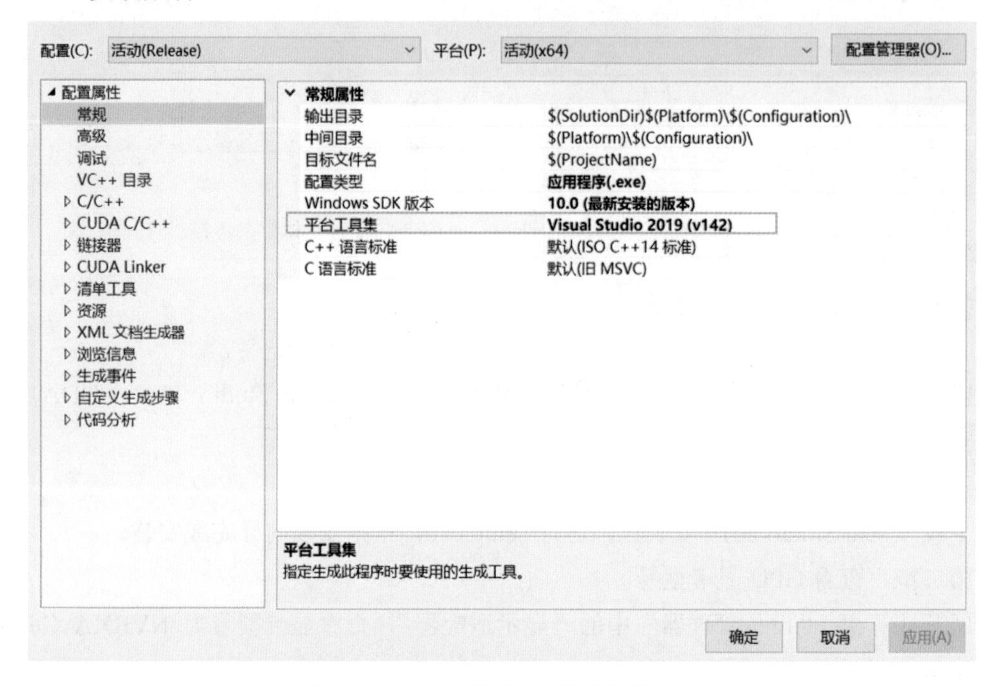

图 2.42　CUDA 测试用例项目属性设置

2.4　导图操作

硬件配置：CPU Intel® Core™ i9-10900K、主频为 3.70GHz、内存为 DDR4（频率为 2400MHz、大小为 32GB）、显卡为 NVIDIA RTX 3090（显存为 24GB）。

软件环境：Windows 10（64 位操作系统）、开发工具为 Visual Studio 2019、CUDA11.2、开发语言为 C++、NVIDIA 驱动为 531.79、OpenGL4.6。

2.4.1　测试数据

图 2.1 的输入数据是一个人头采样 CT 数据“\BnuVisBook\SharedResource\VolumeVis\CUDATEST\data\VolumeData\head.raw”。大小为 256×256×225，三个方向的采样间距依次为 1.0mm，相关信息存在一个后缀为.config 的配置文件 head.config 中，其位于 Config 文件夹内，内容如下

```
256×256×225
1.0×1.0×1.0
```

此外，根据先验知识，传递函数中分段梯形的初始设置如表 2.2 所示。

表 2.2　传递函数中分段梯形的初始设置

类　别	CT 值范围	RGB 颜色	不透明度值
皮肤	[47,79]	[253,197,2]	1
肉与软骨	[75,101]	[156,14,14]	0.5
骨头	[95,211]	[200,200,200]	0.75

XML 文件 head.xml 保存以上信息，其位于文件夹“BnuVisBook\SharedResource\VolumeVis\CUDATEST\data\TransferFuncXML”内，内容如下

```
<TransferFunc>  // 先根据经验值，初始化传递函数
        <Class name="皮肤" R="253" G="197" B="2" controlPointB0="47"
        controlPointB1="52" controlPointB2="67" controlPointB3="79" alpha="1"/>
        <Class name="肉与软骨" R="156" G="14" B="14" controlPointB0="75"
        controlPointB1="82" controlPointB2="90" controlPointB3="101" alpha="0.5"/>
        <Class name="骨头" R="200" G="200" B="200" controlPointB0="95"
        controlPointB1="119" controlPointB2="184" controlPointB3="211" alpha="0.75"/>
</TransferFunc>
```

图 2.2 的输入数据是时变电磁模拟体数据集“BnuVisBook\SharedResource\TemVolumeVis\CUDATEST\data\VolumeData\Antenna_Time_00.raw”。大小为 430×291×300，两个方向的采样间距依次为 0.072mm，相关信息存在一个后缀为 config 的配置文件 Antenna_Time_00.config 中，其位于 Config 文件夹内，内容如下

```
430×291×300
0.072×0.072×0
```

根据先验知识，传递函数中分段梯形的初始设置如表 2.3 所示。

表 2.3　传递函数中分段梯形的初始设置

类　别	电场强度范围	RGB 颜色	不透明度值
黄	[58,124]	[255,255,128]	0.87
红	[125,155]	[255,0,0]	0.92
蓝	[0,58]	[128,255,255]	1.00

XML 文件 Antenna_Time_00.xml 保存以上信息，其位于文件夹“BnuVisBook\SharedResource\TemVolumeVis\CUDATEST\data\VolumeData\Antenna_Time_00.xml”中，内容如下

```
<TransferFunc>
        <Class name="yellow"  R="255"  G="255"  B="128"  controlPointB0="58"
        controlPointB1="69"  controlPointB2="118"  controlPointB3="124"  alpha="0.87"/>
        <Class name="red"  R="255"  G="0"  B="0"  controlPointB0="125"
        controlPointB1="128"  controlPointB2="139"  controlPointB3="155"  alpha="0.92"/>
        <Class name="blue"  R="128" G="255"  B="255"
        controlPointB0="0"  controlPointB1="9"
```

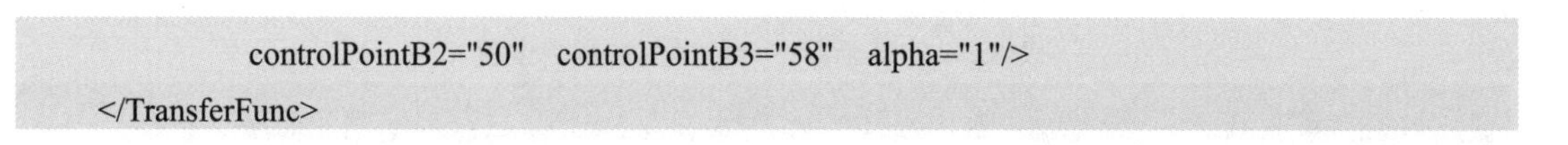

```
        controlPointB2="50"   controlPointB3="58"   alpha="1"/>
</TransferFunc>
```

2.4.2 操作步骤

1. 图 2.1 操作

（1）打开扩展名为.raw 的体数据文件

双击“\BnuVisBook\SharedResource\VolumeVis\CUDATEST\x64\Release”文件夹中的 CUDA.exe 程序，打开体视系统，单击按钮 ，打开文件夹“\BnuVisBook\ SharedResource\ VolumeVis\data\VolumeData”，选择扩展名为.raw 的体数据文件，图 2.1 对应的文件名为“head.raw”，可看到可视化效果。在“常用”选项卡内勾选“预积分”复选框，可获得更高绘制质量的效果，如图 2.43 所示。

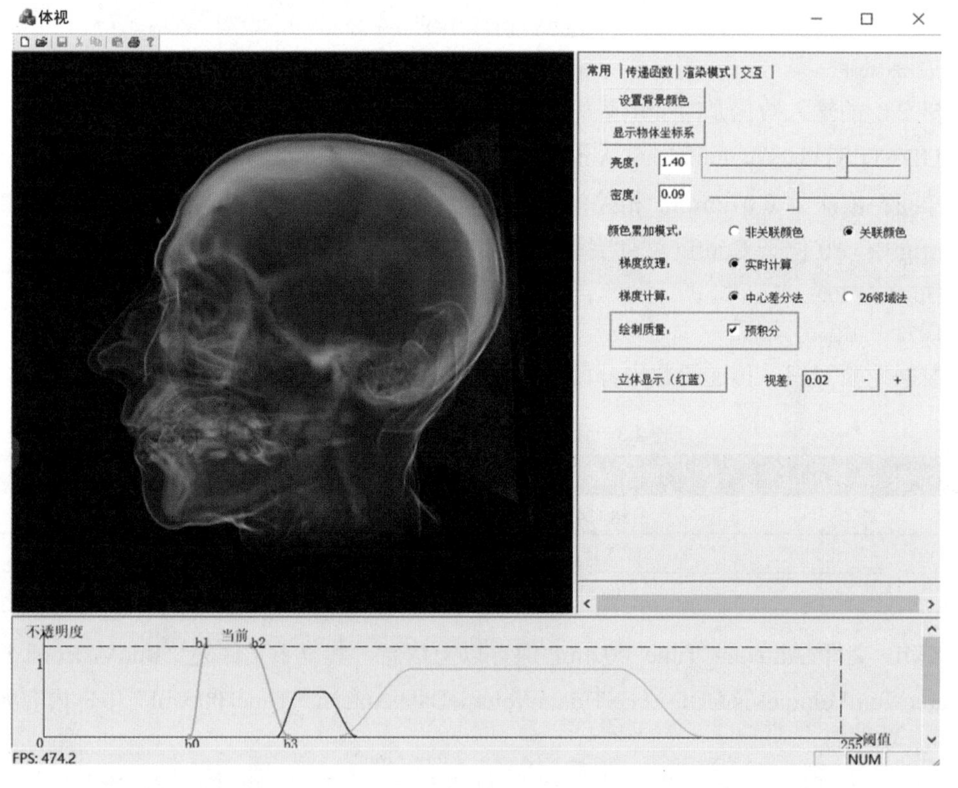

图 2.43　head.raw 绘制效果

（2）层控制

选择“传递函数”选项卡，上下拖动“Alpha”对应滑块，将不感兴趣部分的不透明度设为 0，这样就可以只观察感兴趣的部分。图 2.44 是将“肉与软骨”层的不透明度设置为 0，只观察“骨头”和“皮肤”层的显示效果。

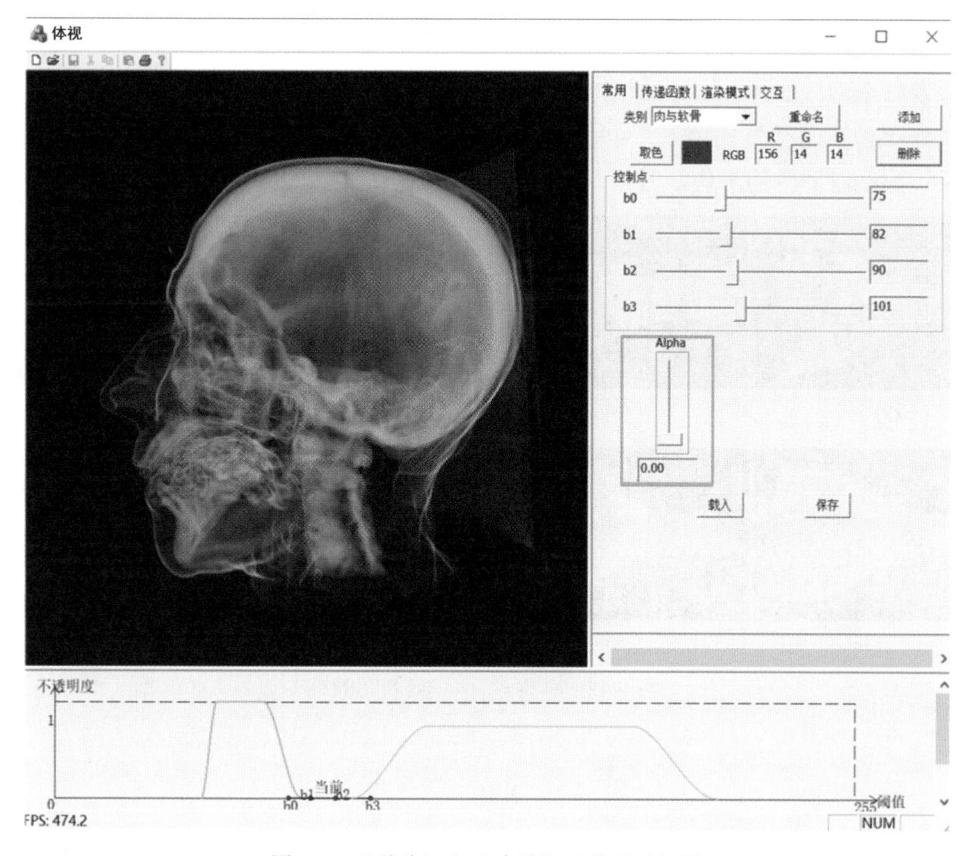

图 2.44 “骨头”和“皮肤”层的显示效果

（3）光照效应

选择“渲染模式”选项卡，勾选“真实感绘制”复选框，勾选“Phong 光照”复选框，通过调整 K_a、K_d、K_s、n 这 4 个参数，可以得到不同的绘制效果，通过调整 X、Y、Z 这三个参数，可以改变光源位置坐标。图 2.1 对应参数为 $K_a = 1.00$、$K_d = 0.61$、$K_s = 0.88$、$n = 0.50$。最终绘制效果如图 2.1 的视区所示。

2. 图 2.2 操作

双击“\BnuVisBook\SharedResource\TemVolumeVis\CUDASET\x64\Release”文件夹中 cuda.exe 程序，打开时变电磁数据集的可视化系统，单击按钮 🗋，打开文件夹“\BnuVisBook\SharedResource\TemVolumeVis\data\VolumeData”，选择扩展名为.raw 的体数据文件，文件名为“Antenna_Time_00.raw”，在“常用”选项卡的“混合绘制”功能区，单击“导入面模型深度”按钮，打开文件夹“\BnuVisBook\SharedResource\TemVolumeVis\data\Obj”中 Antenna_Time.obj 文件，可以在视图区观察到混合绘制效果，如图 2.2 所示。

对于时变电磁模拟体数据集，设计非重叠传递函数，如图 2.2 下方视图所示，其中纵坐标代表不透明度，横坐标代表电场强度，每个梯形代表电场强度的一个区间。给不同的波段分配不同的颜色和不透明度。同时允许用户调整每个波段对应梯形的四个控制点的位置，以及每个波段的颜色和不透明度。

选择“传递函数”选项卡，单击按钮“顺序播放时变体数据”，可以观察到动态可视化效果。拖动时间轴的滑块，时刻t_1～t_8的可视化效果如图 2.45 所示。

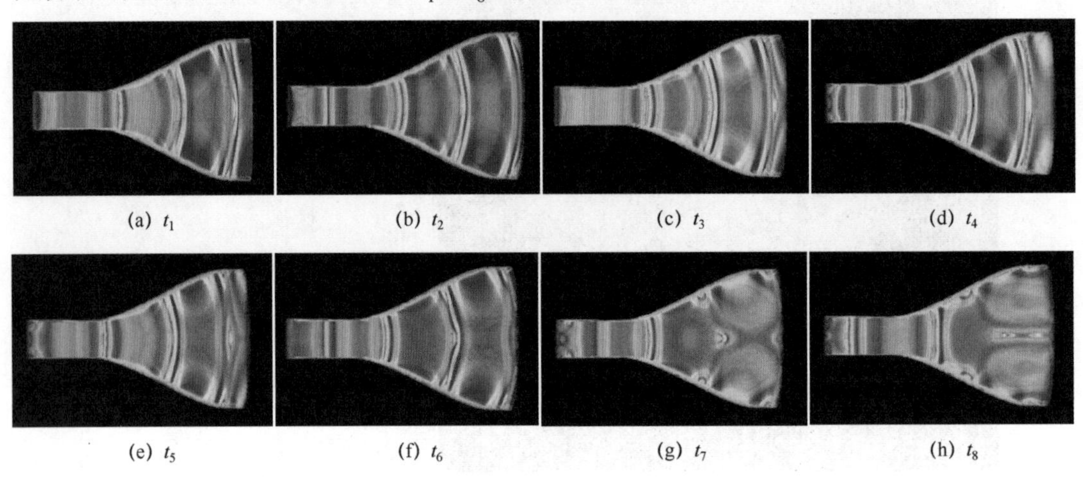

(a) t_1　(b) t_2　(c) t_3　(d) t_4

(e) t_5　(f) t_6　(g) t_7　(h) t_8

图 2.45　时刻t_1～t_8的可视化效果

Chapter 3 | 第 3 章

气候模拟流场数据可视化

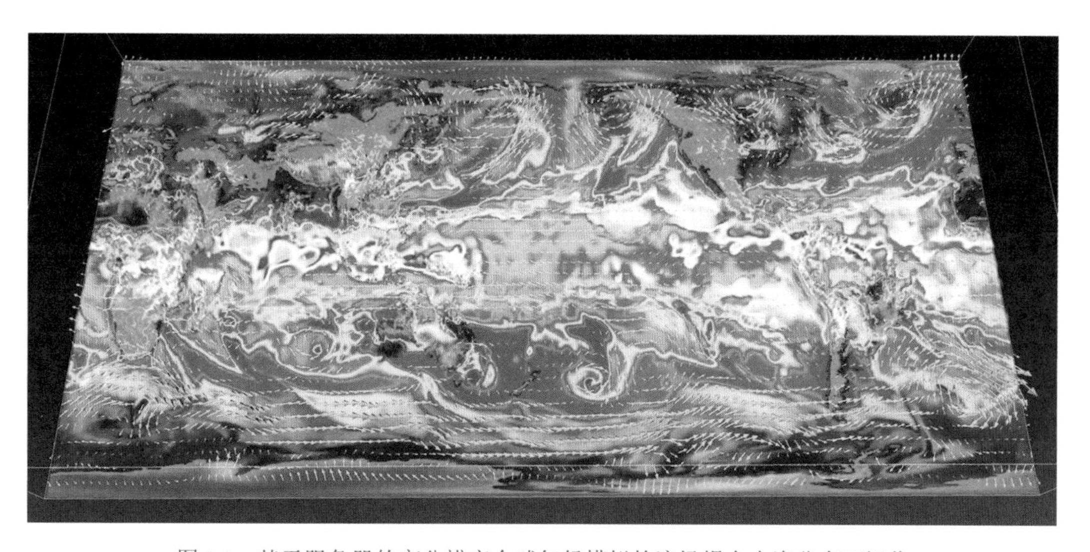

图 3.1　基于服务器的高分辨率全球气候模拟的流场耦合水汽分布可视化

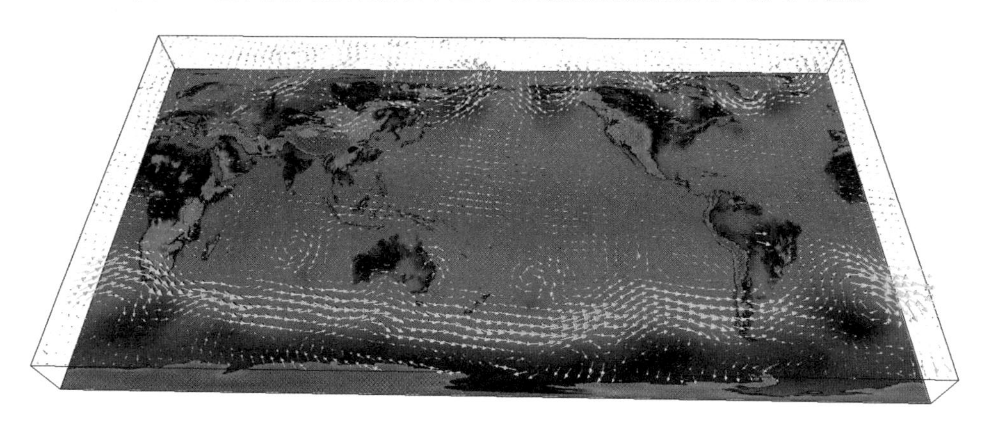

图 3.2　本地桌面环境的流场可视化结果

摘要

随着高性能计算技术的最新成果应用于气候科学领域，气候模型的复杂度、分辨率和仿真模拟的次数不断提高，这对数据可视化方法提出更高的要求。基于高分辨率气候模型的气候模拟应用，可以生成大规模多物理场数据集。典型气候模拟多物理场数据集不仅包含标量场数据，还包含向量场数据。向量场数据在以气候模拟为代表的科学与工程仿真应用中占据非常重要的位置。本章介绍一个面向高分辨率气候模拟的高效多场可视化框架。采用按需驱动的新型可视化管线以支持大规模气候数据集的可扩展处理，基于信息论的流场数据可视化方法帮助领域专家从气候数据中获得更深入的理解，基于 GPU 的多场可视化加速方法实现相互叠加多种气候现象的准确、交互绘制。读者通过本章学习可以了解流场数据可视化的图符优化设计、多物理场耦合可视化方法以及并行可视化方法等相关技术。

3.1 知识点导读

气候科学研究通常涉及多个地球区域（如大气、陆地、海洋和海冰等）之间物理演化和交互机理的实际测量和计算模拟，产生包含多个标量场（如三维体数据）、多个向量场（如流场数据）等耦合多个不同物理场类型的多物理场数据集。

3.1.1 流场数据

1. 基本概念

与标量场的体数据一样，向量场数据（Vector Data）同样可以视为二维或三维欧拉空间网格上的采样点集。但不同于体数据，向量场的每个采样点处的数据是一个向量（可用一维数组表示），表达大气、洋流等复杂流动过程的方向与速度信息。向量（Vector）是一个同时具有大小和方向的对象。在二维或三维欧拉空间中，如果将每个采样点都用坐标 (x, y) 或 (x, y, z) 唯一标识，且都赋予一个向量，那么整个空间就充满了向量，这个空间就称为向量场（Vector Field）。流场数据（Flow Data）是应用最广泛的向量场数据。真实世界中的大多数流场（如空气、水等）是透明介质，它们的运动模式无法用肉眼直接观测，因此需要采用一些特殊方法使其可见。例如，离开直观耦合的体数据场和流场的三维多场可视化，识别垂直风速和大气层输运之间的重要相关效应变得困难。

2. 数学描述

在物理学上，场是关于时间、空间中每个采样点的量化描述，也称为物理场。对于一个指定时空域的物理场，如果每个采样点都采用一个向量描述，则该物理场称为流场。例如流体空间中的流速分布等用流场表示。标量场中描述的特征和属性只有大小，没有方向描述，而在流场中描述的特征和属性不仅有大小，还有方向。流场通常使用微分方程表示，例如二维流场描述如下

$$\frac{\mathrm{d}y}{\mathrm{d}x}=f(x,y)$$

上式可表示为

$$\begin{cases}\dfrac{\mathrm{d}x}{\mathrm{d}t}=P(x,y)\\[2mm]\dfrac{\mathrm{d}y}{\mathrm{d}t}=Q(x,y)\end{cases}$$

3.1.2　多物理场数据

1．基本概念

物理场引申定义为针对已有时空点的方程或者分布描述。在科学可视化中，常见物理场类型包括标量场、向量场、张量场等，物理场的属性一般定义在离散空间。多物理场（Multi-field）是指仿真模拟过程涉及多种物理模型（如磁流体力学、流体—结构相互作用、化学反应中的流体流动等）[23]。多物理场模型的典型范例就是多模式耦合气候模型，用于模拟地球大气层、海洋、冰冻圈、生物圈等相互依赖的多个物理模型。多物理场仿真模拟输出多物理场数据集，相比单物理场数据包含更多的变量和数据结果。气候模拟应用通常输出三维时序多物理场数据集[24]。

2．数学描述

一个单物理场 F 定义如下

$$F:D\rightarrow R$$

其中空间域 D 中包含一个有限维度量空间与某个参数空间 $D^P(P\in\mathbb{N})$ 的笛卡尔乘积。同时，由于时间在很多实际应用中占据重要地位，因此可以将度量空间划分为时间尺度 $D^T(T\in\mathbb{N})$ 和空间尺度 $D^S(S\in\mathbb{N})$。一个空间域 D 表示为

$$D=D^S\times D^T\times D^P$$

令物理场 F 的范围为 R，则 R 一般化定义为一个度量空间 R^M 和一个分类数值集合 $\varPhi$ 的笛卡尔乘积，具体表示如下

$$R=R^M\times\varPhi$$

度量空间 R^M 的一般实例包括标量、向量或者张量的有限维空间，因此该空间可被视为空间域 $\mathbb{R}^n$（$n\in\mathbb{N}$）的一个子集。该空间定义同时也适用于关于函数或分布空间的一般表达形式。其中的分类数值集合 $\varPhi$ 通常具有离散特性，并包含了分类标志信息。

基于单物理场的定义，一个多物理场 $\mathcal{M}$ 定义为一个场的集合

$$\mathcal{M}=\{F_1,F_2,\cdots,F_r\},r\in\mathbb{N}$$

其中

$$F_r:D_r\to R_r$$
$$D_r=D_r^S\times D_r^T\times D_r^P$$
$$R_r=R_r^S\times\Phi$$

以本章涉及的气候模拟数据为例，多物理场 M 包括地形场 F_{terrain}（标量场）、云数据场 F_{cloud}（标量场）和风场 F_{wind}（流场）三个不同的场，M 可表示为

$$M=\{F_{\text{terrain}},F_{\text{cloud}},F_{\text{wind}}\}$$

以风场 F_{wind} 为例，其可表示为

$$F_{\text{wind}}:D_{\text{wind}}\to\mathbb{R}_{\text{wind}}$$

其中风场的空间域 D_{wind} 是空间尺度 $D_{\text{wind}}^S(S\in\mathbb{N})$ 、时间尺度 $D_{\text{wind}}^T(T\in\mathbb{N})$ 与参数空间 $D_{\text{wind}}^P(P\in\mathbb{N})$ 的笛卡尔乘积，即 $D_{\text{wind}}=D_{\text{wind}}^S\times D_{\text{wind}}^T\times D_{\text{wind}}^P$。$\mathbb{R}_{\text{wind}}$ 为风场的物理范围，记 $\mathbb{R}_{\text{wind}}^S$ 为风场的空间范围，可视为空间域 $\mathbb{R}^n$ ($n\in\mathbb{N}$)的一个子集，Φ 为风场的分类数值集合，包含风场的分类标志信息，则 $\mathbb{R}_{\text{wind}}=\mathbb{R}_{\text{wind}}^S\times\Phi$。

3.1.3 气候科学数据

气候科学数据来源通常包括两类，即观测数据和仿真模拟数据。随着科学与工程仿真计算的发展，仿真模拟数据正越来越普遍地出现，气候科学就是其中一个典型的应用来源。气候科学是一个需要多个学科相互协同的研究领域，主要研究多个地球区域（如大气、陆地、海洋和海冰等）之间物理演化和交互机理的仿真模拟，涉及对多个地球区域之间的物理过程和交换机制进行复杂多物理建模[25]，并涉及多物理场的多源数据集（如长期观测数据、仿真模拟数据等）的对比和验证[26]。

在科学实践过程中，通常对比建模和观测数据，从中学习和认识新的模式或规律。即使是较小的数据集，多样的网格数据类型以及多样的时间域和空间域分辨率，也使得分析任务极具挑战性。随着预测气候变化的需求变得愈发重要，气候模型的复杂度、模型分辨率和仿真模拟的次数都在快速增加。为了适应不断增大的气候模拟尺度和复杂度，需要研究新的可视化方法和软件以提升针对气候科学数据的快速分析能力。

1. 气候模型

气候模型是关于古代、现代和未来气候的数学模型表达，它采用定量方法模拟大气、海洋、陆地表面和冰之间的相互作用关系。全球气候模型是对整个地球气候的描述，对所有区域差异进行平均。而针对地球上给定位置的气候描述就是区域气候模型。本章中使用的气候模型是中国科学院大气物理研究所大气科学和地球流体力学数值模拟国家重点实验

室（The State Key Laboratory of Numerical Modeling for Atmospheric Sciences and Geophysical Fluid Dynamics, Institute of Atmospheric Physics, Chinese Academy of Sciences, IAP LASG）的网格点大气模型（Grid-point Atmospheric Model of IAP LASG，GAMIL）和高级区域 Eta 坐标模型（Advanced Regional Eta-coordinate Model，AREM）[27][28]，二者分别属于全球和区域尺度的气候模型，均由 IAP LASG 开发。GAMIL 是基于有限差分动力学核心的大气环流模型，已广泛用于 20 世纪气候变化和季节预测的研究。AREM 则是基于区域数值预测模型的水汽平流模拟应用，能适应实际复杂的地形变化，已被中国气象、水文等科学界和企业界广泛用于汛期暴雨预报。

2．气候模拟

为了提高气候预测的数值保真度，通常需要提高气候建模和仿真模拟的分辨率，并且依赖高性能计算实现仿真求解并获得预测结果。高分辨率的 GAMIL 和 AREM 基于并行自适应结构网格应用编程框架（J Adaptive Structured Meshes Applications Infrastructure, JASMIN）实现[29]，JASMIN 由北京应用物理和计算数学研究所（Institute of Applied Physics and Computational Mathematics，IAPCM）研制，主要目标是加速科学与工程仿真模拟并行程序的开发、支撑超级计算机上复杂应用程序的大规模仿真模拟。从表 3.1 可以看出，GAMIL 和 AREM 的分辨率已经超过或接近国际水平。基于 JASMIN 的多物理场并行计算中间件，这两个模型的应用使用一个至数万个处理器核进行高分辨率气候仿真模拟。

表 3.1　当前国内外气候模型对比

模　型	国　家	水平分辨率（km）
全球	世界平均 (by IPCC AR5)	110
	中国	220
	GAMIL，中国	20
区域	NCEP，美国	3.33/2.5
	Navy/FNMOC/NRL，美国	45/15/5
	JMA，日本	5/2
	CMA，中国	10/5
	AREM，中国	8

3.1.4　气候模拟数据可视化

1．单物理场可视化

随着气候模型越来越复杂，气候模型的分辨率越来越高，理解原始数据的难度变得越来越大。尽管标准二维可视化技术（如时间图表、二维地图和散点图等）仍然在当前气候数据分析中经常使用[30]，但是领域专家们已经意识到需要三维气候数据的可视化能力。其中，流场数据可视化是气候模拟中一种至关重要的数据分析手段。

（1）流场数据的典型特征

流场数据一般都具有复杂拓扑关系和较高变量维度。其拓扑关系可表现为流场中有意义的形状、结构、变化和现象，如涡旋（Vortex）、激波（Shock Wave）、临界点（Critical Point）等。拓扑关系既包含流场数值分布特征（如梯度、散度、旋度等），也包含空间分布特征（如涡旋形态、临界点位置等）。高变量维度则表现为每个点在包含向量信息的同时，还可包含温度、压力等标量信息，它们主要反映了流场上各点数值分布特征，流场的典型数据特征如图 3.3 所示。

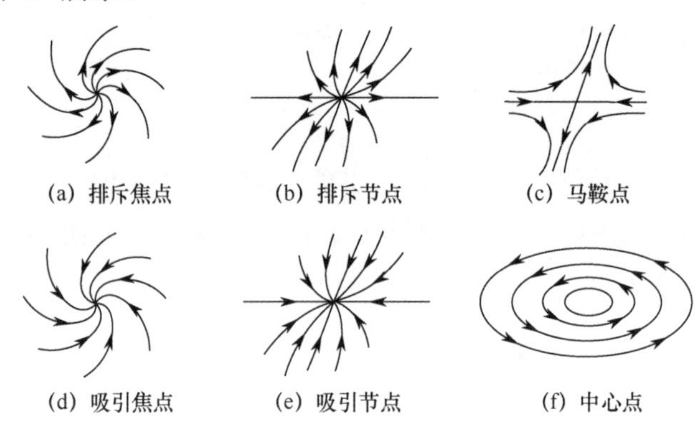

图 3.3　流场的典型数据特征

（2）流场数据可视化

流场数据可视化的任务是研究能够有效描述流场流动信息的表示方法。常见流场数据可视化方法有很多种，包括图符表示法、几何表示法、纹理法和拓扑法。这些方法都体现出场的结构特征，而且各有特点。图 3.4 给出上述四种流场数据可视化方法的二维绘制结果。

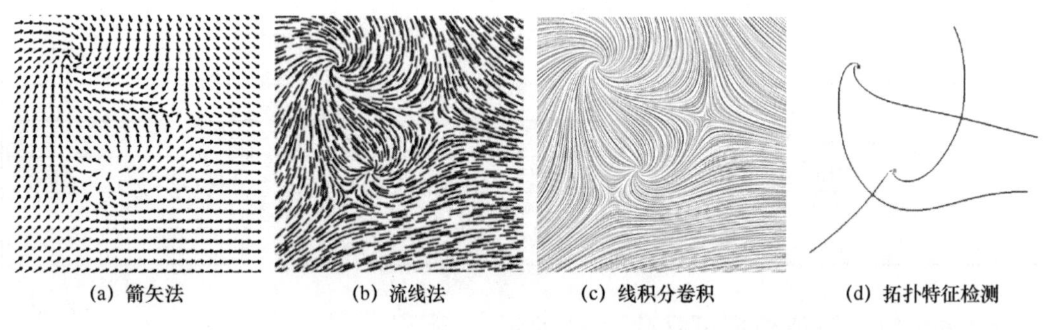

图 3.4　常见流场数据可视化方法

① 箭矢法

基于箭矢（Arrow）的图符表示法（箭矢法）不经过任何预处理而直接应用图符表现流场，是一种全局可视化技术。箭矢法是最简单的流场数据表示方法，适用于绝大多数二维和三维仿真模拟生成的流场数据。在二维和三维空间中，箭头方向代表采样点处向量方向，长度表示向量大小，全球风场的箭矢表示如图 3.5 所示。在一般实现中，对于每个采样点，用具有大小和方向的箭矢映射向量的大小和方向。箭头尺寸、颜色、形状等几何视觉通道相互耦合，表达复杂的流场信息，缺点是容易引起视觉混乱现象。

图 3.5　全球风场的箭矢表示

② 流线法

流线（Streamline）法是一种常用的基于几何曲线表示流场特征的方法。流线是反映同一时刻流场变化趋势的一条几何线，描述流场空间中任意一点处的流场切线方向，是一种局部可视化技术。对于流场空间中一个特定位置，某一时刻有且仅有一条流线通过该点。在任意一点处，流线方向与该点向量方向一致。流体质点的运动规律用速度向量描述时，可表示为 $V_P = V(\boldsymbol{r},t)$，其中 $\boldsymbol{r}$ 为质点 P 的位置向量，t 表示时间。其他类似的几何曲线表示法包括迹线（Pathline）和脉线（Streakline）。迹线是一个流体质点在空间中运动时所描绘出的曲线。与流线不同的是，迹线上的每个点对应的是不同时刻的同一质点。脉线是某一时间间隔内相继经过空间一点的不同流体质点在某一时刻的位置连接而成的曲线。迹线与脉线是不同的，迹线是同一质点在不同时刻的位置连线，脉线是不同质点同一时刻的位置连线。

流线可由积分计算得到，在流场空间中每个点都包含此处的位置信息和向量信息（如方向、大小等）。生成流线时，首先在流场空间中播撒积分种子点，然后从种子点发射粒子，对流场进行采样。根据采样得到向量，平移粒子，不断迭代得到一条完整的流线。采用数值计算的四阶龙格-库塔方法分别向两个方向进行跟踪积分计算，则可以比较精确地得到平滑的流线，但是计算量较大，飓风登陆模拟的流线表示如图 3.6 所示。流线适用于刻画定常流场（Steady Flow，不随时间变化的流场）或者非定常流场（Unsteady Flow，随时间而变化的流场）中某一时刻的特征。在定常流场中，流线、迹线、脉线三者重合，而迹线和脉线则适用于刻画非定常流场。

图 3.6　飓风登陆模拟的流线表示

③ 纹理法

基于纹理的映射方法（纹理法）主要应用纹理显示向量场的方向信息。以纹理图像形式显示流场全貌，能够有效弥补箭矢法和流线法两者可能丢失流场关键特征的缺陷，揭示流场关键特征和细节信息，是一种全局可视化技术。

在纹理法中，线积分卷积（Line Integral Convolution，LIC）是一种重要的方法。线积分卷积采用滤波器在流场采样点处沿流线分别向前向后卷积白噪声图像，由此生成的纹理既保持原有流场特征，又能够体现出流线的方向性。因此，纹理法不仅能够反映整个流场的结构，同时能精细刻画流场的特征，全球风场的线积分卷积纹理表示结果如图 3.7 所示。

图 3.7　全球风场的线积分卷积纹理表示结果

给定一个流场数据（如图3.8（a）所示），线积分卷积的基本原理如下：（i）以白噪声作为输入纹理（如图 3.8（b）所示）；（ii）将纹理的每个像素作为采样点，沿向量的正、反方向进行对称积分，从而计算一条流线；（iii）将流线上所有像素对应的输入纹理噪声值，根据卷积核进行积分卷积计算，则最终输出纹理的每个像素值均通过卷积计算获得（如图 3.8（c）所示）。为了克服计算复杂度高的问题，后续发展出快速线积分卷积（Fast LIC）、三维线积分卷积（3D LIC）等多种方法。

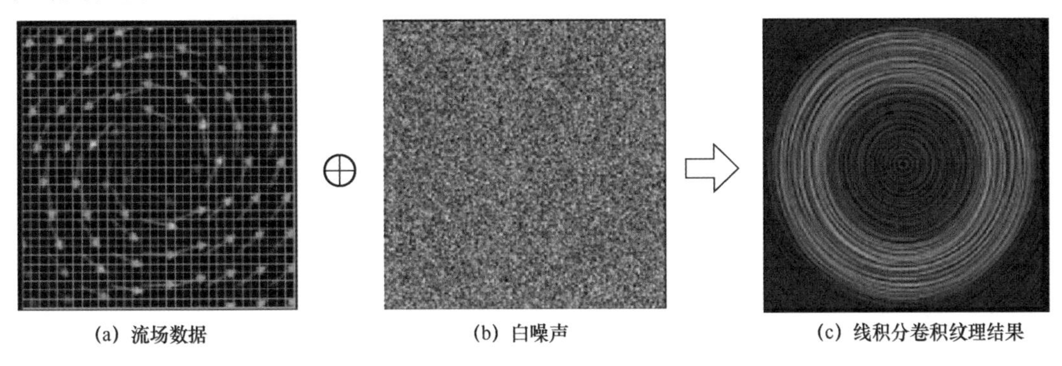

图3.8 纹理法过程示意图

④ 拓扑法

拓扑法是一种基于特征的可视化方法。基于特征的可视化方法通过从流场中抽取有意义的结构、模式或用户感兴趣的区域（或特征），从而获得高度抽象的场描述信息。拓扑法采用拓扑结构刻画流场，主要基于临界点理论：任意向量场的拓扑结构由临界点和连接临界点的积分曲线或曲面组成。其中，临界点指向量场中各个分量均为零的点。基于拓扑的流场数据可视化方法能够有效地从流场中抽取主要的结构信息。

拓扑法的实现主要包括两个步骤。

（i）临界点位置计算与分类。在寻找临界点时，基于临界点附近向量对位置的偏导数矩阵（也称为雅可比矩阵），将临界点分类。雅可比矩阵特征值的实部的正负，分别表示吸引和排斥，对应收敛和发散，共轭复数对应旋入、旋出。如此，将临界点分为节点、焦点和马鞍点以及中心点（同心圆临界点）。节点和焦点各自进一步分为吸引和排斥两种。另外，在包含物体的场中，还需要将壁点 （Wall Point）分为入点和出点。

（ii）连接临界点的积分曲线或曲面计算（即流场区域边界计算）。为了计算向量场区域边界，需要采用积分曲线或曲面连接临界点。一般地，从马鞍点、入点和出点出发，以特征向量进行积分，终止于其他临界点或场边界，进行积分曲线计算即可。向量场区域边界也被称为拉格朗日相干结构（Lagrangian Coherent Structures，LCS）。近年研究通过引入FTLE（Finite-time Lyapunov Exponents）测量相邻虚拟粒子在向量场中运动轨迹的分离程度，得到向量场区域边界。不定常流场的 FTLE 可视化结果如图 3.9 所示，瑞利-泰勒（Rayleigh-Taylor，RT）不定常流场的区域边界（FTLE Ridge）分离了不同的流动状态[31]。

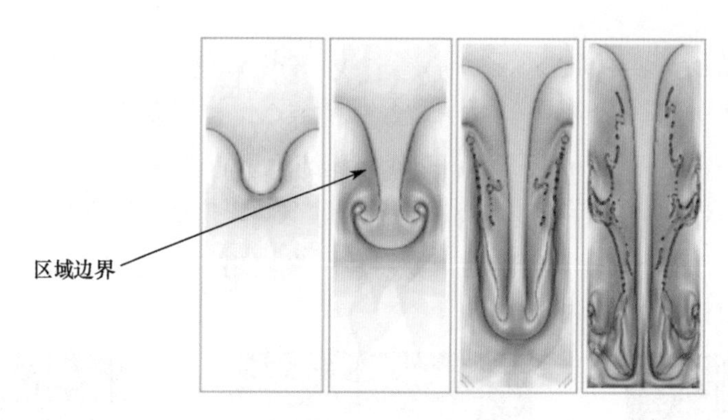

图 3.9　不定常流场的 FTLE 可视化结果

2．多物理场可视化

目前为止，可视化社区已经出现大量针对单一标量、向量或张量场数据的方法和技术。但是，相比独立地考察单个物理场，更需要同时探索大气、陆地等多个物理场以能够获得潜在物理过程及其相互关系的深入理解。例如，垂直风速与大气层间大气对流的重要关联效应，地形场与云数据场的多物理场可视化结果如图 3.10 所示。另外，因为气候模拟数据本身具有复杂三维结构且具有时间依赖性，所以在其可视化场景必须采用高度可交互的方式处理这些动态数据。因此，针对多物理场数据集的交互式分析是可视化领域的挑战之一。

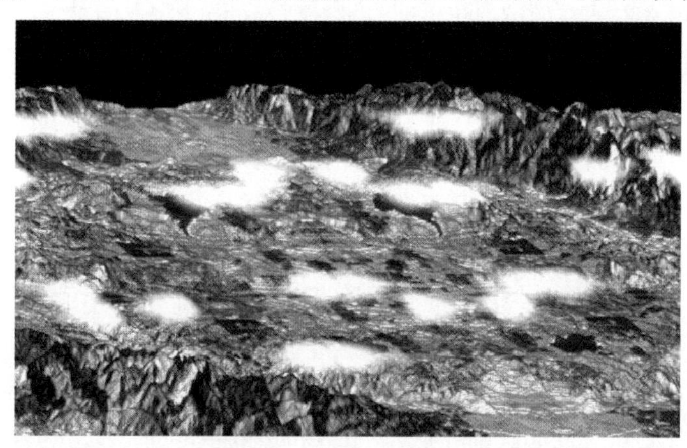

图 3.10　地形场与云数据场的多物理场可视化结果

3.2　方法概要

3.2.1　面向大规模气候模拟数据集的可视化管线

1．基于网格片的网格数据结构

针对当前高性能计算机的复杂多层体系架构，如 CPU 高速缓存、节点内主存、节点间内存、磁盘存储器，可视化要获得高效的处理性能，需要采用与硬件匹配的数据结构。基于网格片（Patch）的数据结构是 GAMIL 和 AREM 等结构网格气候模拟应用的核心数据结构[29]。网格片是一个局部区域，它用于定义网格系统和相关物理场变量。网格片适配计算机 CPU 的高速缓存（Cache）大小，从而实现高 Cache 命中率。图 3.11 显示由 20×20 个单元组成的二维结构化网格，单元索引为(i, j)，它被分解为 7 个网格片，每个网格片由一个逻辑索引框定义。在计算输出时，一个或多个网格片组合构成一个块（Block），块适配高性能计算机的单节点内存大小。

2. 按需驱动的可视化管线

针对大规模气候模拟数据集，经常需要进行裁剪、切片、等值面提取等复杂的空间探索操作。为了提升数据加载、数据处理等多个阶段的可视化管线（Visualization Pipeline）性能，需要设计一种按需驱动的可视化管线。典型的可视化描述为一个数据流网络[32]，包含一系列可执行模块集合，可执行模块以有向边连接，构成有向图，该有向图表示数据如何在各个模块之间移动。一条可视化管线包括文件读取器（Source）、多个数据过滤器（Filter）和图像渲染器（Sink）三个组成部分，在运行时按照上行和下行两个阶段执行，如图 3.12 所示。

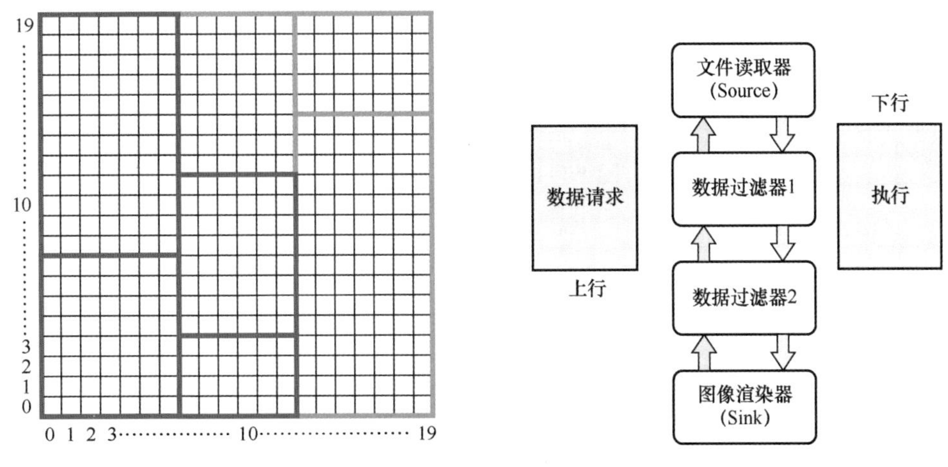

图 3.11　基于网格片的网格数据结构　　图 3.12　按需驱动的可视化管线

（1）上行阶段

执行从管线底部的图像渲染器端启动。图像渲染器的上行模块首先从自己的上行模块请求数据来满足数据请求，依此类推经过多个数据过滤器，直到文件读取器端终止。一旦执行到达文件读取器端，管线就会根据各个上行模块的数据请求进行汇总，最终按需加载所需的原始数据。

（2）下行阶段

执行从文件读取器端开始，并将逐次执行并返回到其下行模块，最终执行到起始的图像渲染器端，此过程会逐一处理按需加载的数据，并对最终处理结果进行绘制渲染。

按需驱动的可视化管线使得每次可视化任务仅根据需要处理大规模数据集的一部分子集，从而显著提升包括数据加载、数据处理和绘制渲染等在内的整体可视化管线效率。

为了高效处理多物理场大规模数据集，在高分辨率网格数据场的较小区域中实现高效可视化探索，需要对可视化管线中的数据进行精细筛选，减少管线中流动的数据量。为此，本章提出基于网格片的双粒度数据筛选优化方法，包括上行和下行两个阶段的数据筛选优化。

上行阶段的数据筛选优化：该阶段采用基于网格片的粗粒度进行数据筛选。例如使用裁剪（Clip）过滤器（如图 3.13（a）所示），不需要将裁剪平面外的数据块加载到系统内存中。因此，根据裁剪过滤器的属性标记所有网格片，并且仅在上行阶段结束时加载所需的数据块。每个网格片都标有与裁剪平面构成的内部、相交或外部的属性标志。

下行阶段的数据筛选优化：该阶段采用基于网格单元的细粒度进行数据筛选，网格单元位于每个网格片内部。采用此策略原因是，当用户对整个结构网格使用一些非正交空间探索过程（如倾斜裁剪）时，通常裁剪平面内网格将在管线中转换为非结构化网格，显著增加管线内存占用和可视化算法执行时间。如图 3.13（b）所示，基于网格单元的细粒度属性标记，裁剪过滤器仅会将与裁剪平面相交的网格单元转换为非结构网格单元，从而确保相交网格片上其他网格单元在下行执行过程中保持其类型不变。因此，该方法在管线中减少大量中间数据，从而节省内存和数据处理时间。

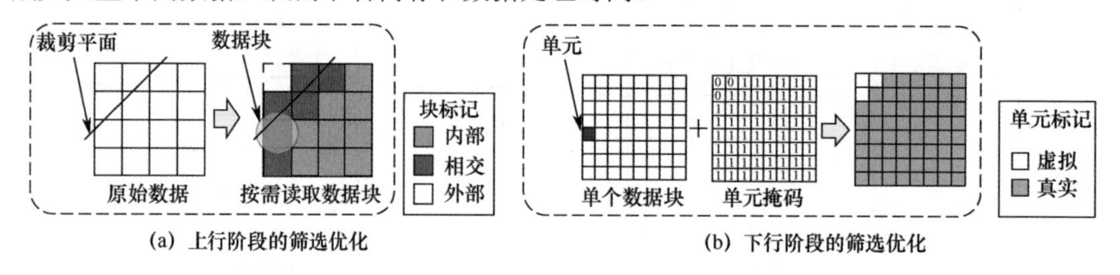

图 3.13　基于网格片的双粒度数据筛选优化

3. 基于网格片数据模型的并行可视化方法

在高性能计算机上，基于网格片数据模型和按需驱动的可视化管线，实现针对大规模数据集高效处理的并行可视化。但在实际应用中，并行可视化还需要采用基于数据并行的并行处理模式（Data Parallelism）来提高大规模数据可视化效率[29]。基于数据并行的并行处理模式的主要思想是：首先将数据场分为多块，然后为每块数据分配独立处理单元，每个处理单元执行相同指令，如图 3.14 所示。

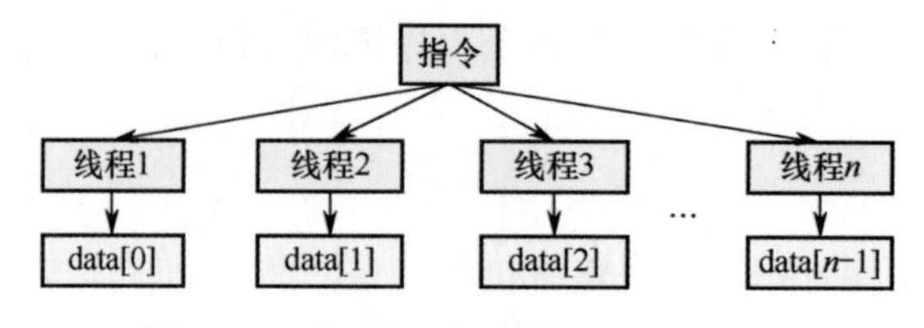

图 3.14　基于数据并行的并行处理模式

常用并行可视化采用后排序（Sort-last）并行绘制策略：①将大规模数据在数据空间分解为若干块子集数据；②将每块子集数据交给独立的处理器核进行几何处理和片段处理两阶段的可视化计算，每个核同时执行相同的计算任务；③收集多核上的结果，基于图像的片段排序方法进行图像合成与显示，如图 3.15 所示。

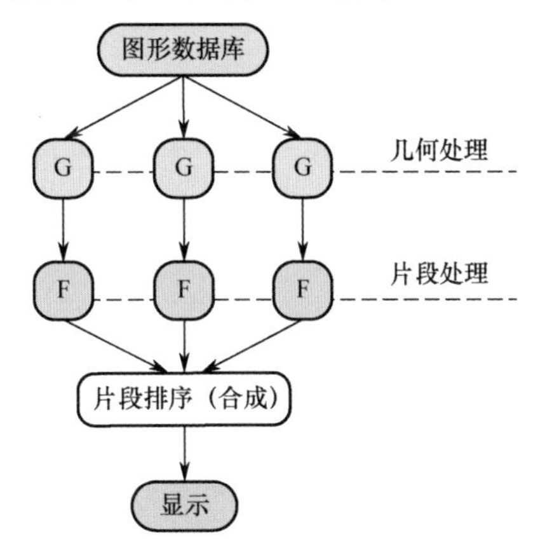

图 3.15　基于后排序（Sort-last）的并行可视化流程

并行可视化方法的实现与其所采用计算机硬件相关。一方面，针对计算硬件特征，并行可视化既存在面向通用计算硬件的基于 CPU 方法，例如配置多核处理器的服务器或超级计算机，也发展出面向图形加速硬件的基于 GPU 方法。基于 CPU 方法可细分为基于 MPI 的进程级并行方法、基于 OpenMP 等的线程级并行方法和进程级耦合线程级的混合并行方法，如图 3.16 所示。

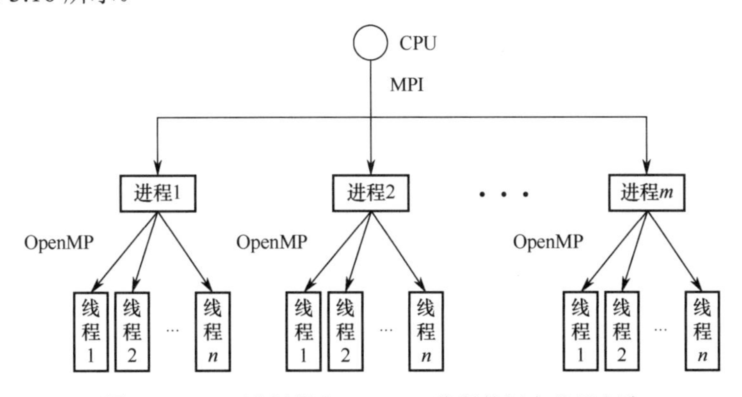

图 3.16　MPI 进程耦合 OpenMP 线程的混合并行方法

基于 GPU 方法具体分为基于 OpenGL 的图形硬件加速方法和基于 CUDA 的通用硬件加速方法等。此外，还可以采用 CPU 耦合 GPU 的混合并行可视化方法，在“数据加载”和“数据处理”的管线阶段采用基于 CPU 并行加速方法，在“图像渲染”的管线阶段采用基于 GPU 并行绘制方法。混合并行方法既能够可扩展地处理大规模数据集，还避免基于 CPU 方法人机交互性能低的问题，因而支撑实时人机交互的可视化。

3.2.2 图形硬件加速的多物理场可视化方法

1. 气候模拟多物理场数据的多物理场可视化方法

气候数据可视化一直是一个活跃的研究领域[33]。基于物理、流体运动、化学等微分定律的多个方程耦合的气候模型输出复杂的数据集，其中许多复杂性归入多物理场的概念，这就需要开发一种更好地描述气候数据的可视化方法。标量场数据的体绘制方法已被广泛应用于云模拟和地球科学数据可视化等应用中[34]。然而，由于云渲染较复杂（如真实感阴影和光散射），大量先前工作（如 Hibbard 等人）仅开展了非交互式云渲染技术研究[35]。

GPU 图形处理单元主要用于加速交互体绘制[36]。然而，传统 GPU 体绘制算法并没有为多物理场可视化提供具体解决方案[37]，因此，简单耦合多个物理场的可视化方法无法准确反映多物理场数据的物理现象或几何结构之间复杂关系。大多数可视化应用程序只提供单一体绘制环境，一般缺乏集成多物理场数据的能力[38][39]。少数工作尝试将体数据与多物理场气候数据合并以实现混合体绘制[40]。Liang 等人提出一种 GPU 光线投射体绘制方法，可直接与其他数据场一起耦合实现大气体数据可视化，但该方法只适合小规模气候模拟数据[40]。

气候科学多物理场数据可视化重点是确保多物理场数据融合的精度。在可视化管线的三个阶段，均实现多物理场数据融合，但是融合结果精度差异大，如图 3.17 所示。

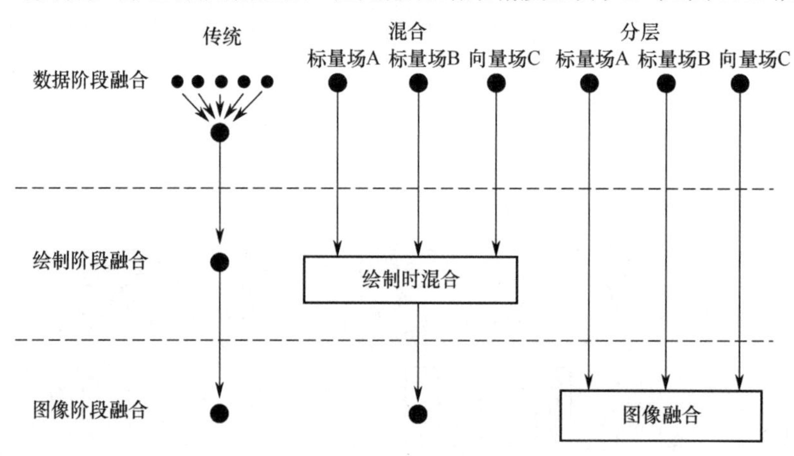

图 3.17 多物理场数据融合

（1）数据阶段融合

数据阶段融合采用传统数据融合方法。通过数据重采样策略，在光栅化阶段将多个物理场采样融合到统一网格（Mesh）上，实现最为简单。网格广泛用于科学与工程仿真领域，它既是离散化几何模型的承载对象，也是仿真的计算对象。但是，由于多物理场重采样过程计算量大，其内存开销和处理时间开销均较大。

（2）绘制阶段融合

绘制阶段融合基于混合绘制的数据融合方法。在网格数据（例如体素网格或面网格数据）转换为像素化数据的绘制阶段，通过数据采样与颜色融合，实现多物理场数据融合。该方法相比数据阶段融合，不会产生冗余数据开销，并且融合精度高。

（3）图像阶段融合

图像阶段融合基于分层的数据融合方法。在图像合成阶段，将基于像素化表征的多个物理场结果进行数据融合。由于像素化后将造成物理场信息缺失，因此像素级数据融合精度低。

2. GPU 硬件加速的多物理场可视化方法

为了高效、交互式地处理气候模拟应用生成的多物理场数据集，本节介绍一个基于绘制阶段融合的多物理场可视化框架，该框架利用多视觉通道的不同融合绘制特征，基于几何通道（不透明）与光学通道（半透明）的多通道混合绘制方法实现多物理场耦合绘制。多通道之间的数据融合发生在光学通道的光线采样融合过程，如图 3.18 所示。在该框架中，每个物理场都映射到一个绘图组中，该绘图组负责相应物理场数据的 GPU 绘制。在多通道渲染阶段，每个图将按顺序输入可视化管线。在第一趟绘制阶段，框架优先将不透明几何绘制数据发送到管线中。多物理场几何绘制的数据融合由可视化管线根据深度信息自动执行，最终在几何通道生成 RGBA 图像数据以及深度信息。在第二趟阶段，半透明体绘制数据和第一趟中间数据都被发送到管线中。然后在体绘制的光线累积期间将几何通道结果与体数据结果进行混合，最终在光学通道生成图像结果。

在该框架中，多物理场耦合可视化的精度通过延迟渲染机制获得[41]。其中，延迟渲染被用于控制 GPU 着色器管线的执行，使得基于图像的多场数据融合被延迟到 GPU 体绘制的光线累积阶段。与传统图像级数据融合相比，延迟渲染机制提供了一种在光线累积阶段进行数据融合的机制[42]，确保在最终图像绘制中实现正确的深度排序。其中，高精度的视场深度比较是保持延迟渲染精度的关键因素。但是 OpenGL 缓冲区的默认深度值采用非线性比例关系，即越靠近观察视点处的深度精度越高，越远离视点的深度精度越低。非线性的深度关系可能会在绘制期间引入不正确的几何遮挡问题，因为光线无法正确判断场景中的深度关系。因此，根据透视图中的近、远裁剪平面，本节实现了有效的线性深度映射，用于记录更加精确的视场深度信息。图 3.19 中比较了基于图像阶段融合和本节融合方法之间的效果。从图 3.19（b）可以看出，高精度绘制融合方法准确表现出山地地形与半透明云量之间有意义的相互遮挡关系。

3. 多 CPU 耦合多 GPU 的多物理场硬件加速并行可视化

为了实现大规模高分辨率气候数据的并行可扩展可视化，本节介绍基于多 CPU 耦合多 GPU 硬件加速并行可视化方法。该方法包含三个实现部分：①高性能计算机节点内 GPU 硬件加速多物理场数据绘制；②高性能计算机节点间多 CPU 耦合多 GPU 并行可视化；③节点间多 CPU 并行图像合成。具体地，多物理场数据绘制由每个计算节点内的 CPU 和 GPU 负责处理。在节点间，多 CPU 并行体绘制算法执行数据分块并调度每个 CPU 上的 GPU 工作负载。并行图像合成用于处理并行节点间图像通信，并提供最终合成的绘制图像。

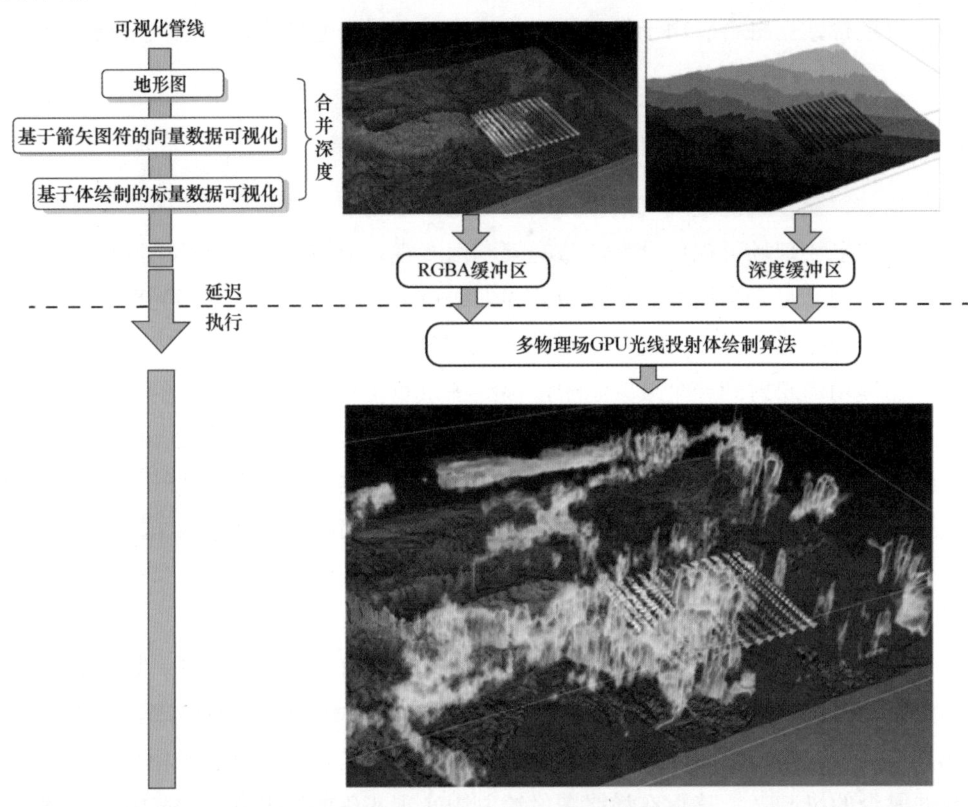

图 3.18　多物理场可视化框架示意图

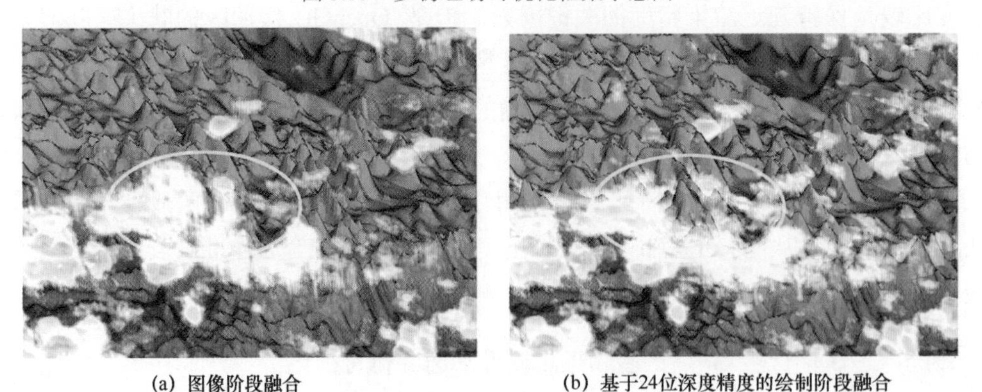

(a) 图像阶段融合
(b) 基于24位深度精度的绘制阶段融合

图 3.19　多物理场可视化框架的数据融合效果对比

为了数据并行而进行分块的数据，通常块与块之间会存在一层甚至多层影像重叠区，以防止块边界处物理量缺失造成接缝现象。影像区宽度取决于绘制使用的插值方案。例如，如果采用三线性插值，则块影像区将必须在每个方向上重叠一层体素。决定块影像重叠宽度的另一个因素是梯度计算。计算梯度时，如果任何一个维度值落在数据块之外，则可能需要重叠更多影像区层。本节提出的多物理场并行可视化方法采用面向梯度计算的影像区重叠策略。

3.2.3　基于角分布信息熵的气候模拟流场分析

1. 箭矢法和拓扑法的应用局限

多物理场气候数据蕴含大量物理信息，如果图符数量太多，多物理场可视化的结果常常会出现混乱现象。例如，作为流场的一种，风场是气候数据的重要组成部分，风场分布对于表征区域天气或大气环流对地球表面的影响起着至关重要的作用。箭矢法是用于直接可视化流场结构所常用的一种表示形式。然而，基于箭矢法的风场分布可视化往往会导致图符聚集，进而造成图像混乱。如果能够从流场中提取出值得关注的特征，就可以克服流场准确描述与图符重叠造成的图像混乱之间的矛盾。

拓扑技术在捕获流场全局特征方面非常有效[43]。有文献提出基于临界点分类分析向量场拓扑[44]。临界点是向量幅值为零的空间位置点。然而，一些实际问题可能会影响这种方法的有效性[45]，导致拓扑分析结果难以产生均匀分布的流场特征。一种新的流场特征分析方法采用信息论概念[46]，该方法不仅突出显示临界点附近区域，也突出显示包含其他流场特征的区域[47]。但是，基于统计分析的箭矢法研究较少。

2. 香农熵基本理论

为了解决拓扑法针对向量场特征分布的不均匀描述问题，获得更均匀的特征分布，本节从统计分析角度入手，介绍基于信息熵（Entropy）的向量特征分析方法。

信息熵是信息论的核心概念，用于描述一个随机系统的不确定度。1948 年，美国工程师 C. E. Shannon 提出“信息熵”概念，用来解决信息的量化度量问题[46]。信息的信息量大小与其不确定性有直接关系。给定一个随机向量 $\boldsymbol{x}=[x_1,x_2,\cdots,x_n]$，对应概率分布为 $\{p(x_1),p(x_2),\cdots,p(x_n)\}$，那么描述 $\boldsymbol{x}$ 不确定性的信息熵 $H(\boldsymbol{x})$ 定义如下

$$H(\boldsymbol{x})=-\sum_{i=1}^{n}p(x_i)\log p(x_i) \tag{3.1}$$

$\boldsymbol{x}$ 的不确定性越大，对应的信息熵越大，即 $\boldsymbol{x}$ 中数值 x_i 越混乱、越不统一，则 $H(\boldsymbol{x})$ 值越大。如果向量方向一致，那么信息熵达到最小值，向量场包含的信息量最少；如果向量方向为任意值，并且出现概率相等时，信息熵达到最大值，向量场包含的信息量最大。

因此，基于信息熵的统计分析方法比拓扑法具有更加均匀的量化特性，能够更精细地刻画向量场。

为建立向量场的概率分布函数，需要基于向量场中每个网格节点处的向量方向角进行统计计算。如果将向量方向角信息视为随机变量 $\boldsymbol{x}$，通过观察向量方向角在笛卡尔坐标空间中的直方图概率分布可以发现，向量场临界点周围的向量遍布在多个样本统计区间，方向角各不相同。因此，向量场在临界点处将具有相对较高的信息熵。

3. 基于角分布信息熵的二维流场分析方法

为了构造流场的概率分布函数，每个网格节点的向量方向角被作为随机变量。令 $C(I_i)$ 为落在每个样本统计区间的统计个数，则在第 i 个样本统计区间 I_i，向量的概率密度函数计算如下

$$p(I_i)=\frac{C(I_i)}{\sum_{i=1}^{n}C(I_i)} \tag{3.2}$$

以二维流场为例，将概率统计空间定义为二维笛卡尔空间上一个 360° 的圆形区域，其样本区间为角度均分的 n 块扇形区域。将每个扇形区域视为一个二维空间角度范围的样本统计区间，则根据流场中各采样点的向量方向角，可以在上述 n 块扇形区域中进行直方图统计计算，将二维流场映射为二维向量方向角的圆形统计直方图，根据式（3.2）完成二维流场角分布的信息熵计算。图 3.20 给出两种特征流场和对应统计熵值。其中，圆形统计空间分区数量为 60。可以看出，图 3.20（a）的二维流场具有明显的涡旋现象，而图 3.20（b）显示的角分布直方图表现为较均匀的概率分布趋势，此时，利用式（3.1）和式（3.2）计算得到的信息熵为 5.66。而在图 3.20（c）中，每个向量方向角相同，此时对应在图 3.20（d）中直方图分布仅在一个向量区间存在统计值，角分布直方图表现为概率分布极不均匀，相应的流场信息熵为 0。可见，当二维流场明显存在涡旋等特征时，基于角分布的信息熵较大。相反，当涡旋现象越少，则角分布的信息熵较小。上述流场特征与角分布信息熵的对应关系同样适用于三维流场应用。

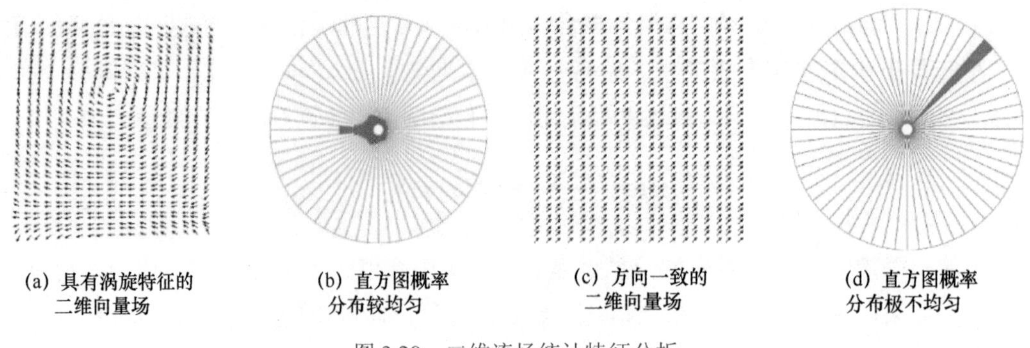

(a) 具有涡旋特征的二维向量场　(b) 直方图概率分布较均匀　(c) 方向一致的二维向量场　(d) 直方图概率分布极不均匀

图 3.20　二维流场统计特征分析

4. 基于角分布信息熵的三维流场分析方法

针对三维流场，可以将概率统计空间定义在一个三维笛卡尔空间的球面上，采用表面均分的 n 块球面。将球面每个子区域视为一个三维空间角度范围的样本统计区域，则根据流场中各采样点的向量方向角，将三维流场映射为关于三维向量方向角的球面统计直方图，完成三维流场角分布的信息熵计算。方便起见，采用基于等面积三角剖分的球面进行近似计算。图 3.21 显示分别采用 56 个和 360 个等面积的三维球面统计区域。通常，统计区域分割数量越多，则意味着样本空间越大，相应概率统计结果会越精确。在三维流场角分布统计过程中，涉及大量三维向量与剖分三角形之间的循环求交判断，因此计算量大。

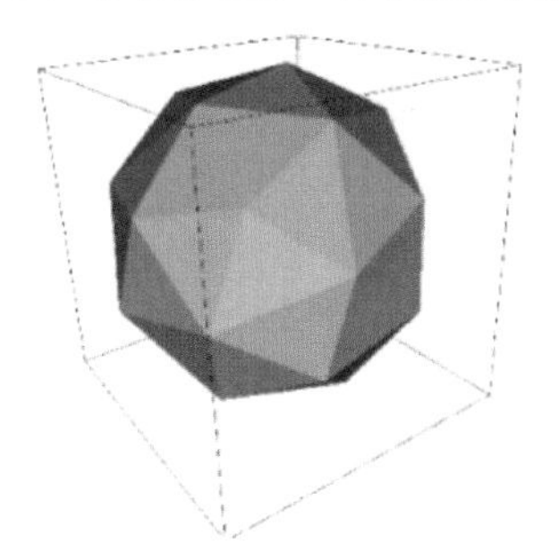

(a) 56个均分三角面片的三维统计球面

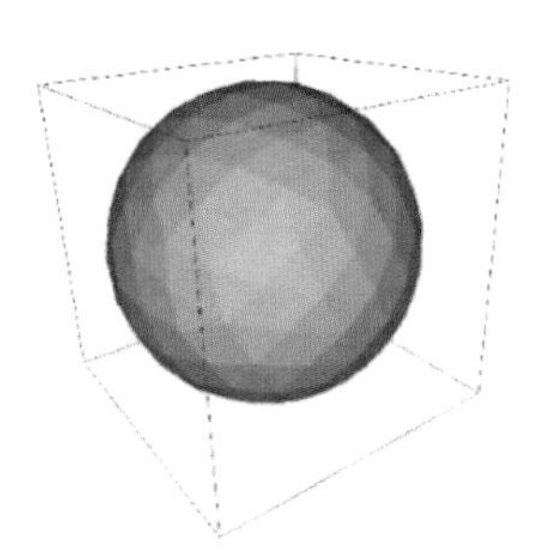

(b) 360个均分三角面片的三维统计球面

图 3.21　三维流场统计空间

5. 角分布特征熵场的生成

基于角分布的信息熵统计计算，得到关于流场中每一个空间位置处的向量信息熵。在此基础上，建立基于信息熵量化的标量数据场，即熵场，用于精细描述整个流场特征。为了细致地描述流场中每一空间位置的向量分布，基于局部空间模板计算局部信息熵，如图 3.22 所示。其原理可描述为：将核矩阵作为卷积系数，与原熵场局部数据邻域（即局部空间模板）构成的矩阵进行卷积计算，新熵值称为局部信息熵。图 3.23 给出熵场的可视化结果，图 3.24 给出复杂电磁环境应用的熵场特征，其中图 3.24（a）中突出标识区域特征显著。

基于局部熵值的计算方法，引入空间的局部数据邻域，统计样本空间更大，相应概率统计分布结果相比原始采样点统计更加准确，包含更丰富的细节信息。本节中，以每一向量空间位置为中心 13×13 二维局部数据邻域或 $13\times13\times13$ 三维局部数据邻域计算局部熵值。熵场的建立过程，同样会涉及大量局部空间范围，计算量大。此外，当流场数据以分块形式存储时，为保证块边界之间熵的计算准确性，还需要在数据块之间进行数据通信，以使各个数据块得到计算局部熵值所需的边界信息，其中边界宽度最大值为局部空间模板宽度大小的一半。

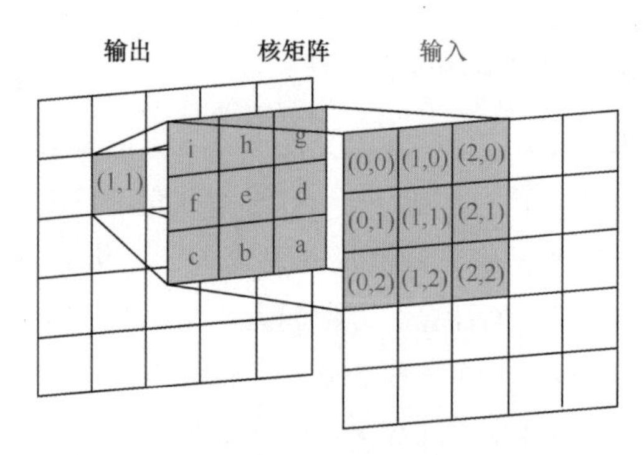

图 3.22　网格节点上的局部信息熵计算

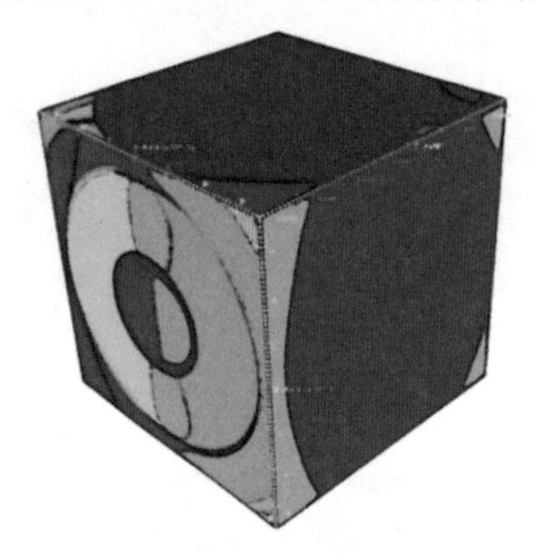

图 3.23　熵场可视化结果

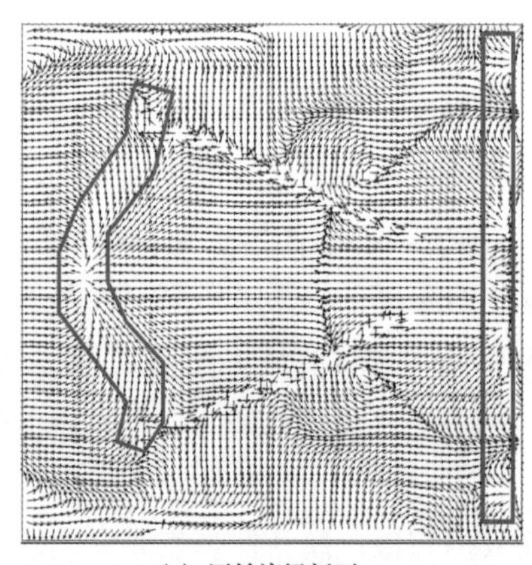

(a) 原始流场剖面

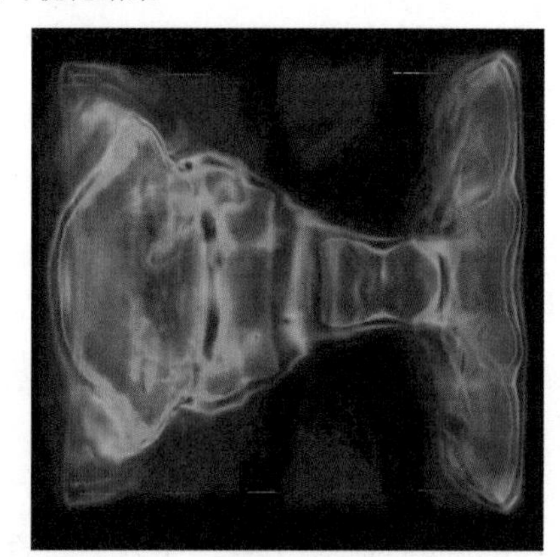

(b) 特征熵场剖面

图 3.24　复杂电磁应用的向量场角分布特征熵场结果

6. 基于联合熵的气候涡旋分析方法

涡旋是与主流动方向相反的水流或空气流，通常表现为圆周运动特征。直径约 10 至 500 公里的涡旋被称为中尺度涡旋，在大气环流中发挥着重要作用。如果能够在风场可视化过程中捕获这种中尺度涡旋的区域，非常有意义。仅用速度方向信息作为统计表征，不仅会捕获中尺度涡旋，还会捕获与中尺度涡旋分析无关的较小尺度的涡旋。事实上，地表风场大小和方向在决定涡旋形成方面都起着重要作用，较高的速度幅值（即风速）也是判断中尺度涡旋的依据。基于联合熵的气候涡旋统计分析方法结合方向场和速度幅值场，评估中尺度涡旋在风场中的代表性特征。

为了耦合考虑速度方向和速度幅值两个物理场的分布，可以使用香农联合熵。假设速度方向表示为 n 维随机变量 $\boldsymbol{x}=[x_1,x_2,\cdots,x_n]$，速度幅值表示为 m 维随机变量 $\boldsymbol{y}=[y_1,y_2,\cdots,y_m]$，概率分布为 $p(\boldsymbol{x},\boldsymbol{y})$，则一对随机变量 $(\boldsymbol{x},\boldsymbol{y})$ 的联合熵定义如下

$$H(\boldsymbol{x},\boldsymbol{y})=\sum_{j=1}^{m}\sum_{i=1}^{n}p(x_i,y_j)\log p(x_i,y_j)$$

图 3.25 显示风场数据分析工作流，其中展示 GAMIL 风场分布。主要过程如下：①构建一个关于二维直方图的样本统计空间，其中每个场用一个轴表示。②计算方向场和幅值场两个场之间的联合熵场，如果来自流场同一位置的向量方向 $\boldsymbol{x}$ 和向量幅值 y_i 落入方向和幅值范围的第 i 个直方图箱体 (I_i,y_i)，则该直方图箱体 (I_i,y_i) 的频度递增 1。其中，$H(\boldsymbol{x},\boldsymbol{y})$ 是关于随机变量 $\boldsymbol{x}$ 和 $\boldsymbol{y}$ 平均不确定性的度量，表明两个物理场中有多少信息仍然未知。在联合熵场中，熵值越大的区域所蕴含的中尺度涡旋特征越显著。③根据熵场的数值分布特征，采用箭矢法进行特征映射，获得统计特征驱动的箭矢可视化结果。图 3.26 给出不同阈值范围作用下风场分布特征的箭矢可视化结果，其中 t 为控制联合熵场值域的统计阈值。从图 3.26（f～h）可以看出，联合熵方法对中尺度涡旋区域的捕捉更加准确，且结果受较小涡旋的影响较小。

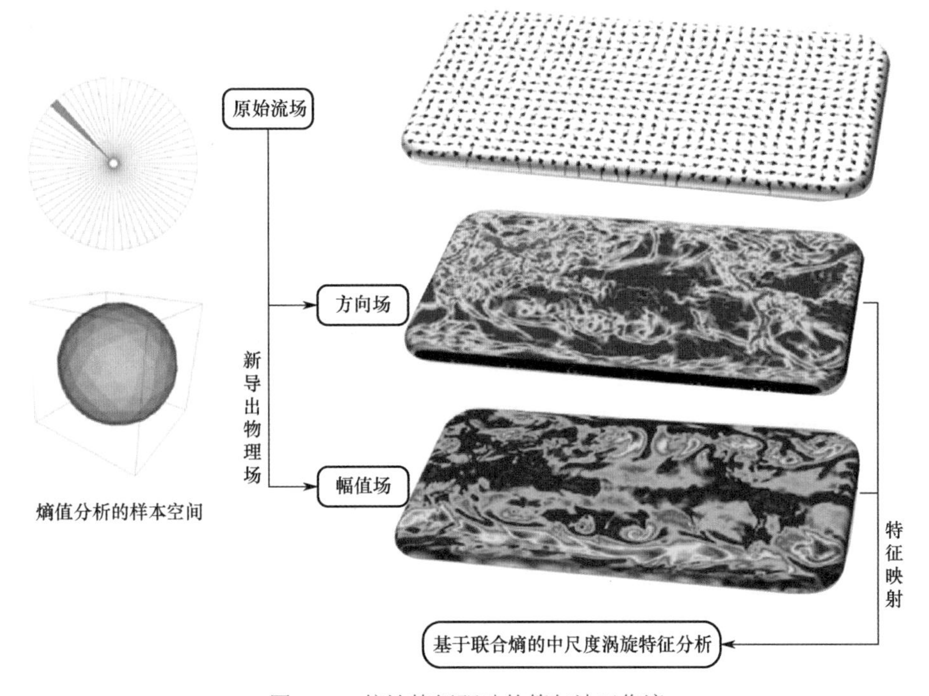

图 3.25 统计特征驱动的箭矢法工作流

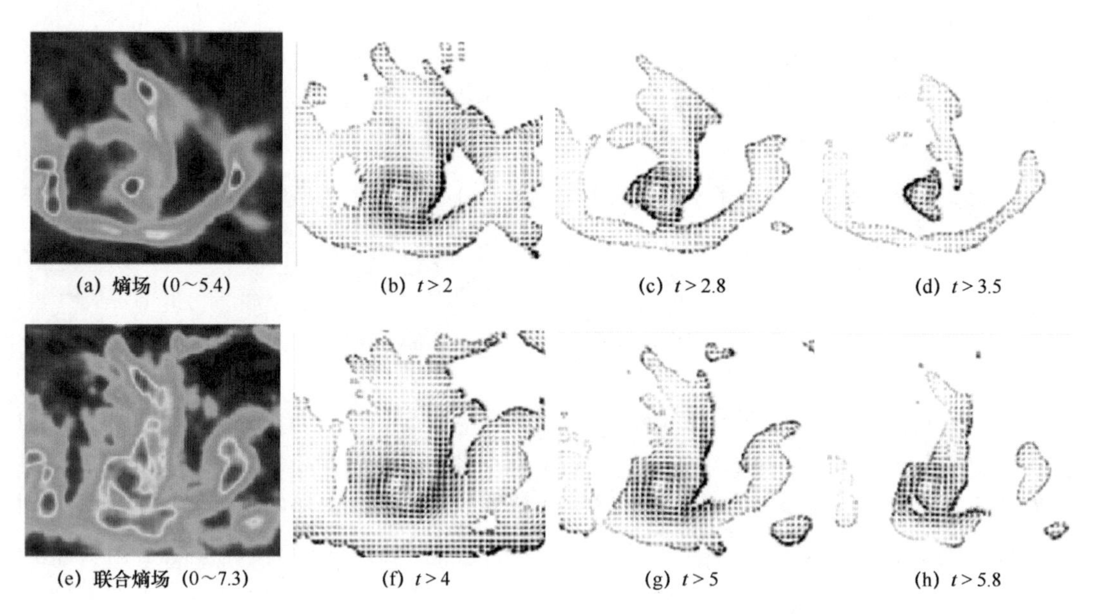

(a) 熵场（0~5.4）　(b) $t>2$　(c) $t>2.8$　(d) $t>3.5$

(e) 联合熵场（0~7.3）　(f) $t>4$　(g) $t>5$　(h) $t>5.8$

图 3.26　基于角分布熵场（顶行）与联合熵场（底行）的箭矢表示结果比较

3.3　应用效果

3.3.1　应用数据

本章中的气候数据集通过 GAMIL 和 AREM 的应用生成（表 3.2）。GAMIL 基于区域统一经纬度网格进行建模，其垂直网格代表距地球表面的高度。AREM 采用 E 网格构建[48]，用于保证散度和涡度的高精度计算。GAMIL 和 AREM 的数据集均以 HDF5 格式生成。为了直观地浏览全球气候数据，在数据处理阶段已执行从球面坐标到平面笛卡尔坐标的数据空间坐标变换。

表 3.2　实验中使用的气候数据集

气 候 模 型	分 辨 率	每个时间步的数据尺寸
GAMIL	1440×616×26	2.7 GB
AREM	801×1001×42	900 MB

3.3.2　环境配置

采用适合科学与工程仿真模拟的高性能服务器，配置独立 NVIDIA 显卡。多物理场可视化涉及的光线投射体绘制算法采用 C++和 GLSL 着色器编写。该可视化程序支持远程并行可视化模式，即可视化所需的大量计算在远程服务器的多核 CPU 耦合单 GPU 上并行执行，支持在本地桌面计算机上交互式探索和分析远程服务器上的结果。

3.3.3 全球气候模拟的可视化结果

GAMIL 全球气候模拟数据由国产超级计算机数万个处理器核生成。图 3.27 展示采用图 3.18 的多物理场可视化框架，获得全球气候模拟图像结果。图中包含三个数据场：地理高程、1 月大气水汽分布、850 百帕风场。其中，采用体绘制方法描述半透明水汽数据。基于多物理场耦合可视化方法能够很容易地识别 20 千米空间分辨率下大气环流与风速之间的相互作用效应。云模拟始终是气候模型中重要且困难的部分。高质量的云分布结果清楚地展示 GAMIL 的高分辨率云模拟能力。

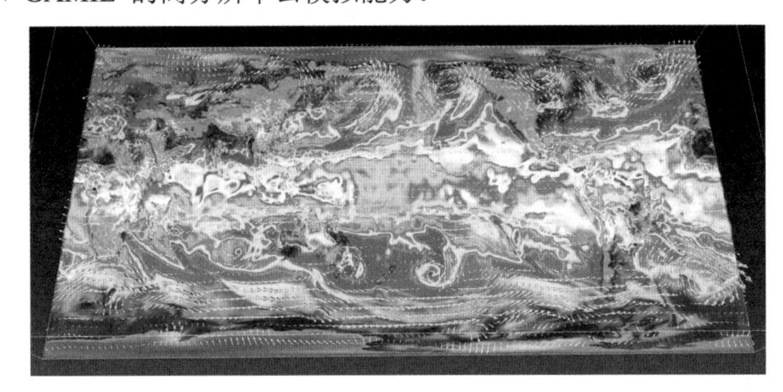

图 3.27 全球气候模拟的多物理场可视化结果

图 3.28 给出 GAMIL 数据中提取风场方向的熵分布。图 3.28 合理地表征重要天气过程，例如南半球高纬度的中尺度涡旋活动、南大洋上空的强西风带和风暴活动以及赤道东风带和赤道云层。当风场反映特定特征，即涡旋现象时，熵值会更大（图 3.28（a）中红色区域）。相反，当风场熵值较小时（如图 3.28（a）中蓝色区域所示），相应涡旋现象将不明显。通过比较可以看出熵与风场特征之间的对应关系。基于熵的方法对大规模气候模拟数据进行可视化，减少海量且混乱的箭矢符号对人眼视觉感知的影响，并且更加客观地了解全球风场的分布模式。图 3.29 展示基于联合熵的风场特征分布，清楚地显示北半球和南半球的重要中尺度涡旋区域。

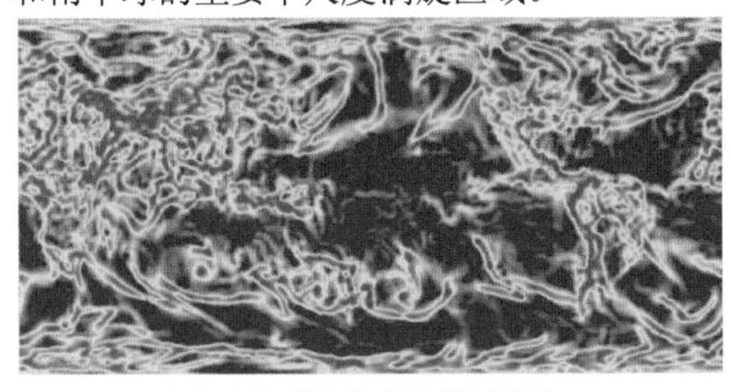

(a) 向量熵场特征被映射到箭头颜色

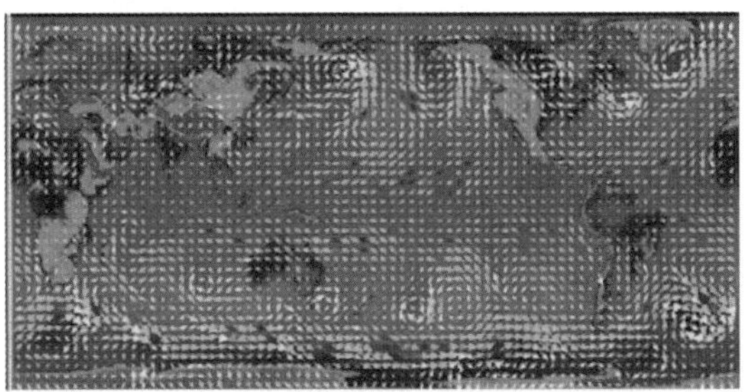

(b) 基于箭矢的可视化结果

图 3.28 GAMIL 数据中提取风场方向的熵分布

(a) 亚洲区域风场分布特征

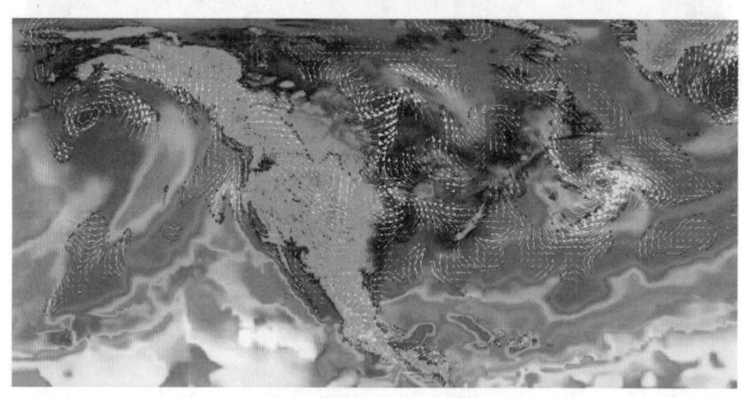

(b) 北美区域风场分布特征

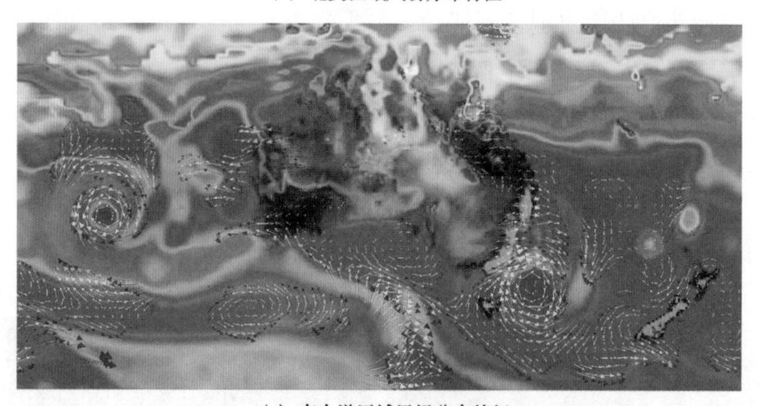

(c) 南大洋区域风场分布特征

图 3.29 GAMIL 风场模拟结果的联合熵计算结果

3.3.4 局部天气预报的可视化结果

AREM 局部天气预报模拟数据由国产超级计算机数万个处理器核生成。图 3.30 显示超强台风威马逊（2014 年）的区域天气预报结果，它采用本章提出的多物理场可视化框架进行可视化绘制。2014 年 7 月 17 日，台风“威马逊”在海南省文昌市附近登陆。“威马逊”被认为是 41 年来袭击该市最严重的台风。全国共有约 51000 所房屋被毁，至少 62 人死亡，经济损失达 62.5 亿美元。使用多物理场可视化方法可以清楚地表示台风系统的分布特征和运动轨迹。采用体绘制方法描述红色半透明台风云系统。图 3.30（a）显示近地空间云系的垂直厚度分布以及相应的地面降水强度分布。图 3.30（b）是 NASA 拍摄的卫星云图。图 3.31 显示，利用 AREM 生成的 48 小时天气预报预测台风涡中心位置。基于本章提出的按需驱动的可视化管线，实现针对全球和区域气候模拟大规模时序数据集的交互式可视化分析。

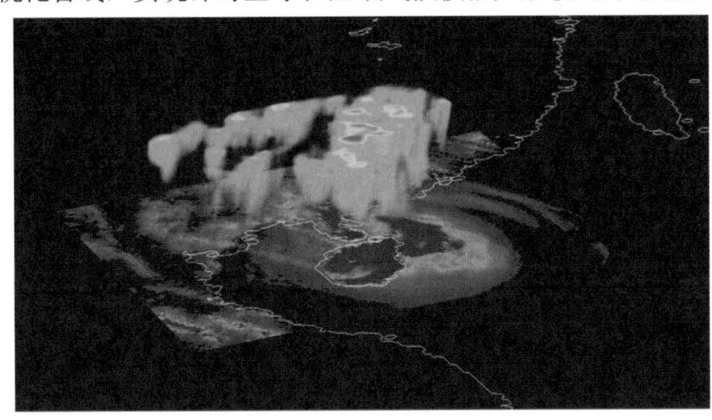

(a) 云系垂直厚度和降水分布

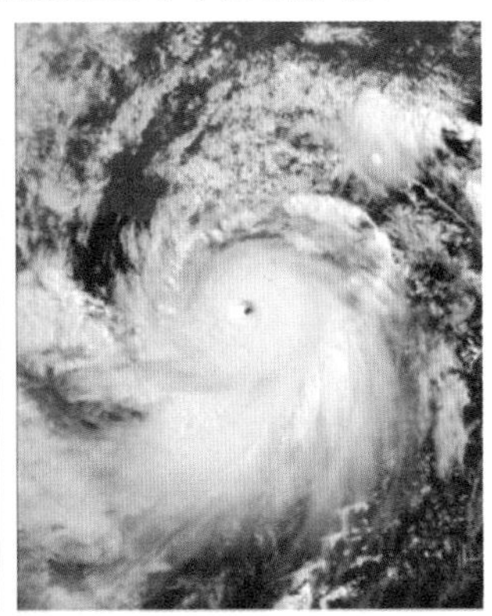

(b) 卫星云图

图 3.30　超强台风“威马逊”云厚度与降水强度的多物理场可视化结果

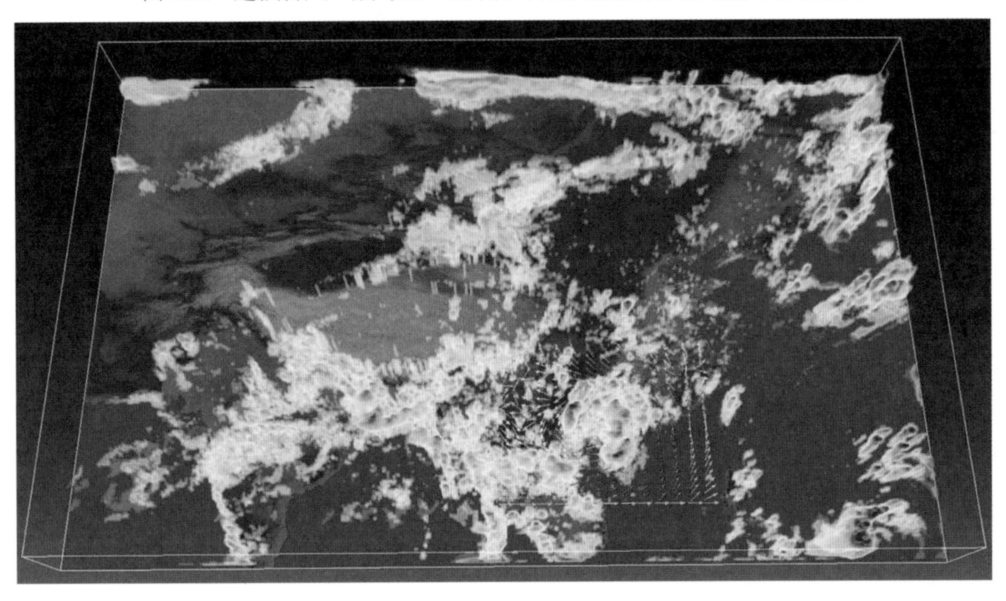

图 3.31　超强台风“威马逊”48 小时预报台风涡旋特征可视化（2014 年）

3.4　系统介绍

大规模数据可视化经常选用远程服务器环境来加速可视化交互性能，但是远程服务器通常需要配置并行计算运行库和远程登录图形桌面，并在超级用户的权限许可下实施配置。相对于需要用户进行较烦琐配置的远程服务器环境，本地桌面环境不仅系统配置简单，并且交互体验性也显著优于远程环境。图 3.1 是基于服务器的流场耦合水汽分布可视化结果，图 3.2 省略其中关于水汽分布的体绘制图。

本地桌面系统采用开源可视化软件 VisIt，其使用方法见附录 3.1。

硬件配置：CPU 主频为 3.70GHz、内存为 16GB、 NVIDIA 显卡。

软件环境：操作系统为 CentOS Linux 7（建议使用英文系统）、开发语言为 C++、VisIt 版本为 2.0.0。

（1）VisIt 系统配置

VisIt 采用 CentOS Linux 7 操作系统运行，在 CentOS Linux 7 安装成功后，安装显卡厂商的显卡驱动，具体安装步骤参见附录 3.2。

（2）VisIt 部署

解压 VisIt 的 Linux 发布版软件包。

```
tar  -xzvf  ./visit2_0_0.linux-x86.tar.gz
```

运行 VisIt。

```
cd  visit2_0_0.linux-x86_64/bin
./visit
```

3.5 导图操作

选用本地桌面环境，以下介绍图 3.2 的复现过程，包括向量场可视化界面参数，以及交互式探索和分析结果。

3.5.1 测试数据

测试采用 GAMIL 全球气候模拟应用输出的单时刻数据集，位于文件夹“/BnuVisBook/sharedResource/VectorVis/data/EarthData/results”下，数据网格单元规模为 1440×616×26。可视化数据格式为基于 HDF5 的 JAD 数据格式，读入的数据头文件为“/BnuVisBook/sharedResource/VectorVis/data/EarthData/results/jad.visit”。

3.5.2 会话文件

会话文件（后缀为 session）是一个 XML 文件，包含 VisIt 绘图所有必要的参数信息。当用户再次启动 VisIt 时，利用会话文件中的参数重新生成图，不必再重新设置参数。针对 GAMIL 全球气候模拟应用数据，已建立用于绘制全球风场的会话文件，位于文件夹“/BnuVisBook/sharedResource/VectorVis/data/EarthData/session”下，具体包括一个“*.session”文件和一个“*.session.gui”文件，这样 VisIt 通过导入上述会话文件，正确打开保存在用户本地环境下的全球气候模拟数据集。

3.5.3　操作步骤

1．恢复会话

（1）运行 VisIt。

（2）恢复会话。

对一个 VisIt 会话文件进行恢复时，在读入会话文件恢复到会话文件描述状态之前需删除所有图，关闭所有数据库。在 VisIt 主窗口“文件”（File）菜单下，选择“恢复会话”（Restore Session）选项，打开一个会话文件（*.session）即可。对会话文件进行恢复后，整个用户界面区域的状态和参数设置都将精确地恢复到会话文件保存时的状态，此时 VisIt 将会自动执行绘制，并在右侧显示交互界面窗口中将图绘制结果显示出来，如图 3.32 所示。

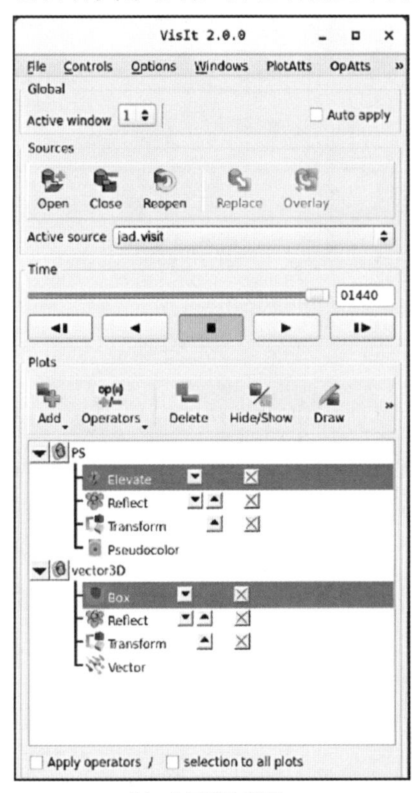

(a) 左侧用户界面

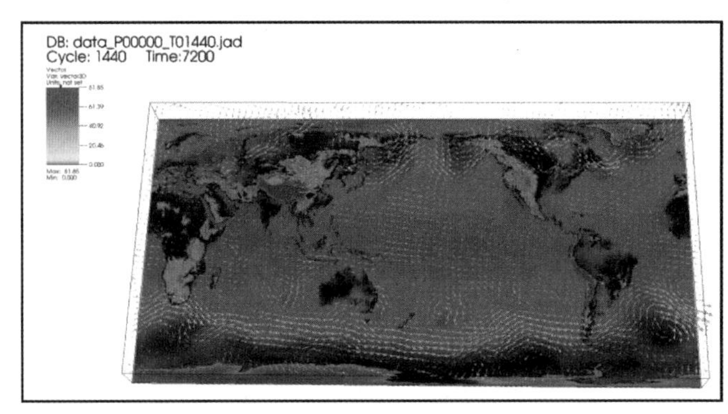

(b) 右侧用户界面

图 3.32　恢复会话后的用户界面状态

此外，由于 VisIt 不支持 3.2.2 节介绍的“图形硬件加速的多物理场可视化方法”，无法实现云数据与地形数据和风场数据的高精度多场数据融合和 GPU 加速交互绘制。因此，在图 3.32 所对应的会话文件中，并未添加关于云数据的体绘制图，获得的结果图像与图 3.1 存在一定差异。

2. 风场绘制参数

在 VisIt 主窗口的图管理区域，选择命名为“vector3D”的绘图组，选中最底侧“Vector”字样图标（如图 3.33 所示），双击鼠标左键，将打开风场的箭矢绘制参数界面（如图 3.34 所示）。箭矢图符表示向量变量的方向和大小。

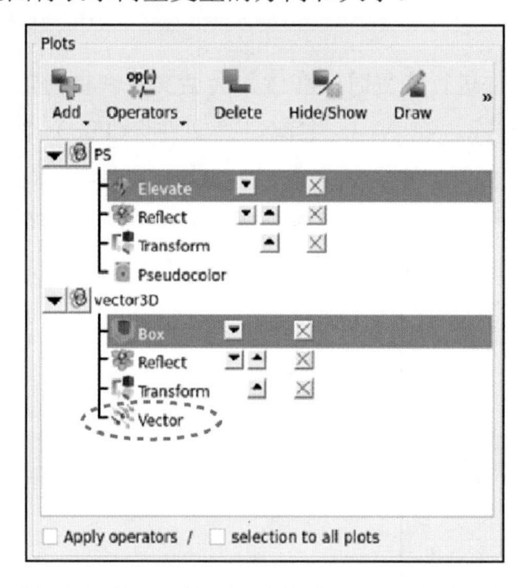

图 3.33　位于图管理区域的“vector3D”绘图组

（1）控制向量映射方式

箭矢图符尺寸对流场图可理解性具有重要意义。VisIt 使用自动计算的缩放因子，以最大向量的包围盒对角线长度作为箭矢图符尺寸的缩放因子。用户在“缩放”（Scale）文本框中输入一个新缩放因子，也可以通过取消“自动缩放”（Auto Scale）复选框，关闭自动缩放功能。当自动缩放关闭后，向量图将使用“缩放”（Scale）文本框中的长度。用户可通过按“向量模”缩放选项（Scale By Magnitude）自定义尺寸。当按“向量模”缩放（Scale By Magnitude）复选框关闭时，所有向量使用相同长度。“缩放”（Scale）参数的设置如图 3.34 所示。

（2）设置向量数目

当可视化一个大规模流场数据时，向量图可能包含大量向量，映射生成的图符过于杂乱可能导致视觉混乱。用户可以选择“固定向量数目”或设置“向量之间的跨度”。要设置“固定向量数目”，可以选择“数目”（N Vectors）选项，并在其文本框中输入向量数目，如图 3.34（a）所示。要选择“跨度”（Stride）选项并输入新跨度值，合适的跨度值可以避免规律性图符映射造成的人造伪影。

（3）设置向量颜色。

箭矢图（Vector）有两种着色方法，一种是根据向量的模着色，另一种是单色着色。如图 3.34（b）所示，单击“向量模”（Magnitude）按钮或“常数”（Constant）按钮，可以选择着色方法。当使用单一颜色时，单击“常数”（Constant）按钮右边的颜色按钮，在弹出的颜色菜单中选择一个新颜色。以向量模着色时，单击“向量模”（Magnitude）按钮右边的“颜色表”按钮，随后在弹出的颜色表列表中选择一个颜色表。如果选择“向量模”（Magnitude）方式着色，可选择最大/最小值辅助“向量模到颜色”映射。

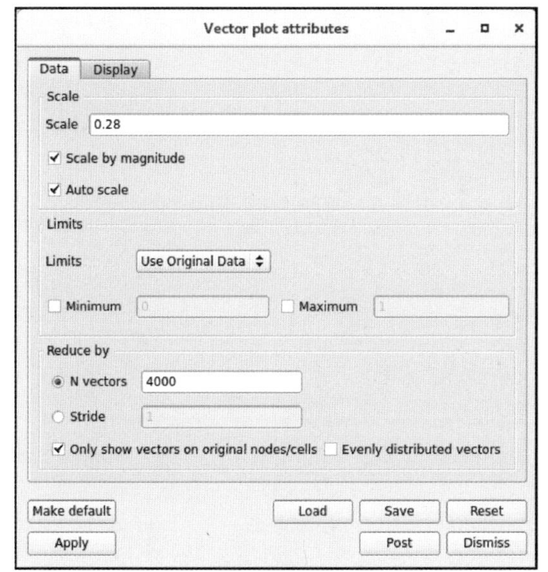

（a）箭矢图数据设置

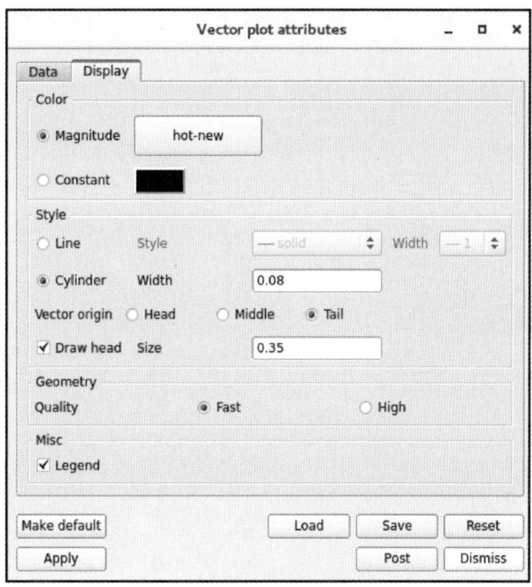

（b）箭矢图显示参数设置

图 3.34　箭矢绘制参数界面

范围限制可以应用到数据库中存在的所有向量，或仅应用到已绘制向量图使用的向量，通过“极限值”（Limits）组合框选择一个适当选项。当指定最小值，则向量模小于最小值的所有向量都使用颜色表的底端颜色绘制。同样，向量模大于指定的最大值时，使用颜色表的顶部颜色绘制。单击“最小值”（Min）复选框，可在文本框中输入并指定一个新的最小值。单击“最大值”（Max）复选框，可在文本框中输入并指定一个新的最大值。

（4）设置箭矢图符头部。

如图 3.34 所示，在“头部尺寸”（Head Size）文本框中输入数值，控制箭矢图符头部大小，这是整个向量长度的一部分。箭矢图中的向量可以不画头部，而仅绘制其线型部分。这样图很简洁，但是也会造成向量方向丢失。如果不画箭矢头部，可取消“向量图属性”（Vector Plot Attributes）窗口底部的“绘制头部”（Draw Head）复选框。

（5）设置箭矢图符尾部。

箭矢图符尾部长度由向量缩放因子确定，可通过设置其尾部属性，决定位置和线属性。首先，在“线型”（Line Style）复选框中选择一个线型。其次，通过“线宽”（Line Width）组合框设定线宽。最后，定义向量原点，与绘制箭矢图符的网格节点或网格单元中心对齐，通过“头部”（Head）、“中间”（Middle）和“尾部”（Tail）等选项，选择新原点。

Chapter 4 | 第 4 章

脑部张量场数据可视化

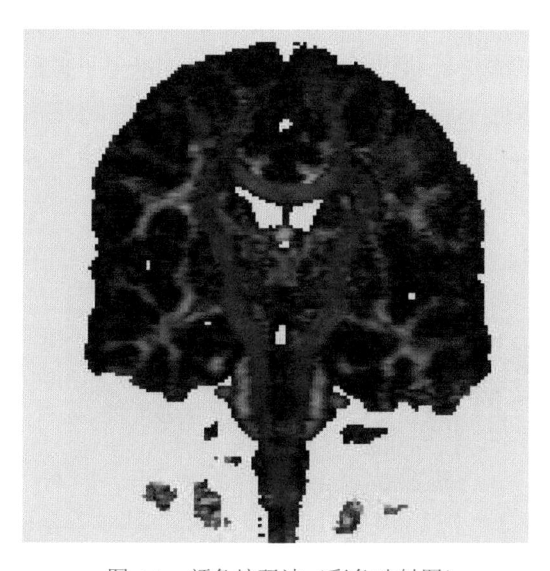

图 4.1 颜色编码法（彩色映射图）

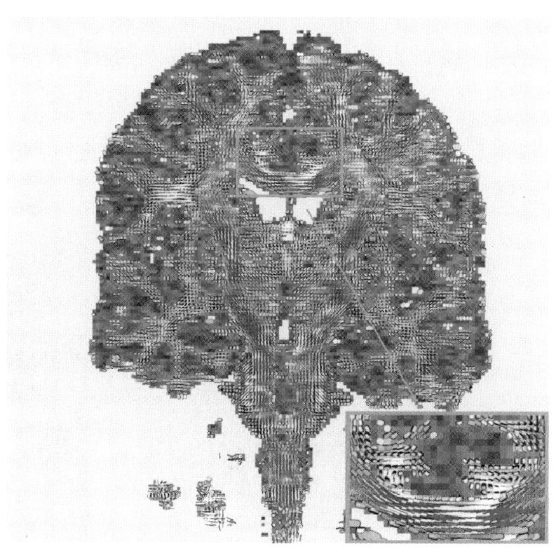

图 4.2 图元显示法（超二次曲面）

摘要

本章深入探讨脑部张量场数据的可视化，首先介绍扩散、张量的基本概念以及其数值表达，接着选取医学中的扩散张量成像作为应用案例，通过测量水分子扩散来构建扩散张量，从而在宏观上呈现组织的微观结构。重点探讨多种张量场复杂空间结构和属性的可视化方法，包括颜色编码、图元显示、图元比较和纤维追踪等。基于颜色编码法（彩色映射图）的可视化如图 4.1 所示，图中各个位置的颜色取决于对应张量的特征向量，可以通过不同颜色区分主要的扩散方向。图 4.2 使用图元显示法（超二次曲面），清晰准确地展示张量场的方向、形态等更为全面的特征信息。读者可以通过本章内容的学习，了解张量场数据可视化的基础理论和相关技术。

4.1 知识点导读

4.1.1 扩散

扩散（Diffusion）也称为弥散，指分子在受到热能刺激时，产生微小且随机的移动和碰撞过程，也称为分子热运动或布朗运动。所有分子都发生扩散运动，因此在众多非平衡系统中均能够观察到扩散现象。例如，向一杯纯水中加入一滴红墨水，红墨水逐渐在水中扩散。当红墨水在杯中完全扩散至各处浓度完全相同时，系统达到平衡状态，虽然无法再观察到宏观的扩散行为，但此时微观的扩散运动仍然存在。图 4.3 展示墨水在纸巾和报纸上的扩散形态，在纸巾上的扩散呈圆形，没有方向性偏好；在报纸上的扩散呈椭圆形，有方向性偏好。发生这种情况的原因是纸巾和报纸的材料结构不同，因此，限制水分子扩散运动的微观结构排列不同，导致水分子在各个方向上所受限制程度也不同。通常，将纸巾上所发生的这类扩散特性称为各向同性（Isotropy），将报纸上发生的这类扩散特性称为各向异性（Anisotropy）。

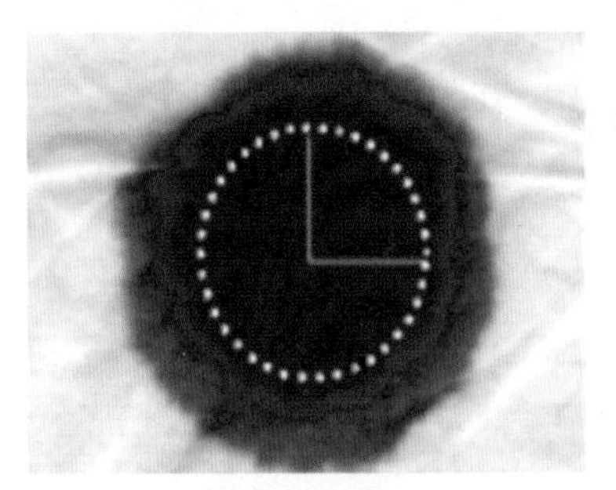

(a) 滴在纸巾上

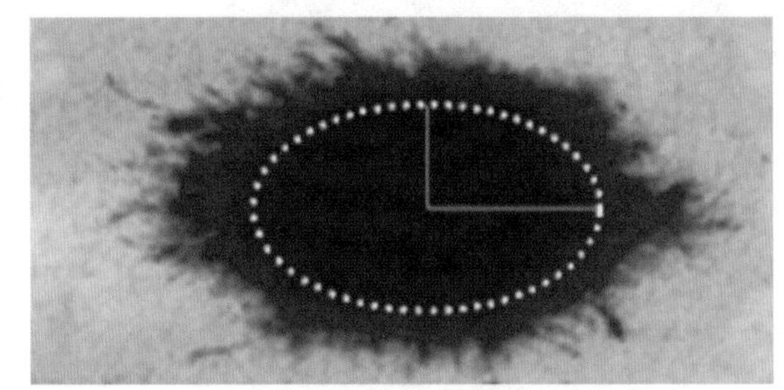

(b) 滴在报纸上

图 4.3 墨水滴在不同材料上呈现出的扩散形态

人体组织中大量水分子做布朗运动，其扩散形态受人体组织结构的影响。观察水分子的扩散方式，能够反映组织结构的特征。扩散加权成像技术（Diffusion-Weighted Imaging，DWI）利用核磁共振技术测量水分子在人体不同组织结构处的扩散形态，从而提供微观组织结构的重要信息。

4.1.2 张量

张量（Tensor）是数学中一个重要的概念，其应用范围广泛，涵盖物理学、工程学、计算机科学等各个领域，是描述物理规律和处理高维数据的强有力工具。

1. 概念

张量描述向量空间之间的多重线性映射。以 n 维欧氏空间 $\mathbb{R}^n$ 为例，两个向量 $\boldsymbol{u},\boldsymbol{v}(\boldsymbol{u},\boldsymbol{v}\in\mathbb{R}^n)$ 的张量积（Tensor Product）表示为 $\boldsymbol{u}\otimes\boldsymbol{v}$，其与向量 $\boldsymbol{x}$ 的运算定义如下

$$(\boldsymbol{u}\otimes\boldsymbol{v})\boldsymbol{x}=\boldsymbol{u}(\boldsymbol{v}\cdot\boldsymbol{x})$$

其中 $(\boldsymbol{u}\otimes\boldsymbol{v})\boldsymbol{x}$ 定义张量积 $(\boldsymbol{u}\otimes\boldsymbol{v})$ 与向量 $\boldsymbol{x}$ 的运算，$\boldsymbol{v}\cdot\boldsymbol{x}$ 表示向量 $\boldsymbol{v}$ 和 $\boldsymbol{x}$ 的点积，该结果与向量 $\boldsymbol{u}$ 进行数乘，所得结果 $\boldsymbol{u}(\boldsymbol{v}\cdot\boldsymbol{x})$ 为 n 维向量。

张量积 $\boldsymbol{u}\otimes\boldsymbol{v}$ 运算的本质是对向量 $\boldsymbol{x}$ 进行线性映射。给定标量 α 和向量 $\boldsymbol{w}$，对于线性组合向量 $(\alpha\boldsymbol{w}+\boldsymbol{x})$，张量积运算具备如下线性特性

$$(\boldsymbol{u}\otimes\boldsymbol{v})(\alpha\boldsymbol{w}+\boldsymbol{x})=\alpha(\boldsymbol{u}\otimes\boldsymbol{v})\boldsymbol{w}+(\boldsymbol{u}\otimes\boldsymbol{v})\boldsymbol{x}$$

张量积不满足交换律，即 $(\boldsymbol{u}\otimes\boldsymbol{v})\neq(\boldsymbol{v}\otimes\boldsymbol{u})$ 。

当给定一组 n 维标准正交笛卡尔坐标系 $\mathfrak{B}=[\boldsymbol{b}_1,\boldsymbol{b}_2,\cdots,\boldsymbol{b}_n]$ 时，任意 n 维张量 $\boldsymbol{T}$ 都可表示为如下线性组合

$$\boldsymbol{T}=\sum_{i,j=1}^{n}T_{ij}\boldsymbol{b}_i\otimes\boldsymbol{b}_j$$

其中 T_{ij} 为组合系数。由于张量积 $\boldsymbol{b}_i\otimes\boldsymbol{b}_j$ 仅涉及两个向量空间；因此，称 $\boldsymbol{T}$ 为二阶（n 维）张量，可视为矩阵 $\left[T_{ij}\right]_{n\times n}$ 。同理，零阶张量 t 可视为标量，一阶张量 $\boldsymbol{t}=\sum_{i=1}^{n}t_i\boldsymbol{b}_i$ 可视为向量 $[t_1,t_2\cdots,t_n]$，三阶张量 $\mathcal{T}=\sum_{i,j,k=1}^{n}\mathcal{T}_{ijk}\boldsymbol{b}_i\otimes\boldsymbol{b}_j\otimes\boldsymbol{b}_k$ 可视为多维矩阵 $[\mathcal{T}_{ijk}]_{n\times n\times n}$，依此类推。

2. 张量场

如果空间中每个采样点的属性是一个张量，则该空间称为张量场（Tensor Field）[49]。以三维空间 $\mathbb{R}^3$ 的二阶张量场为例，某一点坐标为 (x,y,z)，则张量场 $\boldsymbol{T}$ 表示为

$$\boldsymbol{T}=\boldsymbol{T}(x,y,z)$$

其中 $\boldsymbol{T}$ 表示空间中每个点 (x,y,z) 对应的二阶张量。同理，在 n 维空间中，广义张量场可表示为

$$\boldsymbol{T}=\boldsymbol{T}(x_1,x_1,\cdots,x_n)$$

其中 $\boldsymbol{T}$ 表示每个点 $(x_1,x_1,\cdots,x_n)$ 对应的张量。

4.1.3 扩散张量成像

扩散张量成像（Diffusion Tensor Imaging，DTI）是一种在医学成像和材料科学中广泛应用的技术，用于揭示组织或物质中分子扩散的方式。DWI 的信号高低可以体现分子扩散运动的强度，组织内水分子扩散运动强，表现为低信号；相反，扩散运动弱，表现为高

信号。DWI 仅能描述单一磁场作用方向上的扩散运动强度，而 DTI 作为 DWI 的一种扩展技术，通过采集多个梯度方向的 DWI 影像，并假设水分子的扩散位移遵循高斯分布，从而计算得到每个体素的扩散张量 $\boldsymbol{D}$（Diffusion Tensor）如下

$$\boldsymbol{D}=\begin{bmatrix} D_{xx} & D_{yx} & D_{zx} \\ D_{xy} & D_{yy} & D_{zy} \\ D_{xz} & D_{yz} & D_{zz} \end{bmatrix}$$

该二阶张量即为水分子扩散位移高斯分布的协方差矩阵，满足如下特性。

（1）对称性

$D_{ij}=D_{ji}$，即 $\boldsymbol{D}=\boldsymbol{D}^{\mathrm{T}}$。元素在交换索引位置时保持不变，确保在方向 $\boldsymbol{v}$ 和其反方向 $-\boldsymbol{v}$ 的扩散等量。

（2）正定性

由水分子扩散位移的协方差定义可知，扩散张量为正定矩阵，即对于任意非零向量 $\boldsymbol{v}$，有 $\boldsymbol{v}\cdot\boldsymbol{D}\boldsymbol{v}>0$，特征值均为非负值。对 $\boldsymbol{D}$ 进行特征分解，得到其特征值及对应的特征向量，可表示为

$$\boldsymbol{D}=\boldsymbol{R}\boldsymbol{\Lambda}\boldsymbol{R}^{-1}=\sum_{i=1}^{3}\lambda_i\boldsymbol{e}_i\otimes\boldsymbol{e}_i \tag{4.1}$$

其中 $\boldsymbol{R}=[\boldsymbol{e}_1,\boldsymbol{e}_2,\boldsymbol{e}_3]^{\mathrm{T}}$，$\boldsymbol{e}_i$ 表示 $\boldsymbol{D}$ 的特征向量，$\boldsymbol{\Lambda}=\mathrm{diag}(\lambda_1,\lambda_2,\lambda_3)$，$\lambda_i$ 是非负特征值。$\boldsymbol{e}_i$ 指明扩散方向，λ_i 表示扩散强度，$\boldsymbol{R}$ 可视为一个旋转矩阵。特征值按照 $\lambda_1\geqslant\lambda_2\geqslant\lambda_3\geqslant 0$ 顺序排列，分别对应主要、中等和次要特征值。对应地，$\boldsymbol{e}_1$、$\boldsymbol{e}_2$、$\boldsymbol{e}_3$ 分别被称为主要、中等和次要特征向量。

根据特征值之间的关系可以将张量分为以下三类，如图 4.4 所示[50]。

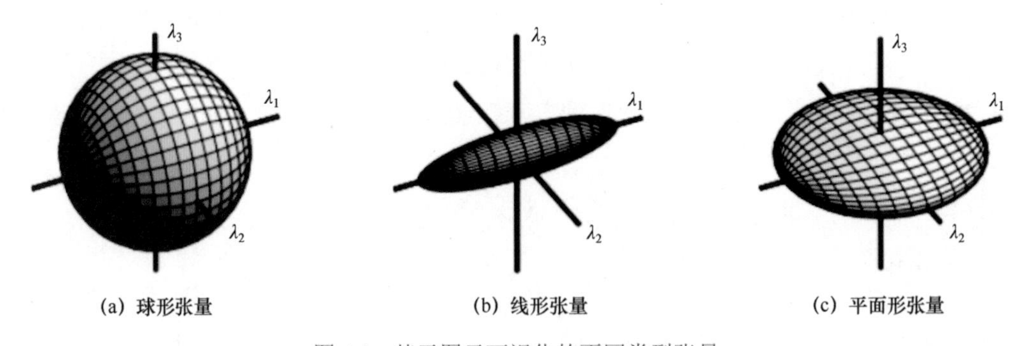

图 4.4　基于图元可视化的不同类型张量

$\lambda_1\approx\lambda_2\approx\lambda_3$，表示水分子各向同性扩散，张量表现为球形。

$\lambda_1\gg\lambda_2>\lambda_3$，表示水分子主要沿 $\boldsymbol{e}_1$ 扩散，张量表现为线形。

$\lambda_1\approx\lambda_2\gg\lambda_3$，表示水分子主要在 $\boldsymbol{e}_1$、$\boldsymbol{e}_2$ 所定义的平面内扩散，张量呈现平面形。

4.1.4　扩散张量特征

为了定量刻画扩散张量的特征，一些度量参数用于描述物质中各向异性的数值特征，见表 4.1。

表 4.1　各向异性度量参数

参　数	取值区间	表 达 式	说　明
Tr（Trace）	$[0,+\infty)$	$\lambda_1+\lambda_2+\lambda_3$	张量的迹
MD（Mean Diffusivity）	$[0,+\infty)$	$Tr/3$	平均扩散（记为 λ）
FA（Fractional Anisotropy）	$[0,1]$	$\sqrt{\frac{3}{2}}\cdot\frac{\sqrt{(\lambda_1-\lambda)^2}+\sqrt{(\lambda_2-\lambda)^2}+\sqrt{(\lambda_3-\lambda)^2}}{\sqrt{\lambda_1^2+\lambda_2^2+\lambda_3^2}}$	部分各向异性[51]
RA（Relative Anisotropy）	$[0,1]$	$\frac{\sqrt{(\lambda_1-\lambda)^2}+\sqrt{(\lambda_2-\lambda)^2}+\sqrt{(\lambda_3-\lambda)^2}}{\sqrt{3\lambda}}$	相对各向异性
C_l（Linear Anisotropy）	$[0,1]$	$\frac{\lambda_1-\lambda_2}{\lambda_1+\lambda_2+\lambda_3}$	线性各向异性
C_p（Planar Anisotropy）	$[0,1]$	$\frac{2(\lambda_2-\lambda_3)}{\lambda_1+\lambda_2+\lambda_3}$	平面各向异性
C_s（Spherical Anisotropy）	$[0,1]$	$\frac{3\lambda_3}{\lambda_1+\lambda_2+\lambda_3}$	球面各向异性
C_a（Anisotropy）	$[0,1]$	C_l+C_p	各向异性

张量的 C_l、C_p、C_s 描述扩散的各向异性特征，且满足 $C_l+C_p+C_s=1$，因此可使用重心空间（Barycentric Space）来描述各种可能的各向异性度量，如图 4.5 所示[52]。C_l 越大，说明张量越呈线性扩散；C_p 越大，则张量越呈平面扩散；C_s 越大，则说明张量越呈各向同性。Westin 等人将各向异性指数 C_a 描述为线性和平面各向异性之和，即 $C_a=1-C_s$，用于描述与各向同性的偏差程度[53]。这些度量参数不仅反映微粒或水分子在局部范围内的扩散运动，还用于待表达数据的可视化。

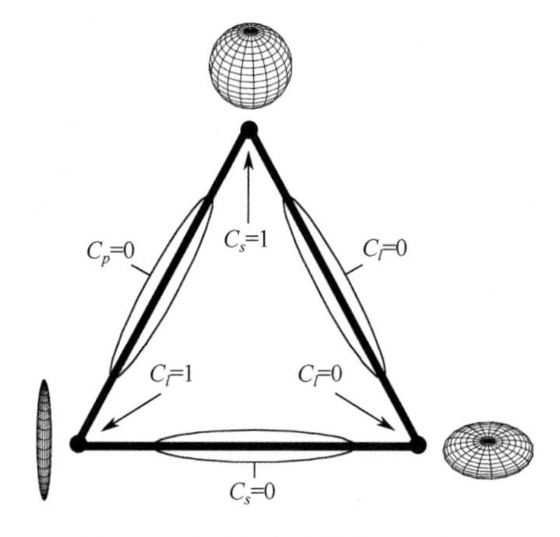

图 4.5　张量各向异性的重心空间

4.2 方法概要

4.2.1 颜色编码法

颜色编码法（Color Coding）首先使用函数 f 对扩散张量数据信息 $\boldsymbol{D}$ 进行特征提取，之后通过映射函数 C_M 映射至颜色空间进行视觉表达，f 与 C_M 需保证压缩数据正确反映张量所表达扩散的各向异性。其过程数学表达如下

$$V = C_M(f(\boldsymbol{D}))$$

通过选择不同的 f 和 C_M，可将颜色编码法大致分为灰度映射和彩色映射两种。

1. 灰度映射

灰度映射将扩散张量数据信息压缩为标量数据信息后转换为灰度值。其中：

f：将扩散张量 $\boldsymbol{D}$ 压缩为标量 $f(\boldsymbol{D})$，常选用FA、RA、C_l、C_p、C_a 等各向异性强度度量值；

C_M：将 $f(\boldsymbol{D})$ 映射为 $[0,255]$ 内的灰度值 V。

从人脑 DTI 数据中获取一层数据，分别求出FA和RA并映射到灰度空间，如图 4.6 所示。图 4.6（a）使用FA进行灰度映射，利用白质束结构的方向特殊性，对比大脑皮层中灰质和白质的分布区域，其中暗色为灰质，亮色为白质。图 4.6（b）使用RA进行灰度映射，整体亮度较FA图像偏低，但总体特征与FA图像类似[51]。

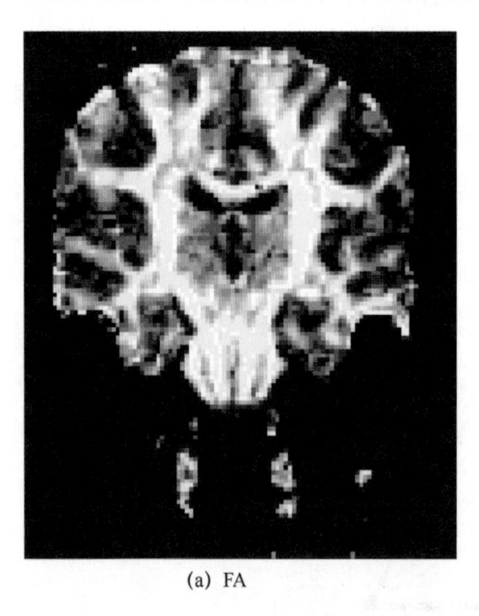

(a) FA

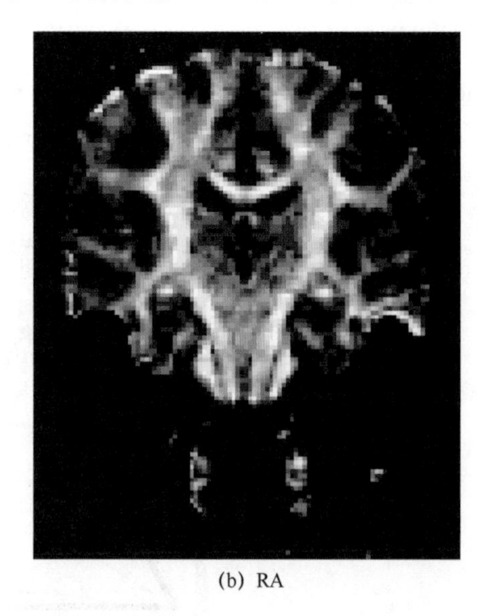

(b) RA

图 4.6　基于 FA 和 RA 的灰度映射图

采用度量值 C_l、C_p 和 C_a 能够完整刻画线性和平面扩散。图 4.7（a）为 C_l 值的灰度

映射图，较亮的区域表示线性扩散明显，展示具有清晰走向的白质束区域。图 4.7（b）为 C_p 值的灰度映射图，较亮的区域通常为白质束交叉区域，因为该区域更容易呈现平面扩散。图 4.7（c）为 C_a 值的灰度映射图，较亮的区域的各向异性偏高，白质束较密集，较暗的区域的各向异性偏低，呈现球形扩散，如正中间暗色三叉状的脑脊液区域[51]。

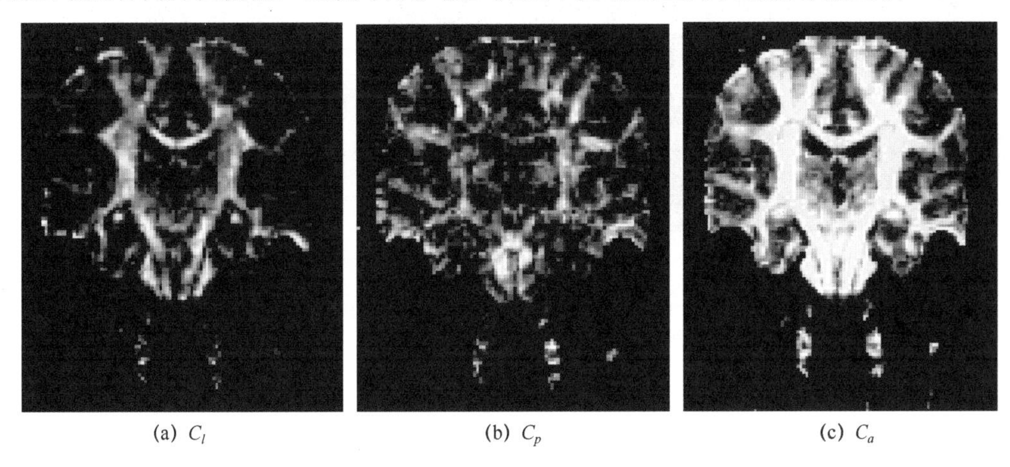

(a) C_l　　(b) C_p　　(c) C_a

图 4.7　C_l、C_p 和 C_a 灰度映射图

2. 彩色映射

彩色映射直接将扩散张量映射为特征向量，之后转换为彩色值输出[54]。其中：

f：计算每个体素对应的张量矩阵 $\boldsymbol{D}$ 的主要特征向量 $\boldsymbol{e}_1$ 并标准化（即 $\|\boldsymbol{e}_1\|=1$），各分量 $\boldsymbol{e}_{1x}$、$\boldsymbol{e}_{1y}$、$\boldsymbol{e}_{1z}$ 的绝对值记为 $|x|$、$|y|$、$|z|$；

C_M：将 $|x|$、$|y|$、$|z|$ 分别作为彩色图像的 R、G、B 分量，将其映射到以红、绿、蓝为坐标轴的新坐标系中，即 $R=|x|$、$G=|y|$、$B=|z|$。因此，红色代表左右方向，绿色代表前后方向，蓝色代表上下方向。虽然使用绝对值而存在一定歧义，但仍能传递方向信息。

在各向异性较低的区域，主扩散的方向没有意义，不适合直接用基于主要特征向量的颜色来区分方向。因此可以根据各向异性度量 FA 来调整 RGB 色彩的饱和度，即 $R=\mathrm{FA}\cdot|x|$、$G=\mathrm{FA}\cdot|y|$、$B=\mathrm{FA}\cdot|z|$。调整后，在各向异性程度较高区域，色彩的饱和度较高，图像看起来更明亮；而在各向异性较低区域，色彩的饱和度较低，图像看起来也较为黯淡。

图 4.8（a）显示 FA 的切片视图，表示不同位置处的扩散各向异性。图 4.8（b）显示经过 FA 调整后的主要特征向量 $\boldsymbol{e}_1$ 的可视化效果，有效反映其底层脑白质的方向信息。此外，Kindlmann 等人将传统的标量场体绘制方法扩展到张量场的可视化中，如图 4.8（c）所示[52]，其中颜色和不透明度由各向异性指数 C_l、C_p 和 C_s 定义[53]。

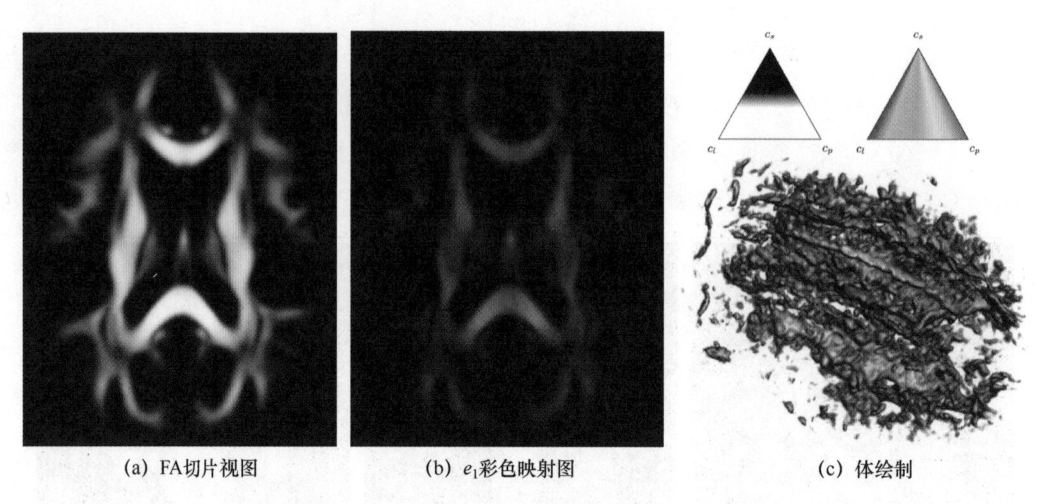

(a) FA切片视图　　(b) e_1彩色映射图　　(c) 体绘制

图 4.8　FA 调整后的彩色映射图与体绘制可视化结果

4.2.2　图元显示法

图元是用位置、形状、方向、颜色等视觉通道对张量信息进行视觉编码的参数化图标。张量图元 $\boldsymbol{G_D}$ 根据张量的特征向量和特征值构建，由以下公式变换得到[55]

$$\boldsymbol{G_D} = s(\mathrm{Tr}(\boldsymbol{D}))\boldsymbol{R}\tilde{\boldsymbol{\Lambda}}\boldsymbol{B} \tag{4.2}$$

其中 $\boldsymbol{B}$ 为初始图形的几何结构，称为基本几何体（Base Geometry）；$\boldsymbol{R}$ 为式（4.1）中的旋转矩阵，用于控制图元的朝向；$\tilde{\boldsymbol{\Lambda}}$ 由式（4.1）中对角矩阵 $\boldsymbol{\Lambda}$ 通过迹归一化后得到，即 $\tilde{\boldsymbol{\Lambda}} = \boldsymbol{\Lambda} / \mathrm{Tr}(\boldsymbol{D})$，用于控制图元轴距；$s$ 为整体缩放函数，依据张量的迹 $\mathrm{Tr}(\boldsymbol{D})$ 确定图元的放缩程度。

1. 椭球体图元

基本几何体 $\boldsymbol{B}$ 为单位球时，依据式（4.2）得到对应的张量图元为椭球体，其为体现扩散张量信息最常见的图元表示。椭球体朝向表示扩散的主要方向，形状大小表示整体的扩散程度。图 4.9 显示在重心空间下具有不同各向异性的扩散张量的椭球体图元表示[49]。

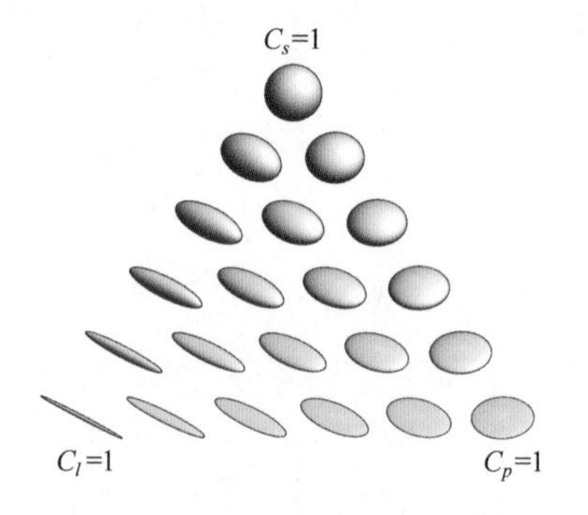

图 4.9　在重心空间下的椭球体图元

图 4.10 使用椭球体图元进行扩散张量可视化，清晰地展示扩散主方向及扩散程度。图 4.10（a）选取 DTI 数据中一张轴向切片的部分区域，背景方块标识每个体素，背景颜色越暗的体素对应的张量各向异性越强。图 4.10（b）选取右半大脑后方的局部三维空间，并设定阈值以过滤各向同性的张量（灰质和脑脊液区域），从而尽可能地减轻视觉混乱[49]。

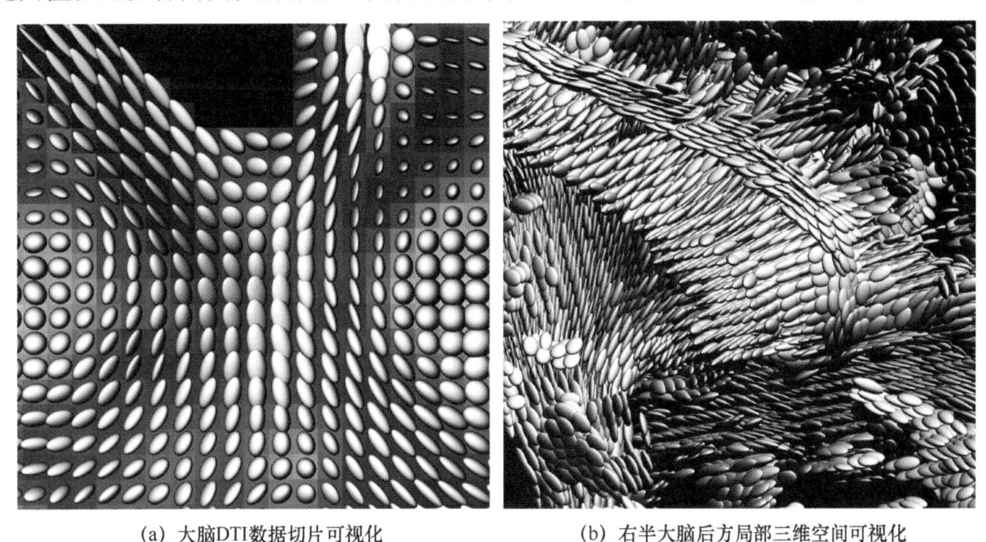

(a) 大脑DTI数据切片可视化　　(b) 右半大脑后方局部三维空间可视化

图 4.10　基于椭球体图元的扩散张量可视化

2. 超二次曲面图元

椭球体作为最常见的扩散张量图元表达模型，本身也存在一定缺陷。如图 4.11 所示，横向为同一视角下八个不同张量对应的椭球体图元，同列上下图元对应的张量相同，但观察视角不同。第一行张量图元在其视角下看起来全部近似，然而第二行张量图元说明从另一个视角看时，它们却有明显差异[49]。因此，在某些视角下，椭球体图元存在方向表达的歧义性。

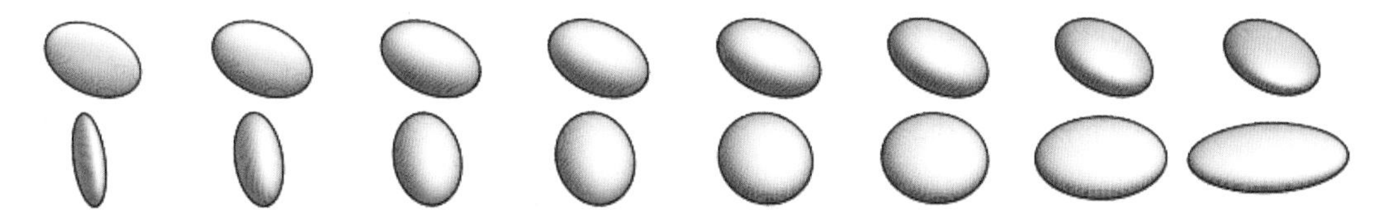

图 4.11　八个不同张量对应的椭球体图元，每一行对应一个视角，同列上下两行张量相同

超二次曲面结合使用圆柱体来解决椭球体的缺陷：在线性和平面各向异性的情况下使用圆柱体以突出扩散方向；在近似各向同性的情况下使用球体以弱化扩散方向的视觉感知；其余情况下使用长方体进行平滑过渡。图 4.12 展示与图 4.11 中相同的张量和视角，唯一区别是使用超二次曲面代替椭球体进行可视化。相比椭球体，超二次曲面能够有效地消除方向表达的歧义性，更容易分辨张量的特性。例如，在椭球体表示下（见图 4.11），从左侧数第三和第六个张量几乎无异，而使用超二次曲面图元则能够明显区分出二者之间

的差异（第三个张量呈线性各向异性，第六个张量呈平面各向异性）。

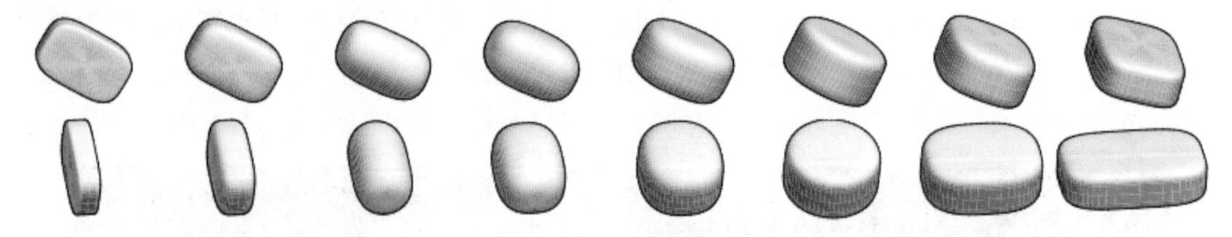

图 4.12　使用超二次曲面图元对图 4.11 中八个张量进行可视化（$\gamma=3.0$）

超二次曲面也称为超椭球，其基本几何体 **B** 形状不同于椭球体图元中使用的单位球，而是根据扩散张量的 C_l 和 C_p 进行自适应选择[49]。

$$\alpha=\begin{cases}(1-C_p)^\gamma, & C_l \geqslant C_p\\(1-C_l)^\gamma, & C_l < C_p\end{cases}$$

$$\beta=\begin{cases}(1-C_l)^\gamma, & C_l \geqslant C_p\\(1-C_p)^\gamma, & C_l < C_p\end{cases}$$

$$\boldsymbol{B}(\theta,\varphi)=\begin{pmatrix}\cos^\alpha\theta\sin^\beta\varphi\\ \sin^\alpha\theta\sin^\beta\varphi\\ \cos^\beta\varphi\end{pmatrix},\quad \begin{matrix}0\leqslant\varphi\leqslant\pi\\ 0\leqslant\theta\leqslant 2\pi\end{matrix}$$

其中 $x^\alpha=\mathrm{sgn}(x)|x|^\alpha$，辅助参数 γ 为边缘锐度参数，控制边缘的形成速度。图 4.13 展示不同 α、β 对应的形状空间，并选取左下方灰色背景三角形区域作为超二次曲面的基本几何体空间，其定义为 $\beta<\alpha<1$。白色背景区域不用于超二次曲面可视化。

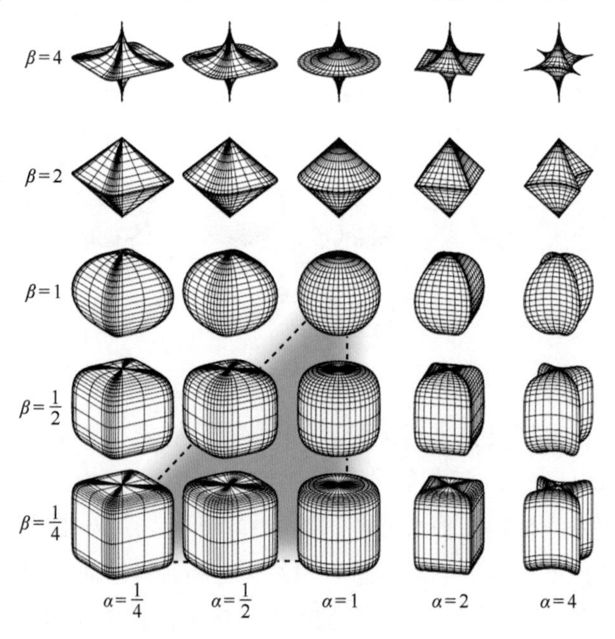

图 4.13　α、β 对应的形状空间

从图 4.13 中灰色背景三角形区域选取基本几何体 $\boldsymbol{B}$，依据式（4.2）即可得到超二次曲面图元。图 4.14 展示与图 4.9（椭球体图元）中使用相同张量、光照和视角，不同 γ 的超二次曲面可视化结果，当 $\gamma=0$ 时，超二次曲面将与椭球体无异[49]。

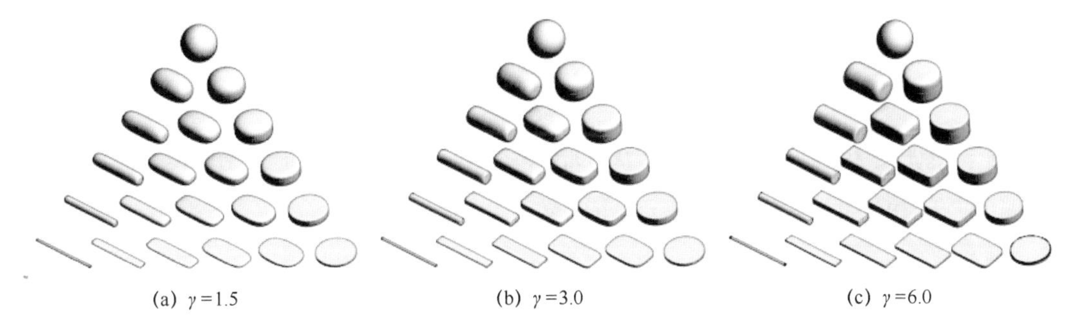

图 4.14　三个不同的边缘锐度参数 γ 所对应的超二次曲面图元示意图

图 4.15 基于图 4.10 中的数据，使用超二次曲面进行扩散张量可视化。相比图 4.10（a），图 4.15（a）更清晰地体现相邻张量图元之间的形状差异，同时，超二次曲面更为尖锐的边缘提供比椭球体的光滑轮廓更强的方向性指示；而相比图 4.10（a），图 4.15（b）更直观地分辨空间中每个张量的形态，也更有利于辨别线性各向异性与平面各向异性[49]。

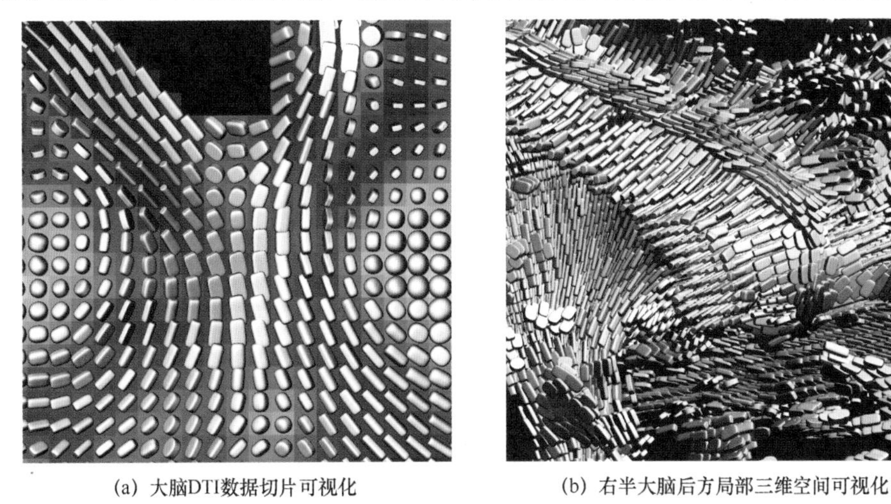

(a) 大脑DTI数据切片可视化
(b) 右半大脑后方局部三维空间可视化

图 4.15　基于超二次曲面的扩散张量可视化

4.2.3　图元比较法

图元比较法是基于超二次曲面图元的一种新型图元设计，对两个扩散张量的形状、方向和尺度三个方面进行编码，可视化呈现它们之间的差异[55]。该方法的图元满足以下两个特性。

可视性：分别提供关于形状、方向和尺度三个组成部分的信息。

差异性：两个不同的张量图元具有明显差异性，而两个几乎相等的张量图元则不显示差异性。

对于一个二阶对称张量 $\boldsymbol{D}$，将其进行特征值分解，依据 4.1.3 节，得到三个有序的实数特征值 λ_1、λ_2、λ_3（$\lambda_1 \geqslant \lambda_2 \geqslant \lambda_3$）。将张量 $\boldsymbol{D}$ 和特征值 λ_i 进行归一化，得到

$$\begin{cases} \tilde{\boldsymbol{D}} = \boldsymbol{D} / |\boldsymbol{D}| \\ \tilde{\lambda}_i = \lambda_i / |\boldsymbol{D}| \end{cases}$$

其中 $|\boldsymbol{D}|$ 表示张量 $\boldsymbol{D}$ 的尺度，其值为 $|\boldsymbol{D}| = \lambda_1 + \lambda_2 + \lambda_3$，即张量 $\boldsymbol{D}$ 的迹 $\mathrm{Tr}(\boldsymbol{D})$。因此，对两个张量 $\boldsymbol{D}^{(1)}$ 和 $\boldsymbol{D}^{(2)}$ 的差异化度量进行如下定义：

$$\begin{cases} \tilde{d}(\boldsymbol{D}^{(1)}, \boldsymbol{D}^{(2)}) = \sqrt{\sum_{i=1}^{3}\sum_{j=1}^{3}\left(\tilde{\boldsymbol{D}}_{i,j}^{(1)} - \tilde{\boldsymbol{D}}_{i,j}^{(2)}\right)^2} \\ d_{\mathrm{shp}}(\boldsymbol{D}^{(1)}, \boldsymbol{D}^{(2)}) = \sqrt{\sum_{i=1}^{3}(\tilde{\lambda}_i^{(1)} - \tilde{\lambda}_i^{(2)})^2} \\ d_{\mathrm{ori}}^2(\boldsymbol{D}^{(1)}, \boldsymbol{D}^{(2)}) = \tilde{d}^2 - d_{\mathrm{shp}}^2 \\ d_{\mathrm{scl}}(\boldsymbol{D}^{(1)}, \boldsymbol{D}^{(2)}) = \left\| \boldsymbol{D}^{(1)} \right| - \left| \boldsymbol{D}^{(2)} \right\| \end{cases}$$

其中 $\tilde{d}$ 为张量归一化后的差异，d_{shp} 为形状差异，d_{ori} 为方向差异，d_{scl} 为尺度差异。

（1）形状差异编码

给定两个张量对应的超二次曲面图元，如图 4.16（a）所示，首先，将二维空间划分为四个象限（三维空间则划分为八个象限）。其次，保持其中一个张量的原始方向，使另一个超二次曲面图元与之对齐，如图 4.16（b）所示。最后，在每个象限内交替显示超二次曲面图元的相应部分，如图 4.16（c）所示，即得到最终的形状差异图元（四个象限由两条垂直黑色虚线分割而成）。

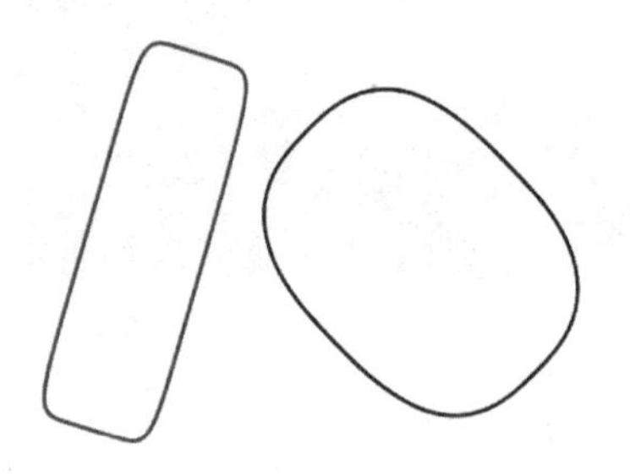

(a) 两个张量对应的超二次曲面图元

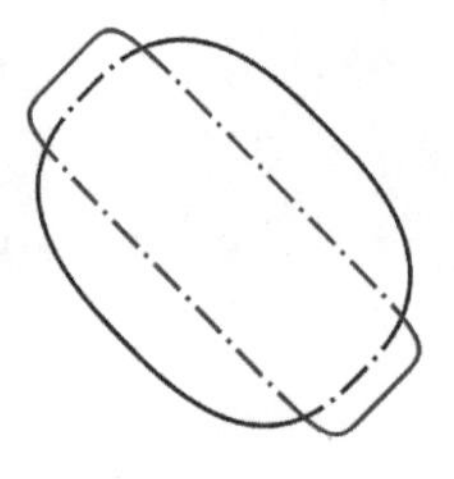

(b) 图元对齐

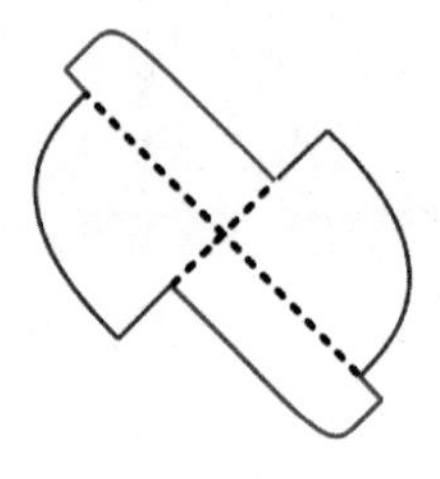

(c) 形状差异编码结果

图 4.16　形状差异编码过程二维图解

图 4.17 展示三维空间下两个单位尺度张量的形状差异编码过程，两个张量对应的超二次曲面图元分别使用红色和蓝色表示，其方向和形状均不同。图 4.17（a）和图 4.17（b）分别使用并排和重叠的方式进行比较，均难以仅凭肉眼观察出二者的详细差异。图 4.17（c）将二者对齐后，容易定性比较张量的形状差异，但遮挡问题使得仍然很难详细比较形状差

异。图 4.17（d）在每个象限内交替显示超二次曲面图元的对应部分，有效地解决遮挡问题，其呈现的“阶梯状”结构确保更清晰地分辨张量间的形状差异。

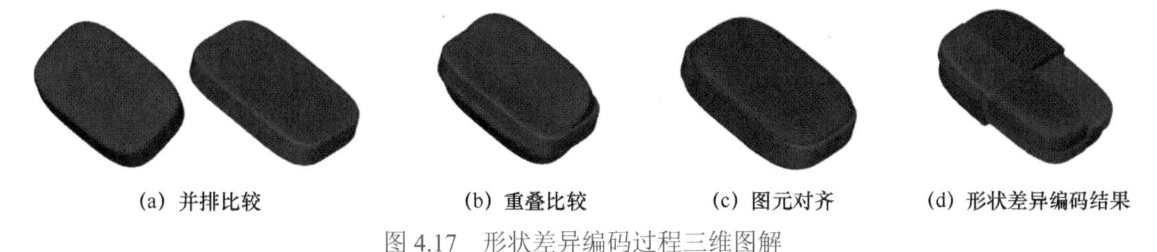

图 4.17　形状差异编码过程三维图解

（2）方向差异编码

使用扇区对方向差异 d_{ori} 进行编码，并定义如下映射函数

$$\theta = 2\arcsin(d_{\text{ori}} / \sqrt{2})$$

其中 θ 为扇区角度，上式中缩放因子 2 将 θ 的取值范围映射为 $[0,2\pi]$。

图 4.18 展示方向差异编码的扇区。图 4.18（a）中红色图元为参考张量 $\boldsymbol{D}^{(1)}$，蓝色图元为一组从 $\boldsymbol{D}^{(1)}$ 出发绕向量 $[0,0,1]$（指出纸面方向）旋转180° 得到的线性张量 $\boldsymbol{D}^{(2)}$。图 4.18（b）和图 4.18（c）为非完全线性各向异性张量 $\boldsymbol{D}^{(1)} = \boldsymbol{D}^{(2)} = [0.99\ 0\ 0;\ 0\ 0.1\ 0;\ 0\ 0.1\ 0]$（$3\times3$ 矩阵，每行由分号隔开，FA $=0.89$）和完全线性各向异性张量 $\boldsymbol{D}^{(1)} = \boldsymbol{D}^{(2)} = [1\ 0\ 0;\ 0\ 0\ 0;\ 0\ 0\ 0]$（FA $=1.0$）对应方向差异的编码结果，最左和最右的扇形均消失，因为不存在方向差异。对比图 4.18（b）和图 4.18（c）可知，在旋转角度相同的条件下，以上非完全线性各向异性张量比完全线性各向异性张量的方向差异更小。

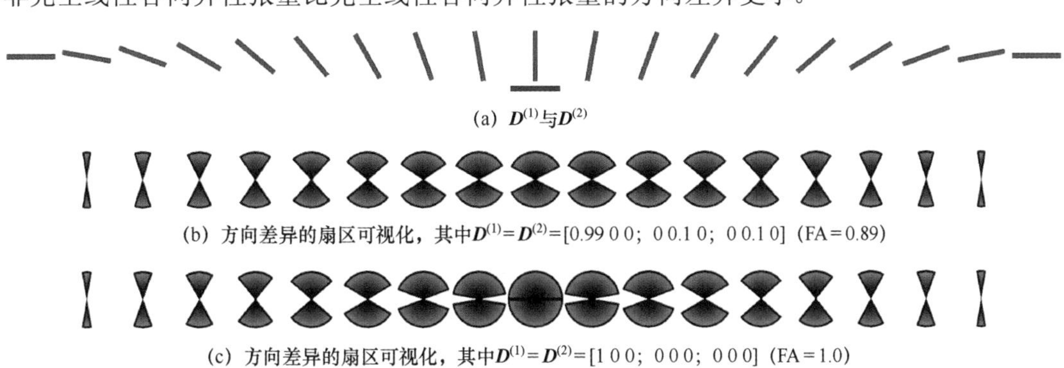

(a) $\boldsymbol{D}^{(1)}$与$\boldsymbol{D}^{(2)}$
(b) 方向差异的扇区可视化，其中$\boldsymbol{D}^{(1)}=\boldsymbol{D}^{(2)}=[0.99\ 0\ 0;\ 0\ 0.1\ 0;\ 0\ 0.1\ 0]$ (FA=0.89)
(c) 方向差异的扇区可视化，其中$\boldsymbol{D}^{(1)}=\boldsymbol{D}^{(2)}=[1\ 0\ 0;\ 0\ 0\ 0;\ 0\ 0\ 0]$ (FA=1.0)

图 4.18　方向差异编码示例

（3）尺度差异编码

张量尺度被解释为“大小”，代表扩散的程度。采用颜色编码的方式能够展现张量的尺度信息，编码对象可以是单个张量尺度 $|\boldsymbol{D}|$ 或尺度差异 d_{scl}，其过程类似 4.2.1 节的颜色编码法。

图 4.19 对张量尺度 $|\boldsymbol{D}|$ 进行颜色编码。其中，图 4.19（a）为双色调编码法，使用两种不同的色调表示 $\boldsymbol{D}^{(1)}$、$\boldsymbol{D}^{(2)}$，优点是易于区分不同张量，缺点是难以比较两种色调下亮

度的细微差异。图 4.19（b）为单色调编码法，使用单个色调编码的同时加入光晕对 $\boldsymbol{D}^{(1)}$、$\boldsymbol{D}^{(2)}$ 进行区分，能够解决双色调编码的缺点。

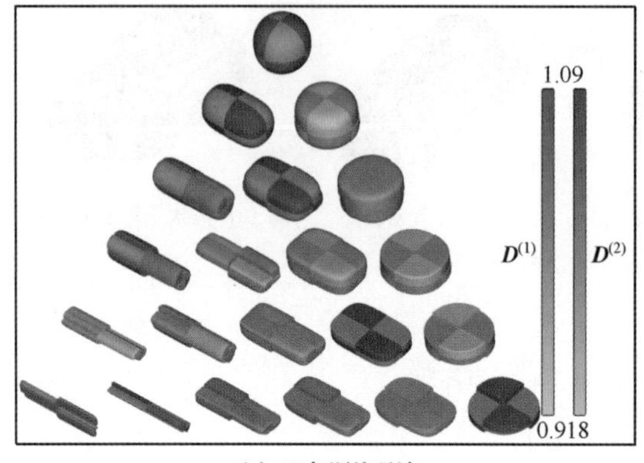

(a) 双色调编码法　　(b) 单色调编码法

图 4.19　张量尺度 $|\boldsymbol{D}|$ 的颜色编码

图 4.20 对尺度差异 d_{scl} 进行颜色编码。由于色调和亮度近似相同，单色调编码法（如图 4.20（b）所示）相较于双色调编码法（如图 4.20（a）所示）更难识别形状的差异。因此，单色调编码法主要用于准确的尺度比较，而双色调编码法主要用于尺度和形状差异的综合感知。

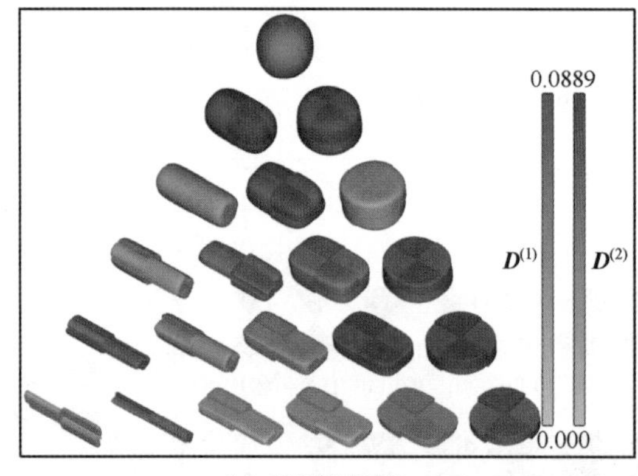

(a) 双色调编码法

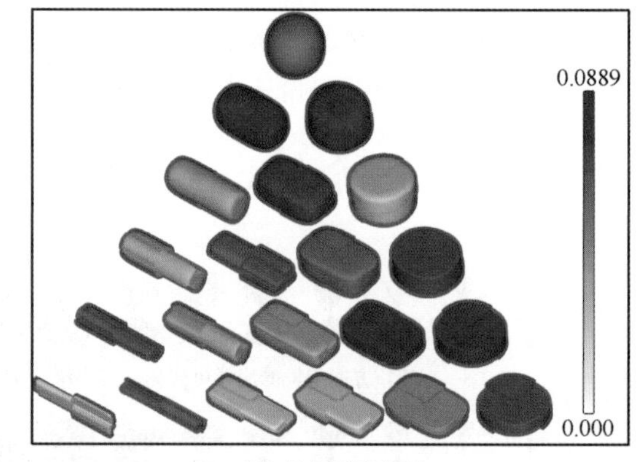

(b) 单色调编码法

图 4.20　尺度差异 d_{scl} 的颜色编码

B 值（B-Value）是 DTI 扫描中的一个重要参数，体现扩散运动的敏感程度。B 值越高，表示对水分子扩散运动越敏感，越易于区分病变与正常组织，但产生的噪声越大，图像质量越低；因此，使用合理的 B 值对于磁共振扩散成像十分重要[56]。图 4.21 为对同一受试者使用 B 值分别为 1000 和 2000 扫描得到两个 DTI 数据的对比结果。其中，图 4.21（a）为双色调编码法，更适合区分具有相似尺度的两个张量；图 4.21（b）为单色调编码法，通过比较亮度，更好地估计尺度差异的程度。其次，通过表示方向差异的扇区角度大小可以快速定位扩散方向存在差异的体素。

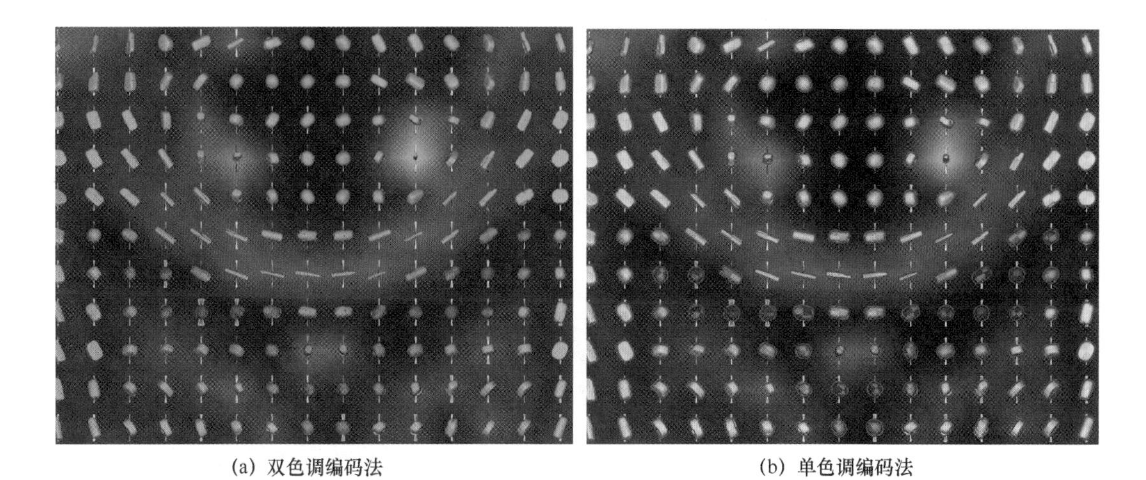

(a) 双色调编码法　　(b) 单色调编码法

图 4.21　使用图元比较法对两组 DTI 数据进行对比可视化

4.2.4　纤维追踪算法

基于扩散张量的纤维追踪算法（Fiber Tracking）通过分析组织内水分子的扩散行为并可视化其纤维束结构的走向，从而推断脑部灰质结构之间的连接性。其假设水分子在生物组织中扩散呈现有组织的方向性（如白质中的神经纤维束），通过重建纤维束的路径以展示扩散方向。目前，主要有两大类追踪算法，即确定性追踪算法与概率性追踪算法。

1. 确定性追踪算法

确定性追踪算法的目的是提取最有可能的纤维轨迹，而忽略不确定性。其核心思想是每个体素的主扩散方向（即主要特征向量 $\boldsymbol{e}_1$ ）代表该体素内的纤维走向且经过每个体素的纤维走向唯一确定，即从一个种子点出发只能获得唯一确定的一根纤维[59]。不同的确定性追踪算法主要区别在于：①根据张量图像提供的信息估计当前体素点的真实纤维走向；②定义沿纤维走向的步进规则。其主要步骤如下。

（1）数据预处理。

对原始扫描数据进行预处理，包括去噪、矫正和对齐等操作，提高后续纤维追踪的准确性和可靠性。

（2）选取种子点。

从感兴趣的三维区域中选择某一体素作为种子点。

（3）计算扩散方向并追踪。

从种子点出发，沿该点扩散张量的主扩散方向（ $\boldsymbol{e}_1$ 方向）及反方向步进，直到满足预设的纤维追踪终止条件，如到达影像边界、FA 低于设定的阈值、相邻两步追踪方向夹角大于设定阈值等。

（4）对感兴趣区域中每个种子点，循环重复步骤（3）。

常用方法为流线法，其沿着主要特征向量$\boldsymbol{e}_1$方向进行追踪，通过无光照纤维束、光照纤维束[57]或流线管[58]的形式进行可视化，如图 4.22 所示。Wiens 等人提出超二次截面的流线，即超流线，如图 4.23 所示，将有关张量的附加信息编码到其横截面中，更清晰地传达中等、次要特征向量$\boldsymbol{e}_2$、$\boldsymbol{e}_3$的方向[60]。

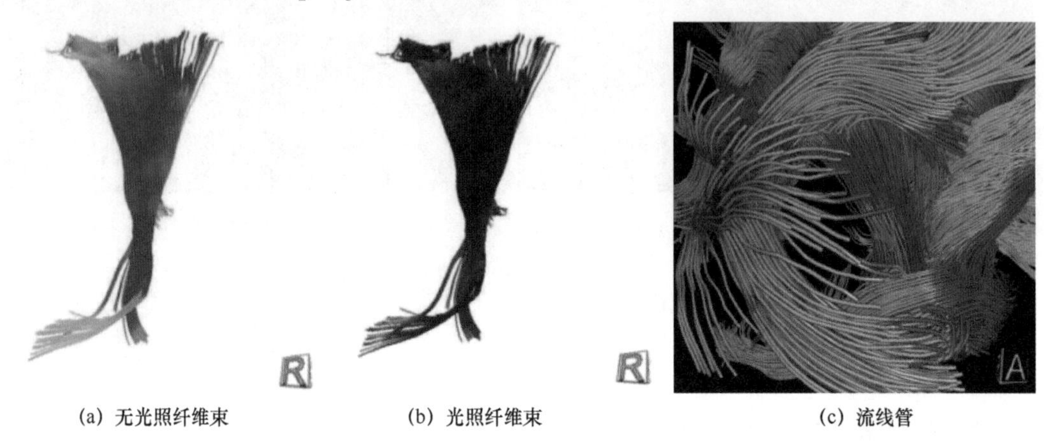

(a) 无光照纤维束　　(b) 光照纤维束　　(c) 流线管

图 4.22　确定性追踪算法的三种可视化表达

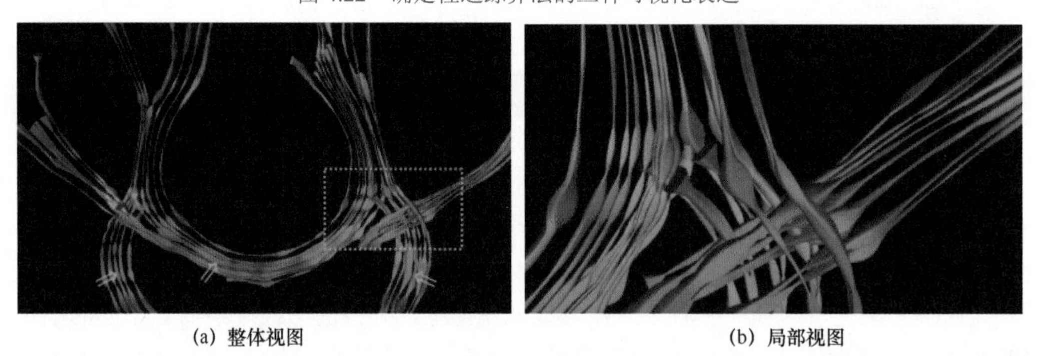

(a) 整体视图　　(b) 局部视图

图 4.23　超流线追踪的整体与局部可视化结果

确定性追踪算法具有计算速度快、稳定性高、解释性强等优点，但也存在明显的缺点。其中，最为突出的是纤维交叉问题和部分容积效应（Partial Volume Effect）。纤维交叉问题指当纤维束相交或重叠时，追踪算法无法准确识别和分离不同的纤维束；部分容积效应是指当图像分辨率过低时，扩散数据模糊，导致纤维束方向和连接性混淆的现象。此外，确定性追踪算法依赖于初始种子点的选择和设置，结果的可重复性和一致性可能受到影响。

2．概率性追踪算法

由于纤维交叉问题、部分容积效应等因素，纤维追踪存在不确定性。因此，概率性追踪算法的核心在于主要考虑灰质结构之间存在纤维连接的可能性，而不考虑纤维连接的具体走向和路径。其基本假设是每点的纤维方向不唯一确定，而服从某种概率分布。算法步骤如下。

（1）初始化。

选择一个起始位置，并初始化起始纤维方向。

（2）迭代采样。

依据当前位置的张量信息和前一步纤维方向进行推断，计算下一步纤维方向的概率分布。

（3）采样纤维方向。

依据计算得到的概率分布，采样一个纤维方向作为当前位置的纤维方向。

（4）更新位置。

根据当前位置和采样得到的纤维方向，更新到下一个位置。

（5）判断终止条件。

根据终止条件，如达到固定步数、纤维长度过短、超过边界等，判断是否需要终止追踪。

（6）不断重复步骤（2）至步骤（5），直到满足终止条件。

概率性追踪算法使用概率模型表示纤维束存在的可能性，在追踪过程中根据概率分布进行路径采样和更新，提供更加准确可靠的追踪结果。如图 4.24 所示，起始体素用箭头标记，橙色或黄色体素表示被低或高数量的粒子路径穿过，未着色体素表示永远没有被粒子到达。此外，蓝色细线描述纤维方向，即该体素对应扩散张量的主要特征向量 $\boldsymbol{e}_1$ [61]。

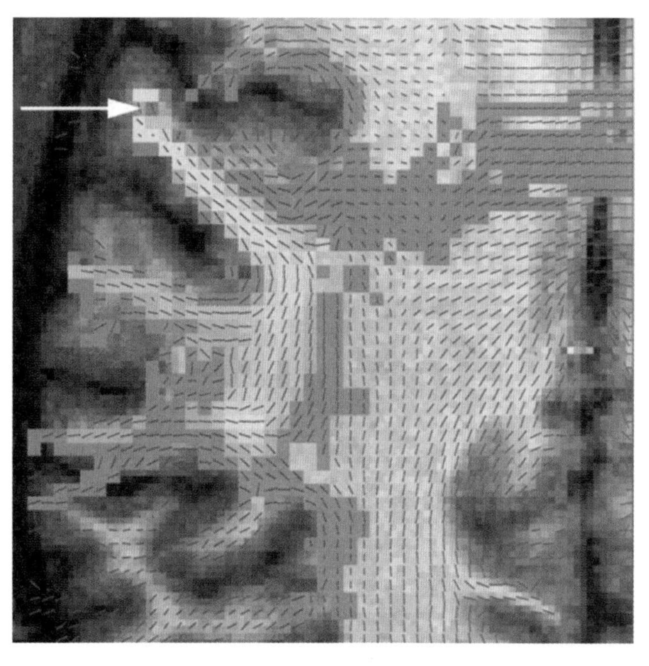

图 4.24　概率性追踪算法可视化结果

整体而言，概率性追踪算法是对确定性追踪算法的改进，在一定程度上解决纤维交叉问题和部分容积效应。同时，对于细小纤维连接的信息，概率性追踪算法能够提供纤维追踪结果的可信度[61]。该方法的缺点是不能确定初始点与全脑其他点的真实纤维走向，只能得到脑结构之间存在纤维连接的可能性；同时缺乏有效的评价体系。通常，这类方法非常耗时，计算上也可能会漏掉一些最优解。

4.3 系统介绍

4.3.1 系统架构

基于开源图像处理和分析工具包“teem 库”（介绍见附录 4.1）编译开发，在 Linux 环境下使用 cmake 进行编译，借助 libpng 库进行 nrrd 数据的张量场可视化，其框架结构如图 4.25 所示，虚线标识部分为可选项。cmake 工具编译 teem 库后，首先构建可执行文件，包括 tend、emap 和 unu，接收存储图像元数据信息的 nhdr 文件；其次，定位到图像某一层切片数据进行处理；最后，输出为 png 图像。在 cmake 编译过程中，需要借助 libpng 库以支持 png 格式的输出。系统主要使用 teem 库的 4 个模块，包括 air、ten、nrrd 和 unrrdu。tend 可执行文件由 ten 模块生成，用于接收和处理扩散张量数据，emap 可执行文件用于设置环境光纹理贴图，unu 可执行文件由 unrrdu 模块生成，用于裁剪和量化图像，生成 png 文件。

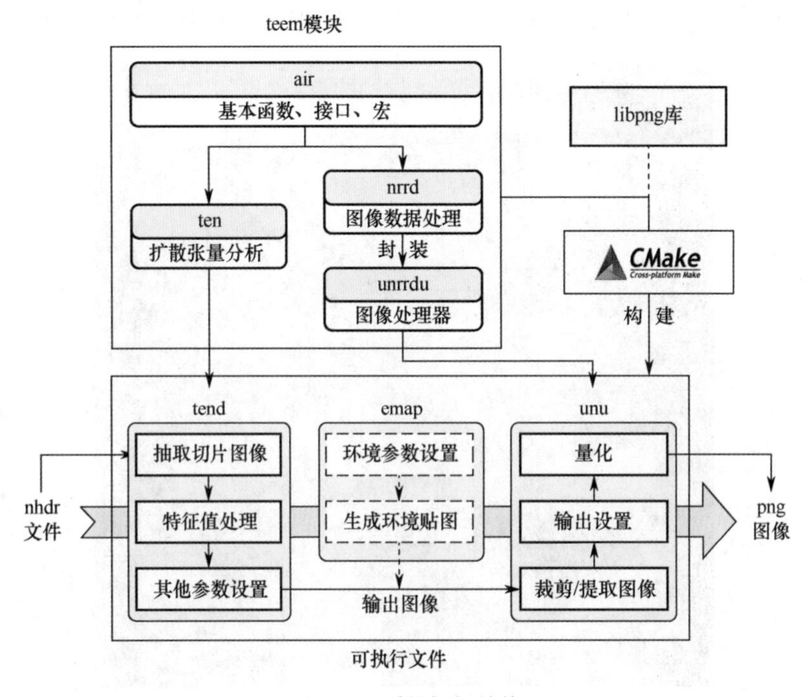

图 4.25 系统框架结构

4.3.2　项目结构

TensorVis 文件夹下有两个目录 data 和 teem，其中 data 存储数据文件，teem 存储工程文件，项目文件结构如图 4.26 所示。

图 4.26　项目文件结构

1. 数据文件

数据采用 nrrd 格式，由一个可读 ASCII 头文件“gk2-rcc-mask.nhdr”和一个数据文件“gk2-rcc-mask.raw”组成。nhdr 头文件记录数据信息，内容如图 4.27 所示，第 9 行指出数据文件所在的位置。raw 文件为大脑扫描数据，由犹他大学（University of Utah）科学计算与成像研究所（Scientific Computing and Imaging Institute）的 Gordon Kindlmann 以及威斯康星大学麦迪逊分校（University of Wisconsin-Madison）功能性脑成像与行为实验室（Laboratory for Functional Brain Imaging and Behavior）的 Andrew Alexander 提供，网址见“http://www.sci.utah.edu/~gk/DTI-data/”，相关数据也可见本书“\BnuVisBook\SharedResource\TensorVis\data”目录。

```
1   NRRD0001
2   content: gk2-rcc-mask
3   type: float
4   dimension: 4
5   sizes: 7 148 190 160
6   spacings: nan 1.0 1.0 1.0
7   units: "" "mm" "mm" "mm"
8   labels: "conf,Dxx,Dxy,Dxz,Dyy,Dyz,Dzz" "x" "y" "z"
9   data file: ./gk2-rcc-mask.raw
10  endian: big
11  encoding: raw
12  #
13  # Acknowledge dataset use in publication as:
14  #
15  # Brain dataset courtesy of Gordon Kindlmann at the Scientific Computing
16  # and Imaging Institute, University of Utah, and Andrew Alexander, W. M.
17  # Keck Laboratory for Functional Brain Imaging and Behavior, University
18  # of Wisconsin-Madison.
19  #
```

图 4.27　nhdr 头文件内容

2．工程文件

在工程目录“\BnuVisBook\SharedResource\TensorVis\teem\src”下 air、nrrd、ten、unrrdu 目录分别为其对应名称模块的位置，emap 可执行文件由“\BnuVisBook\SharedResource\TensorVis\teem\src\bin\emap.c”文件生成。编译完成后，可视化工具环境如图 4.28 所示。

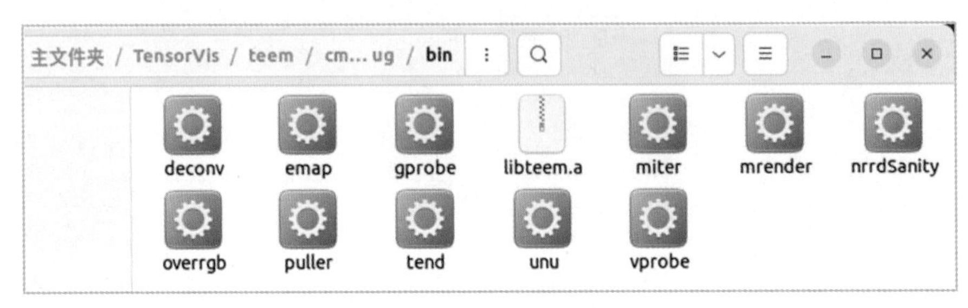

图 4.28　可视化工具环境

4.3.3　系统配置

若使用 Ubuntu 系统，则可跳过步骤 1；若为 Windows 10/11 系统，配置过程包括如下步骤：

（1）安装 Ubuntu 22.04 系统，详细过程见附录 4.2；

（2）配置 teem 库，详细过程见附录 4.3；

（3）搭建脑部张量场数据可视化环境，详细过程见附录 4.4。

4.4　导图操作

硬件配置：CPU Intel® Core™ i9-10900K、主频为 3.70 GHz、内存为 DDR4（频率为 2400MHz、大小为 32GB）、显卡为 NVIDIA RTX 3090（显存为 24GB）。

软件环境：操作系统为 Ubuntu22.04、开发工具为 Clion 和 teem 1.12.0、开发语言为 C 语言。

4.4.1　生成彩色映射图

1．复制数据

打开目录“\BnuVisBook\SharedResource\TensorVis\data”，复制该目录下的数据文件（包括“gk2-rcc-mask.nhdr”和“gk2-rcc-mask.raw”），将其复制到路径“\BnuVisBook\SharedResource\TensorVis\teem\cmake-build-debug\bin”下并打开。

2. 生成结果

输入如下命令（不换行），执行完毕后，即可得到图 4.1 的彩色映射图。

```
./tend slice -i gk2-rcc-mask.nhdr -a 1 -p 90
| ./tend evecrgb -c 0 -a fa -bg 1
| ./unu axdelete -a -1
| ./unu resample -s = x2 x2 -k box
| ./unu quantize -b 8 -o gk2-y90.png
```

该系列命令用于生成图像文件“gk2-y90.png”，其中，管道符“|”表示将前一个命令的输出作为后一个命令的输入，用于连接多个命令，形成管道流程，实现数据的传递和处理。相关命令说明如下。

（1）./tend slice -i gk2-rcc-mask.nhdr -a 1 -p 90

读取文件“gk2-rcc-mask.nhdr”，并使用参数进行切片操作。其中“-a 1”表示选择第一轴进行切片，“-p 90”表示选择切片索引为 90。

（2）./tend evecrgb -c 0 -a fa

将切片图像中的特征向量转换为颜色图像。“-c 0”表示选择主要特征向量 $\boldsymbol{e}_1$ 进行颜色映射，“-a fa”表示使用各向异性度量参数 FA 进行颜色的饱和度调整。

（3）./unu axdelete -a -1

删除所有沿轴方向上只有一个样本的轴。

（4）./unu resample -s = x2 x2 -k box

对图像进行重新采样。“-s = x2 x2”表示将二维图像每个轴向上的样本数量各自扩大两倍，“-k box”表示使用 box 核函数进行重采样，即上采样时使用最近邻插值（Nearest Neighbor Interpolation），下采样时使用统一平均（Uniform Averaging）。

（5）./unu quantize -b 8 -o gk2-y90.png

对图像进行量化处理。“-b 8”表示输出 nrrd 文件的数据类型为无符号字符（8 位），“-o gk2-y90.png”表示将处理后的图像保存为“gk2-y90.png”。

更多有关 tend 和 unu 可执行文件的命令见附录 4.5。

4.4.2 生成超二次曲面图

1. 生成纹理

打开目录“\BnuVisBook\SharedResource\TensorVis\teem\cmake-build-debug\bin”，输入如下命令生成“emap.nrrd”文件。

```
echo "1 1 1 1 0 0 -1"
| ./emap -i - -amb 0 0 0 -fr 0 10 0 -up 0 0 -1 -rh -o -
| ./unu 2op ^ - 1.4
```

```
| ./unu 2op - 1 -
| ./unu 2op x - 3.14159
| ./unu 1op cos
| ./unu 2op + - 1
| ./unu 2op / - 1.8 -o emap.nrrd
```

2．生成结果

打开目录“\BnuVisBook\SharedResource\TensorVis\teem\cmake-build-debug\bin”，输入如下命令。渲染完成后，得到图 4.2 的超二次曲面图。

```
./tend slice -i gk2-rcc-mask.nhdr -a 1 -p 90
| ./tend evalclamp -min 0.05
| ./tend norm -w 1 1 1 -a 0.7 -t 2
| ./unu axinfo -a 2 -sp 1.0
| ./tend glyph -rt -a ca2 -atr 0.45
-g sqd -gsc 0.0032
-slc 1 0 -sg 1.3 -off -1.5
-fr 0 10 0 -up 0 0 -1 -rh -or
-am 1.0 -ga cl2 -sat 1.4 -emap emap.nrrd -bg 1 1 1
-is 2048 2048 -ns 9 -o -
| ./unu crop -min 0 0 0 -max 2 M M
| ./unu quantize -b 8 -o gk2-sample.png
```

Chapter 5 第 5 章

体数据交互

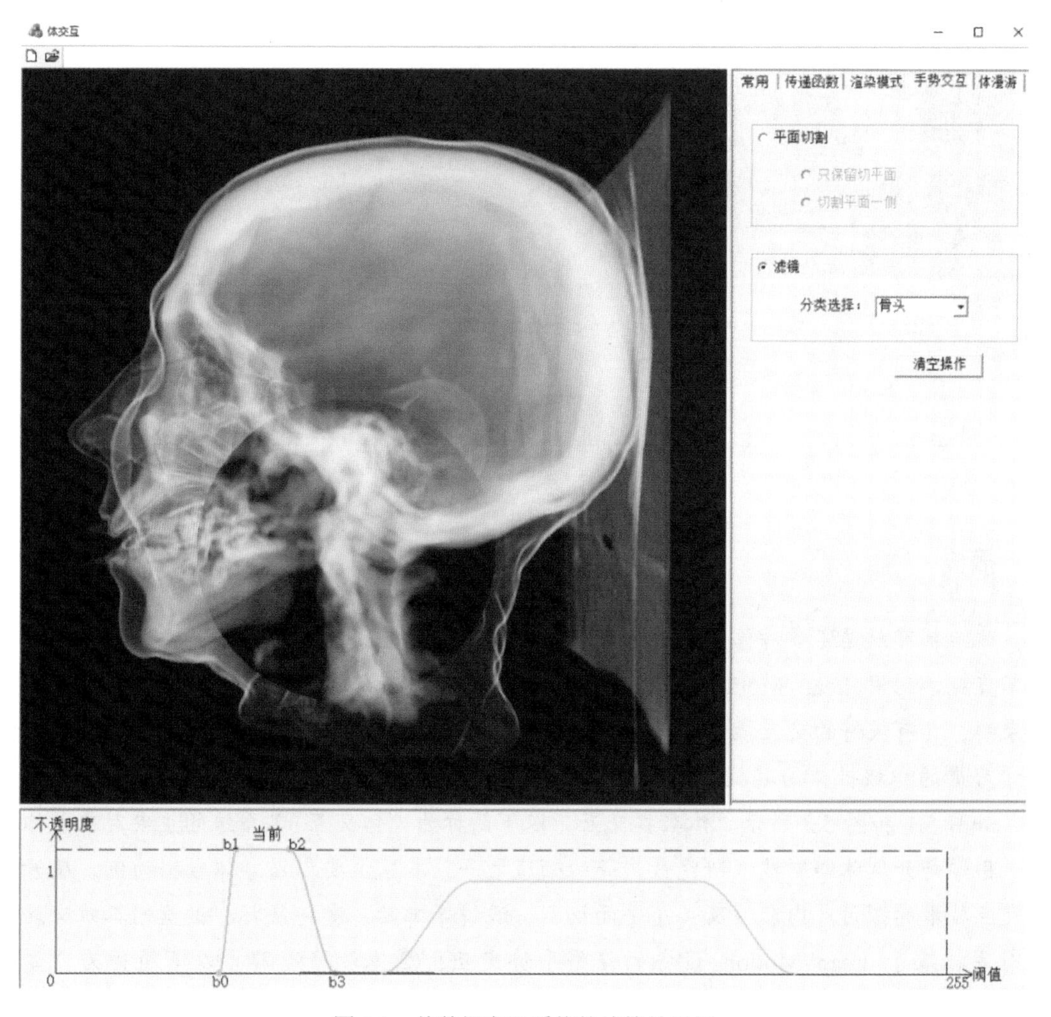

图 5.1　体数据交互系统的滤镜效果图

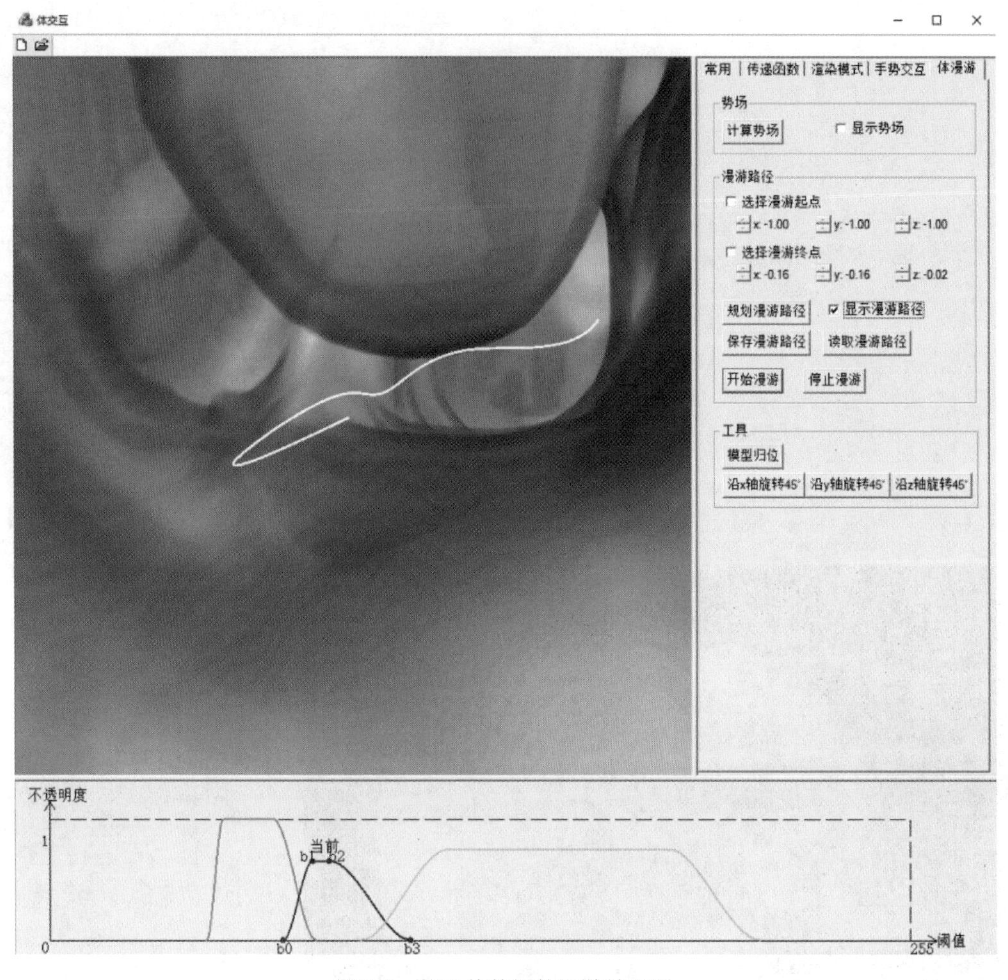

图 5.2　基于体数据的漫游效果图

摘要

体绘制可以描述多种信息，对体数据集可利用鼠标或键盘进行二维交互，但操作复杂且不直观。利用 Leap Motion、Phantom 等交互设备进行三维交互，可摆脱传统键盘和鼠标束缚，具有较好的交互操作体验。三维交互可看到实时可视化结果，以更有趣的方式调动学习者的积极性，为其提供更自然、直观和高效的交互方法，增强对抽象数据集的理解，如图 5.1 和图 5.2 所示。体数据交互（以下简称为“体交互”）系统的主要对象是体数据。医学是开展体绘制技术研究最广泛的领域之一，本章主要以医学体数据为例，展开对其交互技术的探讨。内容涉及：①平面切割、滤镜等工具，支持鼠标、键盘的二维交互，同时支持基于 Leap Motion 设备的裸手手势交互；②体数据漫游（以下简称为“体漫游”），基于八叉树势场的快速漫游路径规划实现自动漫游。学习者可选择二维或三维交互方式，学习和体验体数据可视化内容相关的交互技术。

5.1　知识点导读

人机交互是实现用户与计算机之间信息交换的通路，人机交互设计的目标是通过适当的隐喻，将用户的行为和状态（输入）转换为一种计算机能够理解和操作的表示，并把计算机的行为和状态（输出）转换为一种人们能够理解和操作的表达，通过界面反馈给人；手势交互是一种重要的自然交互方式[62]。交互是可视化领域的重要研究内容，表示用户与虚拟场景中各种对象的相互作用，包含对象的可操作程度及用户从虚拟环境中得到反馈的自然程度等。相关交互技术如表 5.1 所示。

表 5.1　相关交互技术

交互技术	解　　释
三维交互	直接交互：基于摄像头的视觉交互，对拍摄图像特征进行提取，追踪识别人体姿态。用户沉浸感更强，但计算量大，精确度低。 间接交互：借助手持或触控的外部设备进行交互。准确度较高，但自由度和完备性较低。
手势交互	裸手手势交互：利用摄像头识别手势。方便用户操作，对用户负担小，但精确度低。 基于手柄交互：利用手柄或操纵杆等控制虚拟模型，输出方式包括声音和力觉。精确度较高，且方便携带，但对手部稍有负担。
体交互	六自由度（Degree Of Freedom，DOF）操作：对体模型 3DOF 平移、3DOF 旋转。 基于虚拟工具交互：使用切割工具切割体模型或使用滤镜进行分层显示等。 体漫游交互：交互确定起点和终点，根据漫游路径规划算法，实现基于光线投射体绘制的漫游。

5.1.1　三维交互

过去与计算机之间的人机交互主要集中在传统的依赖鼠标和键盘的二维交互，缺乏深度信息，但随着交互设备的发展，交互空间扩展到三维。三维交互（3D Interaction）作为人机交互的一种，使用户可以灵活地在三维空间中与虚拟环境进行互动，更强调交互的自然性。

基于用户交互体验，我们可以将三维交互分为直接三维交互和间接三维交互两种。其中，直接三维交互表示用户可以通过身体动作直接对三维内容进行操作；间接三维交互则需要用户使用中间设备来控制虚拟环境中的三维内容。

1. 直接三维交互

直接三维交互一般基于摄像头进行三维定位和交互。在直接三维交互过程中，需要通过摄像头对人体的姿态或者人体某一部分的姿势进行识别，将识别结果传给对应的软件系统，等待系统响应，这就要求将所有可能出现的姿态或者姿势进行分类、预定义，并整理出一定的指令集。需要系统快速处理大量图像帧，并且对用户行为精度也有较高要求。由于光学交互有局限，不能实现完备的操作命令，因此通常使用外部设备辅助对人体姿势的捕获，虽然准确度较高，但自由度和完备性较低。完备性是指系统功能可最大限度满足用户需要的程度。

2. 间接三维交互

间接三维交互是指使用手持设备或者桌面点触设备进行交互，相对于光学交互，其完备性较高。通常情况下，六自由度交互设备是间接三维交互中虚拟环境的标准配置。双手是人接触自然时使用较多的感官部位，活动中比其他感官部位更加灵活，因此目前多数间接三维交互设备都与手部动作有关，主要有手持设备与桌面点触设备。

（1）手持设备有很多种类，包括操纵杆、手柄等。根据用户操作设备的动作，系统给出相应反馈；用户再根据系统反馈，产生在三维空间控制虚拟物体的感觉。

（2）桌面点触设备包括智能手机、平板电脑、可穿戴设备等，通过手指或者笔尖接触设备表面进行交互，虽然比直接三维交互方式更加精确，但是交互动作会被限制在触控屏幕上，不能很好地利用三维空间。

5.1.2 手势交互

手势交互（Gesture Interaction）是一种重要的自然交互方式，其通过人体信息的自然输入实现人机交互，具有自然、直观和灵活的特点。手势交互作为三维交互方式，分为以下两种情况。

1. 裸手手势交互

裸手手势交互使用摄像头拍下手部图像，通过特征提取跟踪手指、手掌位置，记录每一帧手指姿势变化，然后根据指令集操作模型，确定交互模式。

常用基于光学的手势识别系统有 Kinect 和 Leap Motion。二者原理相同，都是通过光学感测进行体感控制，根据红外测距原理，通过设备上的摄像头和红外设备对物体进行定位。Kinect 是微软开发的一款感应器，主要追踪中远距离（0.5～4m）的全身动作，在短距离检测时，对于手部动作会产生相对误差，不能检测出细微手势的区别。Leap Motion 由体感控制器制造公司 Leap 开发，侧重于识别精度高、低延迟的手指运动，其动作跟踪精度达到 0.01mm，数据刷新频率高于一般显示器的数据刷新频率，具有良好的实时性。虽然使用起来方便，但实现起来相对复杂且遮挡部位无法正确识别，识别的手势不稳定。考虑 Leap Motion 的高精度、低延迟特点，本章主要介绍基于 Leap Motion 的裸手手势交互。

裸手手势交互指基于视觉无接触式手势交互，利用摄像头捕捉，而不借助于其他触控设备，最大限度发挥手势的多样性和流畅性，也让手部得到充分自由，减少手部负担。Leap Motion 作为一款手势识别设备，如图 5.3 所示，采用双目立体视觉技术，由左、中、右三个红外发射器和左、右两个摄像机采集手部数据。Leap Motion 识别存储的数据不仅包括手部（如手指各骨骼、手掌）的静态数据，还包括动态数据（由每一帧与前一帧的计算可得），可以自定义部分基本手势，包括方向、状态、持续时间等。Leap Motion 提供对不同手势响应的接口，方便程序编写，其详细介绍、工作原理等见附录 5.1。通过手势多样性，控制模型 6DOF 操作，包括 3DOF 平移、3DOF 旋转。除此之外，还可以实现对模型的一些特殊操作，如切割、滤镜等。

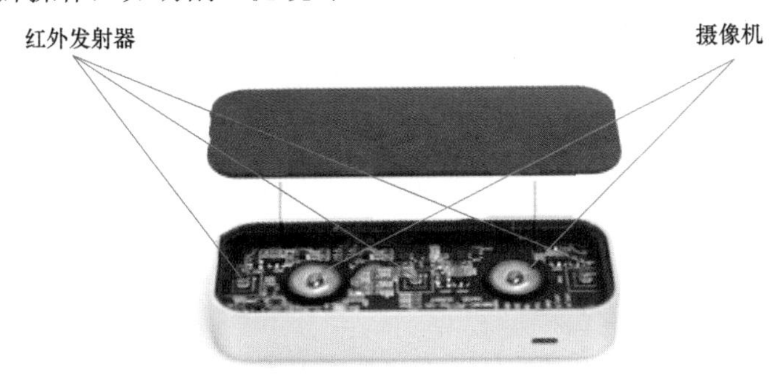

图 5.3　Leap Motion 内部构造图

2. 基于手柄交互

基于手柄交互主要使用操纵杆或手柄等外部设备，让用户操作这些设备与虚拟空间的模型进行交互，产生用手直接操作模型的感觉。接触式交互设备不存在遮挡问题，识别精度较高。以手柄交互为例，下面介绍两类交互方法。

（1）基于虚拟现实手柄交互

虚拟现实（Virtual Reality，VR）手柄可通过激光定位将捕捉到的动作转换为数据输入，然后通过分析数据将动作在虚拟环境中再现，从而实现交互。用户作用对象和摄像头捕捉对象都是 VR 手柄。以 HTC Vive 设备为例，HTC Vive 手柄包括菜单按钮、触控板、系统按钮、扳机键和侧面的手柄按钮等，如图 5.4 所示。

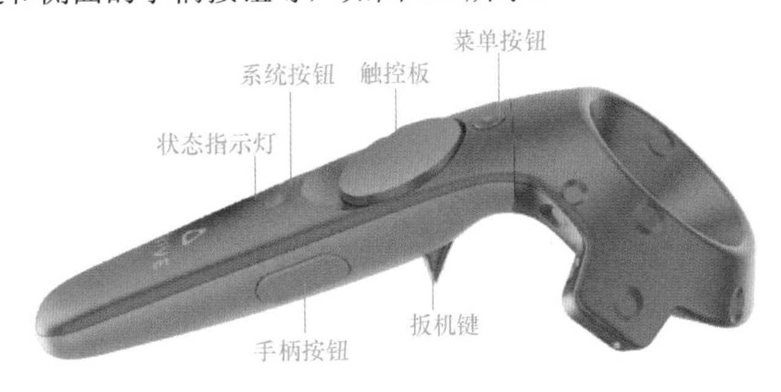

图 5.4　HTC Vive 手柄

（2）基于力反馈操纵杆交互

用户通过操纵杆交互，操纵杆会反馈给用户一定的力觉信息，使其产生触摸虚拟对象的感觉，并随时改变控制策略。通过两个扭动轴点，实现 6DOF 位置感应、笔尖移动感应，如 Phantom 力反馈设备，其结构及轴点运动示意图如图 5.5 所示。

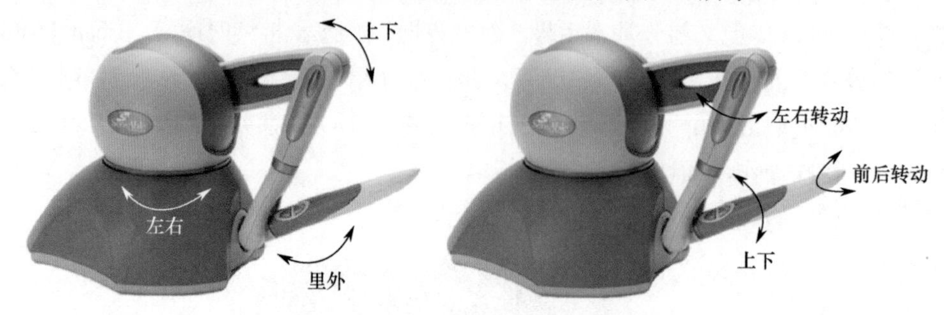

图 5.5　Phantom 结构及轴点运动示意图

5.1.3　6DOF 操作

在三维交互环境中，虽然可以从任意方向观察三维模型，但是用户更希望交互改变三维模型的状态（大小、方向、位置）。6DOF 操作即对虚拟模型的 3DOF（3 个轴 X、Y、Z）旋转和 3DOF（3 个方向 X、Y、Z）平移。以三维坐标系的原点作为参考点，平移的变换矩阵为

$$\boldsymbol{T}(t_x,t_y,t_z)=\begin{bmatrix}1&0&0&t_x\\0&1&0&t_y\\0&0&1&t_z\\0&0&0&1\end{bmatrix}$$

其中 t_x、t_y、t_z 分别为沿 X、Y、Z 轴平移的数值。绕 X、Y、Z 轴旋转 θ 角度的变换矩阵分别为

$$\boldsymbol{R}_x(\theta)=\begin{bmatrix}1&0&0&0\\0&\cos\theta&-\sin\theta&0\\0&\sin\theta&\cos\theta&0\\0&0&0&1\end{bmatrix}$$

$$\boldsymbol{R}_y(\theta)=\begin{bmatrix}\cos\theta&0&\sin\theta&0\\0&1&0&0\\-\sin\theta&0&\cos\theta&0\\0&0&0&1\end{bmatrix}$$

$$\boldsymbol{R}_z(\theta)=\begin{bmatrix}\cos\theta&-\sin\theta&0&0\\\sin\theta&\cos\theta&0&0\\0&0&1&0\\0&0&0&1\end{bmatrix}$$

5.1.4　Focus+Context 交互

Focus+Context 交互（Focus+Context Interaction）的基本思想是让用户不仅可以看到感兴趣区域的重要信息，同时也可以得到关联信息的整体印象[63]。传统的 Focus+Context 交互是将更多的图像像素分配给更重要的数据，这与鱼眼相机模型的基本思想相同，需要在放大 Focus 区域时尽量保持 Focus 区域外特征较明显的区域也不发生扭曲，如图 5.6 所示，图 5.6（a）是加拿大城市卡尔加里的鸟瞰图，图 5.6（b）是利用 Focus+Context 交互将特定区域放大后的地图。

(a) 卡尔加里的鸟瞰图

(b) 放大后的地图

图 5.6　鱼眼模型效果图[64]

有研究者提出使用魔术透镜（Magic Lens）作为用户交互界面，实现 Focus+Context 交互的思想。魔术透镜最早由 Bier 等人提出，通过修改物体视觉外观增强感兴趣区域以及抑制干扰信息[65]。如图 5.7 所示，对一个由三维块组成的桥使用魔术透镜，定义 Focus 区域，正方形透镜的功能是显示模型被框选区域的线框，圆形透镜的功能是放大框选区域的模型。将该魔术透镜用在由二维图像重构出的三维模型上，可以对感兴趣区域实现轮廓增强、放大、显示特定数据等效果。

有研究者将透镜、滤镜应用到体数据中[66-68]，聚焦感兴趣区域的重要信息，保留的关联信息依赖于绘制算法和传递函数设计等。本章提供基于滤镜的交互，也是针对体数据，基于第 2 章梯形传递函数，侧重对聚焦区域不同结构的分层显示。

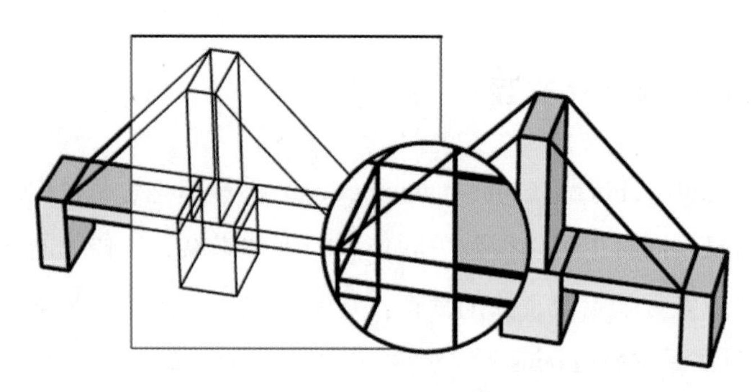

图 5.7　桥模型中使用透镜

5.1.5　基于体数据的漫游

体漫游是一种帮助用户在生成的体数据虚拟环境中自由移动和探索的交互技术。根据交互方式不同，体漫游包括手动漫游、固定路线漫游和自动漫游。

- 手动漫游：完全依赖于键盘、鼠标等外部输入设备的控制，操作自由度高，但交互效率依赖于虚拟环境复杂程度和用户操作的熟练程度。
- 固定路线漫游：指沿着预先设定的路径进行漫游，期间用户可对速度、观察角度等进行交互操作，但只能观察所设定路线的周边情况。
- 自动漫游：在用户设定起点和终点后，通过漫游路径规划算法确定从起点到终点的一条无碰撞路径，可沿该路径自动漫游到终点。

自动漫游的自由度和交互效率较高，在体漫游中应用广泛，其效果主要依赖于漫游路径规划算法。由于需要提供开阔的视野，以更好地观察体数据，漫游路径规划算法多采用中心路径提取算法。

中心路径提取算法根据虚拟环境空间中所有障碍物位置，寻找并连接障碍物外部空间的系列中心点，通过连接中心点确定中心路径，主要包括拓扑细化法、距离变换法和势能场法[69]。拓扑细化法[70-71]在保证空间连通性以及保持拓扑结构不变的原则下，逐层迭代剥离边界体素得到中心路径。距离变换法[72]首先计算所有点到障碍物表面的最短距离，构成边界距离场；再将边界距离场视为加权图，通过基于图论的路径生成算法得到中心路径。势能场法[73]假设障碍物表面存在相同点电荷以产生静电场，计算虚拟环境空间中每个点的受力情况形成势能场，连接势能场鞍点形成中心路径。三类中心路径提取算法的优缺点如表 5.2 所示。

表 5.2　三类中心路径提取算法的优缺点

算　法	优　点	缺　点
拓扑细化法	完整保留空间的拓扑结构	检测和剥离外层体素的过程非常耗时
距离变换法	对于高分辨率体数据，仍具有较快的计算速度	构建边界距离场的过程相对耗时，难以保持空间的拓扑结构
势能场法	所提取路径具有更好的光滑性和健壮性	在高分辨率体数据上构建势能场将耗费大量时间，规划路径过程容易陷入局部最优

5.1.6　体数据空间八叉树

八叉树（Octree）是一种表示三维空间的树形层次数据结构，其中一个节点包括八个子节点，每个节点代表一个立方体所覆盖的空间。在体数据空间中构建目标区域，即目标体素所覆盖区域的八叉树结构，其过程如下。

- 定义根节点和深度：将空间结构放置于一个足够大的立方体中，作为根节点。根据体数据分辨率设定分割深度，其值越大，八叉树对空间的表示越精确。
- 划分空间：递归地将每个立方体平均划分为八个子立方体，直到设定的分割深度。若立方体中不包含目标体素，可停止划分。
- 标记叶节点：按照一定规则标记叶节点，确定其是否为目标节点。在路径规划问题中，所覆盖区域与障碍物体素相交的叶节点被标记为障碍物节点，否则被标记为可行域节点。根据应用需求，二者均可作为目标节点，分别表示障碍物区域和路径规划可行域。
- 剪枝：自底向上地对八个叶子节点均为目标节点的非叶子节点进行剪枝，并将此节点标记为目标节点，最终得到目标体素集所覆盖区域的八叉树表示。

假设用八叉树表示如图 5.8（a）所示的绿色体素所覆盖的区域。首先，用一个足够大的立方体作为八叉树根节点，如图 5.8（b）所示，设定分割深度为 3。接着，将大立方体划分成八个边长为其二分之一的小立方体，如图 5.9 所示，递归地划分八叉树节点到设定的深度，划分完成后对叶节点进行标记。最后，对八个叶子节点均为目标节点的非叶子节点进行剪枝操作（如图 5.9（b）虚线框所示），最终得到体数据空间的八叉树表示。

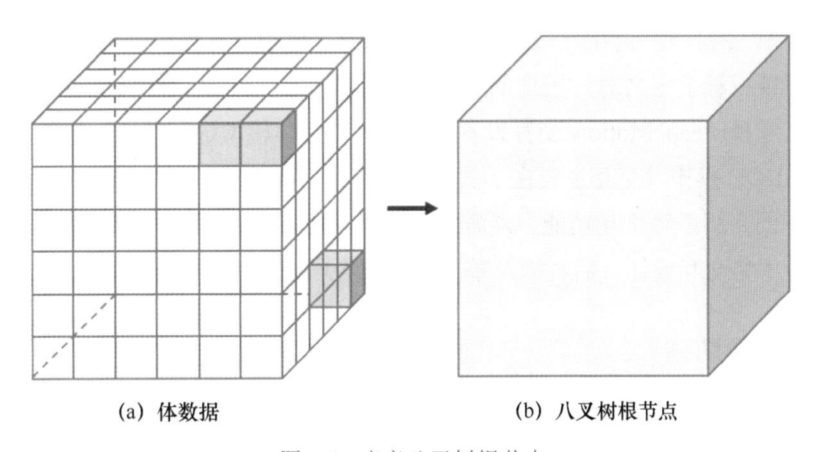

图 5.8　定义八叉树根节点

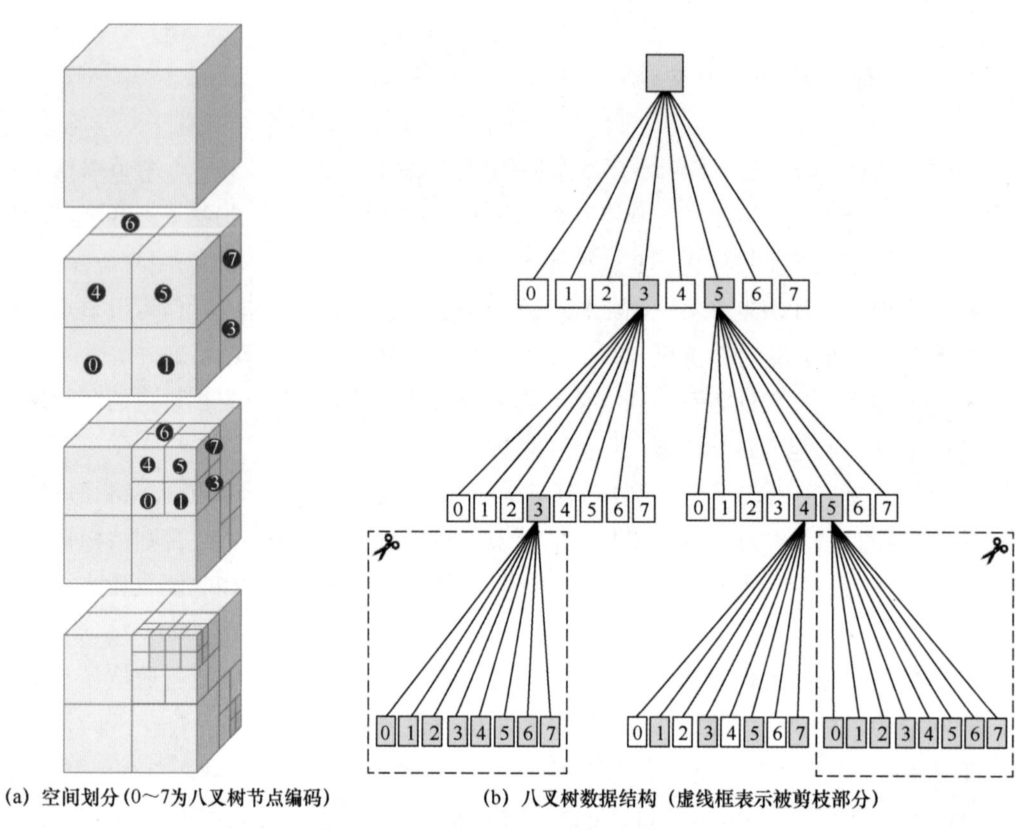

(a) 空间划分（0～7为八叉树节点编码）　(b) 八叉树数据结构（虚线框表示被剪枝部分）

图 5.9　八叉树划分和标记

5.2 方法概要

人机交互技术的研究在不断发展，交互功能的实现主要依赖输入/输出设备和相应软件。根据输入设备划分，交互方式大致分为两种：一是利用二维设备结合软件方法实现交互，如在键盘或鼠标上定义对体模型的旋转、平移等操作；二是直接配备三维设备对体数据进行交互，如选择 Leap Motion 交互设备，设计手势对体模型进行切割、滤镜等交互操作。体模型除了 6DOF 操作，交互主要在于其内部结构，需要探测内部，分析组织的结构形态和内部细节。下面介绍手势交互功能、漫游路径规划功能，前者包括体模型切割、滤镜两类虚拟工具及相应手势交互设计，后者涉及基于八叉树势场的快速漫游路径规划算法。

5.2.1　平面切割

除了平移、旋转、缩放等操作，对器官组织切割是观察内部数据的常用手段[74]。平面切割可以对断面上的信息仔细探查，然而若删除了重要的上下文信息，会导致歧义[75]。本节将其扩展到保留切平面一侧的非完全切割。

平面切割分为只保留切平面和保留切平面一侧两种情况。利用切割方法可以在断面观察到感兴趣的细节信息。切割平面用单位法线 $\boldsymbol{n}$ 与平面上一点 $\boldsymbol{P}$ 来表示，数据集中采样点 $\boldsymbol{T}_i$ 到切割平面距离是 $d_i = \boldsymbol{n} \cdot (\boldsymbol{T}_i - \boldsymbol{P})$，视线方向为 $\boldsymbol{v}$ 。

1．只保留切平面

切割示意图如图 5.10 所示，沿着某一条视线方向，绿色采样点表示因遮挡观察需要剔除（不参与贡献），黄色采样点表示落在切割面上，红色则表示参与体绘制融合。当只保留切平面时，绿色和红色采样点将不参与颜色累加。

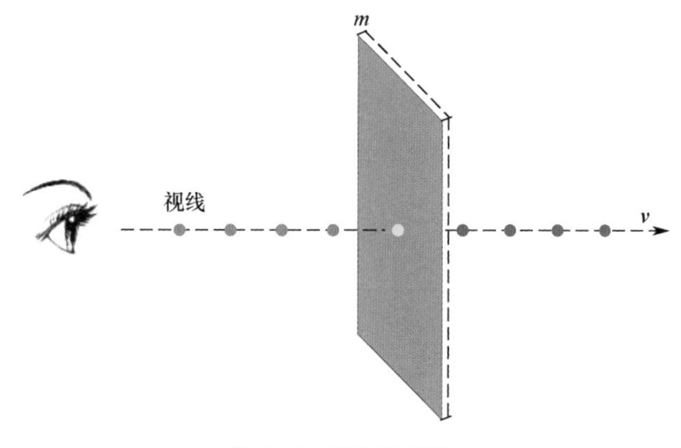

图 5.10　切割示意图

在数学意义上，面没有厚度，但图形上对切平面采用增厚来增强信息，如用 Phong 光照模型进行光照增强。设切平面厚度为 m ，令

$$h = 1 + d_i / m$$

当采样点在切割平面上时， $h = 1$ 。假设环境光为白色，采样点 $\boldsymbol{T}_i$ 的颜色值 $\boldsymbol{C}_i$ 从传递函数获得，将其代入 Phong 光照模型，修改为

$$\boldsymbol{C}_{i,\ \text{shaded}} = k_{\text{a,new}} \boldsymbol{C}_{\text{a}} + k_{\text{d,new}} (\boldsymbol{L} \cdot \boldsymbol{N}_{\boldsymbol{T}_i}) \boldsymbol{C}_i + k_{\text{s,new}} (\boldsymbol{H} \cdot \boldsymbol{N}_{\boldsymbol{T}_i})^{k_{\text{e}}} \boldsymbol{C}_{\text{s}}$$

其中 $\boldsymbol{C}_{i,\ \text{shaded}}$ 为累加后最终颜色， $\boldsymbol{C}_{\text{a}}$ 、 $\boldsymbol{C}_{\text{s}}$ 分别为环境光和高光颜色分量， $\boldsymbol{L}$ 、 $\boldsymbol{H}$ 、 $\boldsymbol{N}$ 定义如前，k_{e} 为高光系数， $k_{\text{a,new}}$ 、 $k_{\text{d,new}}$ 、 $k_{\text{s,new}}$ 为

$$\begin{cases} k_{\text{a,new}} = k_{\text{a}} + h(k_{\text{d}} + k_{\text{e}}) \\ k_{\text{d,new}} = k_{\text{d}}(1 - h) \\ k_{\text{s,new}} = k_{\text{s}}(1 - h) \end{cases}$$

其中 k_{a} 、 k_{d} 、 k_{s} 分别是 Phong 光照模型中漫反射系数、环境光系数和镜面反射系数，而且 $k_{\text{a}} + k_{\text{d}} + k_{\text{s}} = 1$ 。当 $d_i \geqslant -m$ 时，随着 h 增大， $k_{\text{a,new}}$ 会不断增大，而 $k_{\text{d,new}}$ 、 $k_{\text{s,new}}$ 会不断减小。

2．保留切平面一侧

在切割平面一侧，如法线朝向视点一侧，即满足 $\boldsymbol{n}\cdot\boldsymbol{v}\leqslant 0$，完全切割，保留切割平面及另一侧。如图 5.10 所示，绿色采样点不参与绘制，黄色和红色采样点按照光线投射体绘制进行颜色累加，即

$$\boldsymbol{C}_{i,\text{new}}=\begin{cases}\boldsymbol{C}_i, & d_i<-m\\ \boldsymbol{C}_{i,\text{shaded}}, & -m\leqslant d_i\leqslant 0\\ \text{和背景融合}, & d_i\geqslant 0\end{cases}$$

5.2.2 滤镜

利用滤镜和视点形成特殊局部空间，实现分层浏览体模型内的不同组织，以此来提高可视化交互性以及体数据集局部细节的展现能力[76]。如图 5.11 所示，图 5.11（a）表示真实环境中光束照射下形成的感兴趣空间，由体数据集与光束相交的圆锥体区域组成。在体模型静止时，因为视线与光束存在一定角度差，只有当光源与视点在感兴趣区域中心线上时，不会出现遮挡问题。可将光源位置转变到如图 5.11（b）所示的红色原点处，视锥体空间大于光束所形成的感兴趣空间，这样将不会影响用户观察效果。进一步简化视锥体空间，将视点与光源设置在同一位置，如图 5.11（c）所示。简化后，整个体数据集划分成为两个子集，分别为非感兴趣区域与感兴趣区域。感兴趣区域是视点和滤镜所形成的圆锥体与体模型相交的区域，采用分层显示。而对于非感兴趣区域则进行光线投射体绘制。

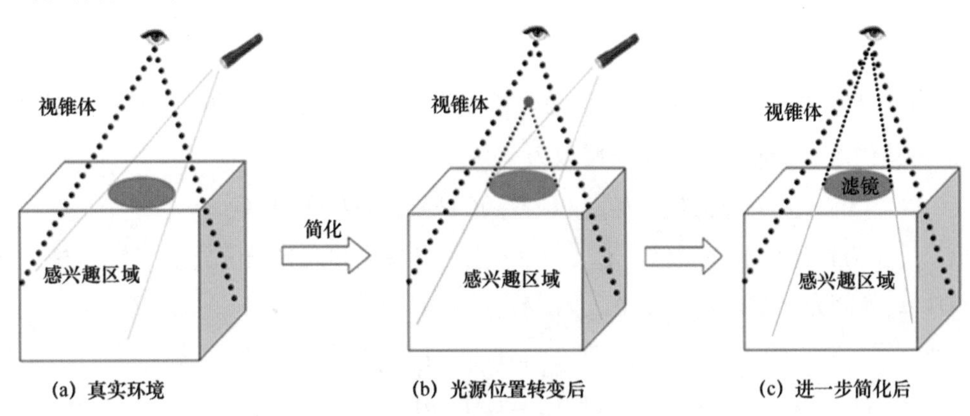

图 5.11 滤镜简化示意图

分层显示本质上是对传递函数（有关细节参见第 2 章）进行调整，使所选择层的最大不透明度大于 0，而其他层的最大不透明为 0。如图 5.12 所示的传递函数，对 CT 数据的每种组织赋予一个不透明度值，皮肤、肉与软骨、骨头所在层对应的最大不透明度分别为 A_0、A_1、A_2。若滤镜选择当前层为骨头，则 $0<A_2\leqslant 1$，$A_0=A_1=0$。

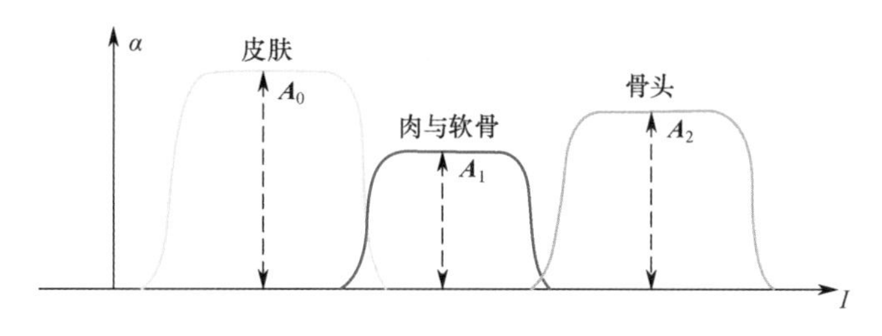

图 5.12　传递函数示意图

5.2.3　手势设计

1．坐标系的映射关系

设计交互手势时，涉及六个空间坐标系，如图 5.13 所示，即手部刚体坐标系、Leap Motion 坐标系、世界坐标系、手模型局部坐标系、体模型局部坐标系和屏幕坐标系。Leap Motion 识别手部 21 个关键点（参见附录 5.1 第 4 节），这些关键点的位置信息只有手掌和五个指尖可以被直接获取，其他关键点只能通过构建手部模型求得。为了提供自然直观的用户交互体验，通过坐标变换将 Leap Motion 坐标系映射到世界坐标系，通过动作定义、功能绑定等过程，实现对体模型的交互操作。手在手部刚体坐标系的运动对应手模型在其局部坐标系的运动（然后经过坐标变换得到世界坐标系的位置），手模型操纵体模型或交互工具。

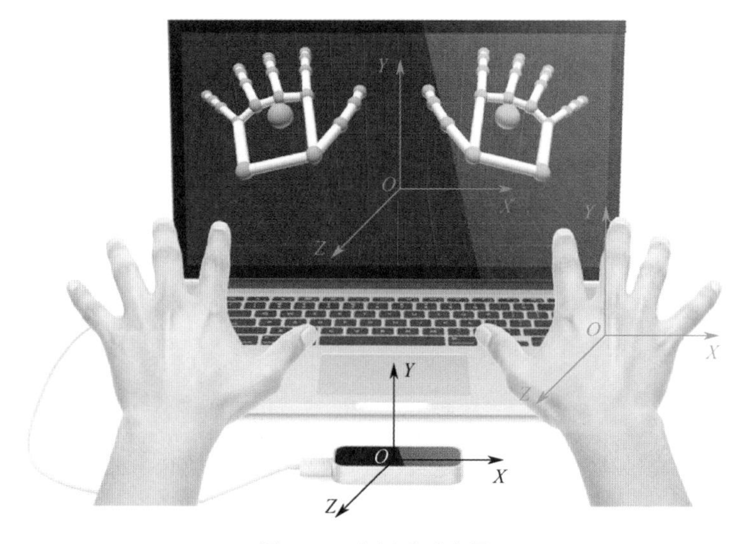

图 5.13　坐标系示意图

2．设计原则

通过调查多名用户使用手势交互的过程，发现大多数人希望他们双手的翻转运动可以直接映射到三维虚拟物体的旋转，以伸展的手掌模拟虚拟切割平面；同时，大运动量的空间手势会造成用户疲劳，长时间双手外展并不是一种理想的交互方式，因此系统应该尽可能跟踪手指而不是整个手[75]。综上所述，当交互对象是体数据时，手势设计原则可从以下三个方面考虑。

（1）用户

符合用户认知行为和常用习惯，例如，手掌（或某部位）平移代表体模型平移、手掌（或某部位）旋转代表体模型旋转、“OK”手势表示已成功完成某项任务等。这种设计易学易用，不需要大量的学习训练，效率高。

（2）系统

尽可能简化手势设计，一般单手完成的交互优先设计常用手的手势。设计组合手势时，应尽量减少基本动作数量，以减少用户的记忆和认知负担。当任务复杂时，可设计双手手势，例如，左手对体模型进行 6DOF 操作，右手对其进行多种交互（切割、滤镜等）任务。

（3）过程

手势设计应保持连贯性和流畅性，方便一次性完成。长时间交互过程中应保持用户完成动作的舒适度，为降低疲劳，应减少设计手臂抬高或外展很久的手势。

3．手势识别与处理

从 Leap Motion 帧中获取模型所需的左手和右手信息，并进行加工，对特定手势操作做出反应。在定义这些操作手势时，需要考虑直观性和自然性，将操作功能与手势的意义结合起来。

（1）左手操作功能

为了解决旋转角有限的问题，引入自转概念，模拟物体惯性旋转。如果体数据旋转速度大于某个阈值，进入自动旋转状态，旋转速度可以是固定的，也可以是衰减的。自动旋转可以一直进行或者人为制止，因此需要检测左手手势。若左手不在 Leap Motion 工作区或者左手张开，则继续旋转；若左手在 Leap Motion 工作区内握拳，则停止自转。左手手势编码、定义以及功能如表 5.3 所示。

表 5.3　左手手势编码、定义以及功能

手势编码	手势定义	手势功能
LG0	左手不在工作区	体数据非自转时静止
LG1	左手握拳	体数据静止
LG2	左手手掌伸开，在三维空间中平移	体数据平移
LG3	左手手掌伸开转动	体数据旋转
LG4	左手手掌伸开快速移动	触发体数据自转

（2）右手操作功能

根据模型设定，右手对工具进行操作，如固定工具、移动工具、不同工具之间的切换和不同层间的切换，主要有体切割和滤镜等工具。右手手势编码、定义以及功能如表 5.4 所示。

表 5.4　右手手势编码、定义以及功能

手势编码	手势定义	手势功能
RG1	右手握拳或右手不在工作区	固定工具
RG2	右手手掌三维空间中平移	平移工具
RG3-	右手手指逆时针画圈	切换上一层
RG3+	右手手指顺时针画圈	切换下一层

根据上述的双手功能，可确定体模型和交互工具的不同状态。体模型状态包括静止状态、左手操控状态、自动旋转状态。交互工具状态包括平面切割状态和滤镜状态。体模型交互状态转化关系如图 5.14 所示。

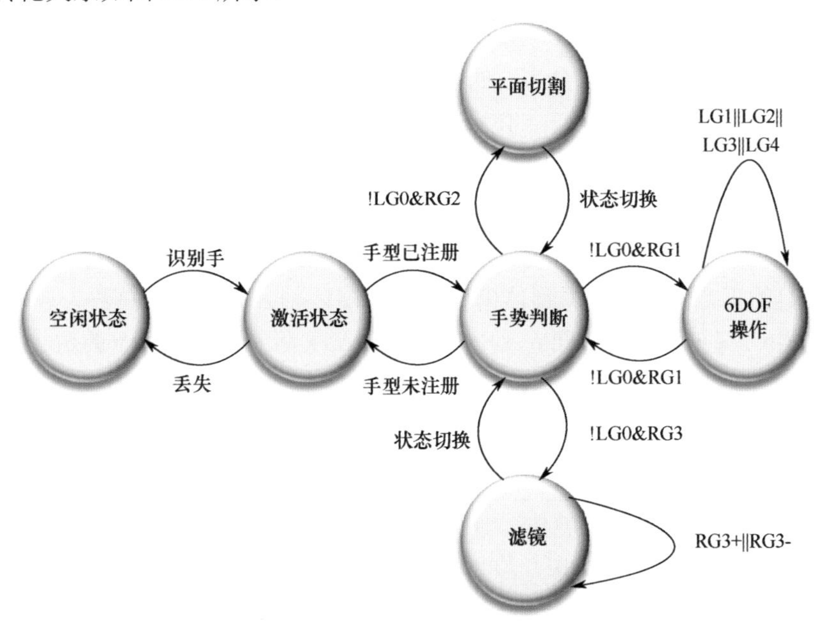

图 5.14　体模型交互状态转化关系

5.2.4　漫游路径规划

在用户交互确定漫游起点 $\boldsymbol{P}_{\mathrm{s}}$ 与终点 $\boldsymbol{P}_{\mathrm{e}}$ 后，根据路径规划算法快速确定一条路径，得到从 $\boldsymbol{P}_{\mathrm{s}}$ 到 $\boldsymbol{P}_{\mathrm{e}}$ 的路径点 $\{\boldsymbol{P}_{\mathrm{s}},\boldsymbol{P}_1,\boldsymbol{P}_2,\cdots,\boldsymbol{P}_{N-1},\boldsymbol{P}_{\mathrm{e}}\}$。路径规划算法是影响漫游效果的关键，传统的中心路径提取算法能保证漫游过程视野开阔，但在复杂体模型上效率不高。

对传统中心路径提取算法中势能场法进行改进。采用八叉树对障碍物外部空间进行建模，以减小搜索空间、提高算法时间效率。由于各节点势能的计算相互独立，可基于 GPU 的 CUDA（Compute Unified Device Architecture）架构加速八叉树势场构建过程。针对势能场法容易陷入局部最优的问题，首先，基于八叉树势场构建八叉树邻接图；其次，引入基于图论的 A*算法搜索路径。

A*算法是基于图论的启发式搜索算法[77]，虽无法保证所寻找路径为最短，但效率较高，可通过调整启发式函数满足需求。该算法需定义路径图中每个节点 J 的当前代价函数 $g(J)$ 与预估代价函数 $h(J)$，其中 $g(J)$ 代表从起始节点出发到当前节点所经过的路径长度，$h(J)$ 代表从当前节点到目标节点的预估距离。选取启发式估价函数 $f(J)=g(J)+h(J)$ 值最小的节点，作为当前路径的下一个可达节点；依次类推，快速寻找到达目标节点路径上的所有节点。

基于八叉树势场的快速漫游路径规划算法包括体模型构建、八叉树势场计算、八叉树邻接图构建、基于 A*算法的路径搜索和路径平滑 5 个步骤[78]。算法将势能场法和 A*算法相结合，并利用八叉树减少计算量。首先，利用八叉树数据结构对障碍物外部空间进行建模，参考势能场的思想，计算八叉树节点所在位置的势，构建八叉树势场；然后，根据八叉树中正方体的邻接关系、以势的路径积分为边的权重构建八叉树邻接图，使得边的权重在狭窄空间中较高，在宽阔空间中较低；最后，引入 A*算法获得邻接图中权重较小的路径。

1．体模型构建

假设体数据行数为 N_{r}、列数为 N_{c}、像素间距为 l_{p}、层厚为 l_{s}，将其映射至三维空间中 $x,y,z\in[0,1]$ 的正方体内部，得到体模型 V。假设 Z 轴方向的图像总数为 N_{z}，其中第 n_{z} 张图像第 n_{r} 行（$1\leqslant n_{\mathrm{r}}\leqslant N_{\mathrm{r}}$）、第 n_{c} 列（$1\leqslant n_{\mathrm{c}}\leqslant N_{\mathrm{c}}$）像素对应体素 v 的边长 l_x、l_y、l_z 为

$$l_x=l_y=\frac{l_{\mathrm{p}}}{\max(N_{\mathrm{r}}l_{\mathrm{p}},N_{\mathrm{c}}l_{\mathrm{p}},N_{\mathrm{z}}l_{\mathrm{s}})}$$

$$l_z=\frac{l_{\mathrm{s}}}{\max(N_{\mathrm{r}}l_{\mathrm{p}},N_{\mathrm{c}}l_{\mathrm{p}},N_{\mathrm{z}}l_{\mathrm{s}})}$$

体素中心点坐标 (x_v,y_v,z_v) 为

$$x_v=\frac{1}{2}(2n_{\mathrm{r}}-1)l_x$$

$$y_v=\frac{1}{2}(2n_{\mathrm{c}}-1)l_y$$

$$z_v=\frac{1}{2}(2n_{\mathrm{z}}-1)l_z$$

对于上述体模型 V，障碍物由体素标量值的阈值 t_0 确定，大于阈值 t_0 的体素 v 为障碍物，反之为空气体素。以人体组织为例，当体素的邻接体素中存在空气体素时，该体素中心所在位置位于障碍物表面（如鼻腔黏膜）。遍历体数据中所有体素，得到障碍物表面点集合 P_{surf}

$$P_{\mathrm{surf}}=\{(x_v,y_v,z_v)\mid v\in V,\exists v'\in A(v),满足f(v)>t_0且f(v')\leqslant t_0\}$$

其中 $A(v)$ 为体素 v 的邻接体素集合，$f(\cdot)$ 为体素的标量值。

2. 八叉树势场计算

用八叉树表示路径规划的可行域，即障碍物外部区域，其过程如图 5.15 所示。

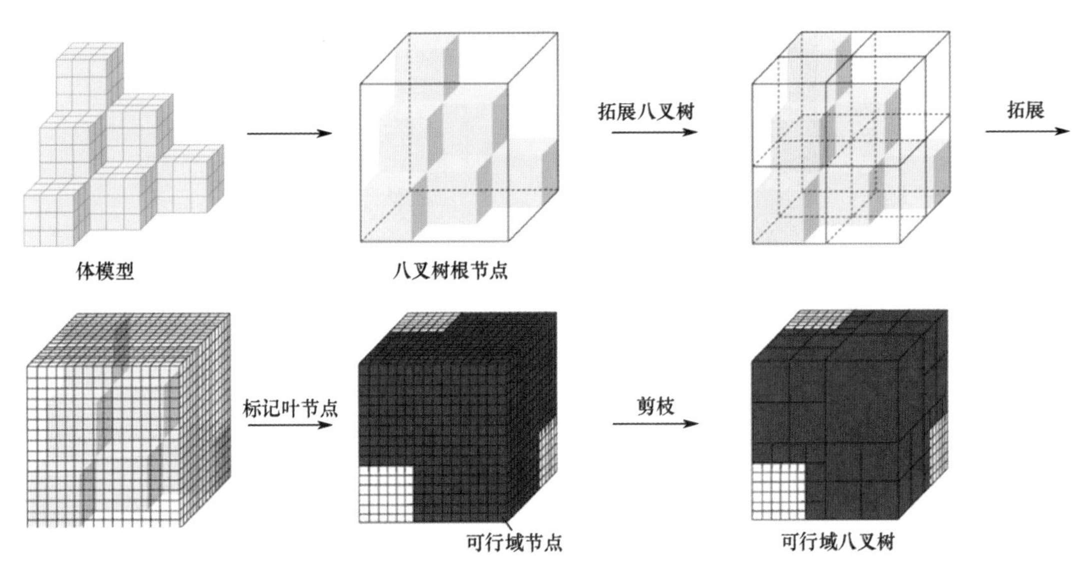

图 5.15 可行域八叉树的构建过程

以坐标 $x, y, z \in [0,1]$ 的正方体为八叉树的根节点。为适应并行计算框架，直接将八叉树拓展到设定的分割深度，并对所有叶节点进行标记，若叶节点所覆盖区域与障碍物体素不相交，将其标记为可行域节点。最后，自底向上地对八个叶子节点均为可行域节点的非叶子节点进行剪枝，得到可行域的八叉树结构。

计算所有可行域节点的势，得到八叉树势场。与静电斥力势场类似，假设所有障碍物表面点存在同种点电荷，对于可行域节点 J，其所覆盖正方体区域的势 $\varphi(J)$ 定义为该节点中心 $\boldsymbol{P}_{\mathrm{c}}$ 处的势

$$\varphi(J) = \sum_{\boldsymbol{P} \in \boldsymbol{P}_{\mathrm{surf}}} \frac{K}{\left\| \boldsymbol{P} - \boldsymbol{P}_{\mathrm{c}} \right\|}$$

其中 K 为调节系数。

3. 八叉树邻接图构建

八叉树中所有可行域节点 J 构成邻接图节点集合 J_{octree}，连结邻接的可行域节点 J_i 和 J_j 构成边 J_iJ_j，所有边 J_iJ_j 构成边集合 E，即得到八叉树邻接图 $G=(J_{\mathrm{octree}}, E)$，如图 5.16 所示。假设邻接可行域节点 J_i 和 J_j 的中心分别为 $\boldsymbol{P}_i$ 和 $\boldsymbol{P}_j$，则八叉树邻接图中边 J_iJ_j 的权重 $w(J_i, J_j)$ 定义为从 $\boldsymbol{P}_i$ 到 $\boldsymbol{P}_j$ 势的路径积分

$$w(J_i,J_j)=\int_{\overline{P_iP_j}}\varphi\mathrm{d}s=\frac{l_{J_i}\varphi(J_i)+l_{J_j}\varphi(J_j)}{l_{J_i}+l_{J_j}}\left\|\boldsymbol{P}_i-\boldsymbol{P}_j\right\|$$

其中 l_{J_i} 为八叉树节点 J_i 所覆盖正方体区域的边长。

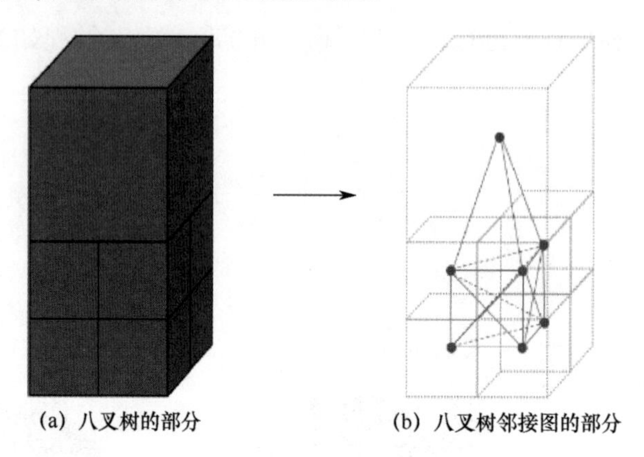

(a) 八叉树的部分
(b) 八叉树邻接图的部分

图 5.16　八叉树邻接图

4．基于 A*算法的路径搜索

对于八叉树邻接图 $G=(J_{\text{octree}},E)$，采用 A*算法寻找一条从漫游起点 $\boldsymbol{P}_\text{s}$ 到终点 $\boldsymbol{P}_\text{e}$ 的路径总代价较低的路径。算法步骤如下。

（1）确认 $\boldsymbol{P}_\text{s}$ 与 $\boldsymbol{P}_\text{e}$ 所在的八叉树节点 J_0 与 J_N 是否被标记为可行域节点。若 J_0 或 J_N 不是可行域节点，说明起点或终点位于障碍物内部，不存在有效的漫游路径。

（2）建立按启发函数 $f(J)=g(J)+h(J)$ 值从小到大排序的八叉树节点集合 H，将 J_0 的所有邻接节点 $J_i(i=0,1,\cdots,M)$ 加入 H，将它们的前向路径节点标记为 J_0，分别计算当前代价 $g(J_i)$ 与预估代价 $h(J_i)$，得到启发函数值 $f(J_i)$

$$g(J_i)=\frac{l_{J_i}\varphi(J_i)+l_{J_0}\varphi(J_0)}{l_{J_i}+l_{J_0}}\left\|\boldsymbol{P}_i-\boldsymbol{P}_\text{s}\right\|$$

$$h(J_i)=\max_{J\in J_{\text{octree}}}\varphi(J)\left\|\boldsymbol{P}_i-\boldsymbol{P}_\text{e}\right\|$$

$$f(J_i)=g(J_i)+h(J_i)$$

（3）从 H 中取出代价函数最小的节点 $J_{\min}$，遍历其邻接节点 $J_k(k=0,1,\cdots,K)$，计算启发函数 $f(J_k)$

$$g(J_k)=g(J_{\min})+w(J_{\min},J_k)$$

$$h(J_k)=\max_{J\in J_{\text{octree}}}\varphi(J)\left\|\boldsymbol{P}_k-\boldsymbol{P}_\text{e}\right\|$$

$$f(J_k)=g(J_k)+h(J_k)$$

（4）若 J_k 不在 H 中，则将 J_k 加入 H，并将 J_k 的前向路径点标记为 $J_{\min}$。若 J_k 在 H 中且第（3）步计算得到的 $f(J_k)$ 小于 H 中 J_k 的代价函数，则将 H 中 J_k 的代价函数赋值为 $f(J_k)$，并将 J_k 的前向路径节点标记为 $J_{\min}$。

（5）重复第（3）步至第（4）步，直至 H 为空或 J_N 加入 H 。若 H 为空，说明起点至终点间不连通，不存在有效的漫游路径。若 J_N 加入 H ，则回溯其前向路径节点，得到路径节点序列 $J_0,J_1,\cdots,J_N$ 。依序连接 $\boldsymbol{P}_{\mathrm{s}}$ 、 $\boldsymbol{P}_{\mathrm{e}}$ 及路径系列中心点，得到路径 $S=\left\{\boldsymbol{P}_{\mathrm{s}},\boldsymbol{P}_1,\boldsymbol{P}_2,\cdots,\boldsymbol{P}_{N-1},\boldsymbol{P}_{\mathrm{e}}\right\}$ 。

5. 路径平滑

采用 B 样条曲线拟合算法对路径 S 进行平滑化。B 样条曲线以参数方程 $\boldsymbol{P}(t)=\sum_{i=0}^{n}B_{i,k}(t)\boldsymbol{C}_i,0\leqslant t\leqslant 1$ 表示，其中 $B_{i,k}(t)$ 为 k 阶 B 样条基函数，$\boldsymbol{C}_i$ 为控制点，设定均匀节点向量 $\boldsymbol{T}_{n,k}=\{t_i\}_{i=0}^{n+k}$ 。对于 S 中路径点 $\boldsymbol{P}_j\,(j=0,1,\cdots,N)$ ，由下式计算其对应参数值 t_j

$$t_j=\begin{cases}0, & j=0\\ \dfrac{\sum_{i=1}^{j}\|\boldsymbol{P}_i-\boldsymbol{P}_{i-1}\|}{\sum_{i=1}^{N}\|\boldsymbol{P}_i-\boldsymbol{P}_{i-1}\|}, & 0<j\leqslant N\end{cases}$$

路径点 $\boldsymbol{P}_j$ 对应参数确定为 t_j 后，其拟合点 $\hat{\boldsymbol{P}}_j$ 为

$$\hat{\boldsymbol{P}}_j=\boldsymbol{P}(t_j)=\sum_{i=0}^{n}B_{i,k}(t_j)\boldsymbol{C}_i$$

算法目标是寻找使误差函数 e 最小的 $n+1$ 个控制点，采用最小二乘法进行曲线拟合

$$\mathop{\arg\min}_{\boldsymbol{C}_0,\boldsymbol{C}_1,\cdots,\boldsymbol{C}_n} e=\mathop{\arg\min}_{\boldsymbol{C}_0,\boldsymbol{C}_1,\cdots,\boldsymbol{C}_n}\left\{\sum_{j=0}^{N}d^2(\boldsymbol{P}_j,\hat{\boldsymbol{P}}_j)\right\}$$

其中 $d(\boldsymbol{P}_j,\hat{\boldsymbol{P}}_j)$ 表示路径点 $\boldsymbol{P}_j$ 到拟合点 $\hat{\boldsymbol{P}}_j$ 的距离。拟合误差函数 e 是关于 B 样条曲线的控制点 $\boldsymbol{C}_i(i=0,1,\cdots,n)$ 的二次函数，在 e 的梯度为 0 处取最小值，即 $\partial e/\partial\boldsymbol{C}_i=\boldsymbol{0}$ $(i=0,1,\cdots,n)$ 。解相应的线性方程组可得到拟合曲线对应的控制点 $\boldsymbol{C}_i(i=0,1,\cdots,n)$ ，即得到拟合曲线 $\boldsymbol{P}(t)$ 。

5.3　系统介绍

首先，安装 Leap Motion 工具包，其配置和安装方法参见附录 5.1 的第 6 节；其次，安装体交互系统，方法参见 2.3.3 节的系统配置部分。下面从系统架构、系统界面、手势交互设计和二维交互 4 个方面介绍。

5.3.1　系统架构

1. 框架流程

体交互系统主要包括手势交互功能和体漫游的路径规划功能，其框架分别如图 5.17（a）和图 5.17（b）所示。

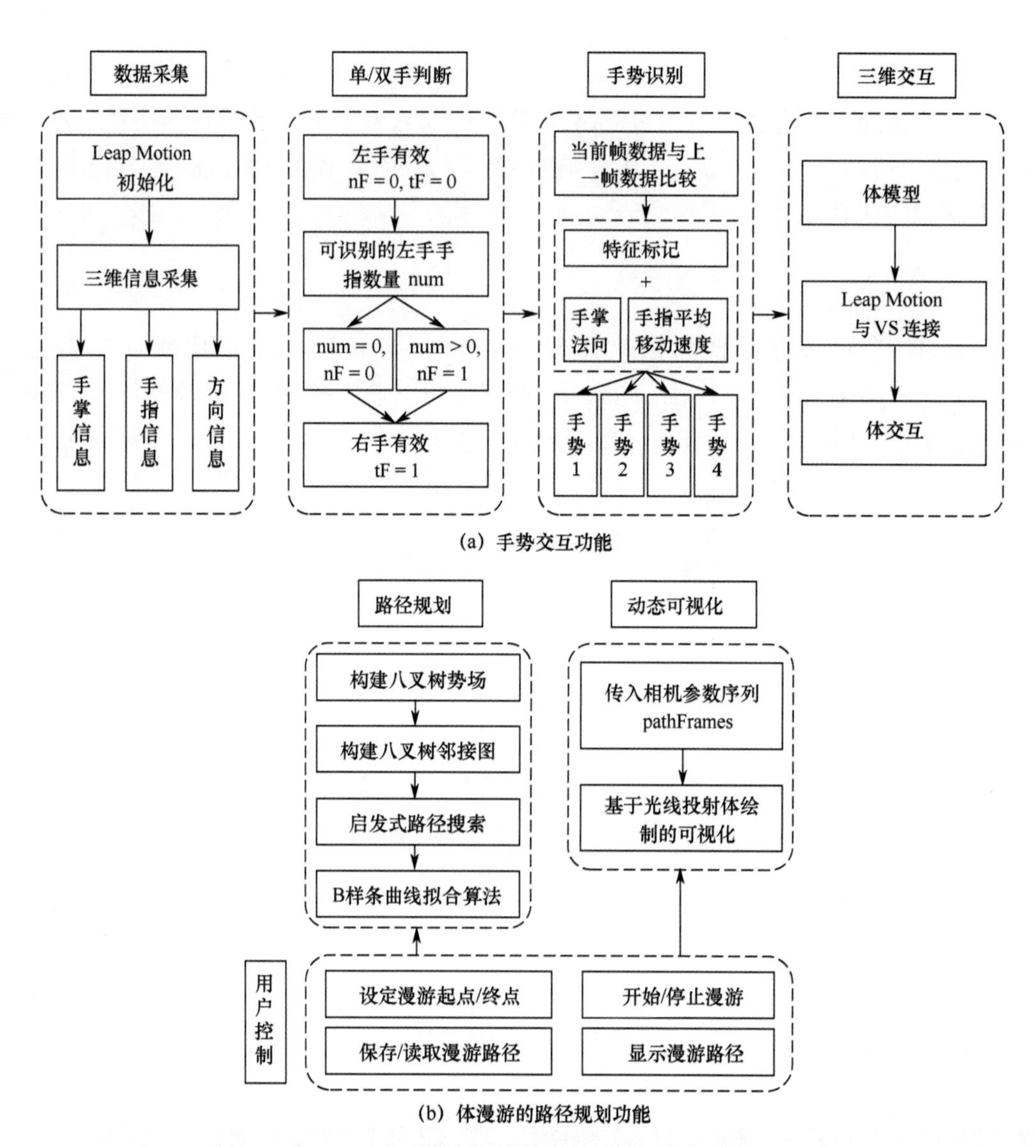

图 5.17 体交互系统框架图

(1) 手势交互功能

手势交互功能包括数据采集、单/双手判断、手势识别、三维交互四个模块。

① 数据采集

Leap Motion 设备采集手势数据，主要包括 Leap Motion 初始化和三维信息采集等过程。Leap Motion 初始化通过 SDK 将设备与计算机连接，并利用 Leap Manager 函数对开发环境初始化设置。

② 单/双手判断

判断左手和右手状态并进行标记，标记分为 naviFlag 和 toolFlag，分别简记为 nF 和 tF。对左手和右手是顺序处理，nF 标记左手手势，nF=0 表示左手握拳，nF=1 表示左手开掌，此时处于 6DOF 操作功能；tF 标记为单双手，tF=0 表示仅有左手，tF=1 表示两只手都存在，此时处于平面切割或滤镜状态。

③ 手势识别

计算当前帧与前一帧的数据手指、手掌法向的变化和手指平均移动速度，根据之前特征处理完成的标记，分为单手操作：左手握拳（手势 1）、左手开掌（手势 2）；双手操作：右手开掌（手势 3）、右手握拳仅伸出食指（手势 4）这四种手势。

④ 三维交互

用户使用手势与体模型交互，包括体模型构建、使用接口，最终完成体模型交互。

（2）体漫游的路径规划功能

路径规划功能包括用户控制、路径规划、动态可视化三个模块。

① 用户控制

可设定漫游起点和终点、保存和读取漫游路径、控制漫游开始和停止、显示漫游路径。

② 路径规划

根据 5.2.4 节的路径规划算法，基于 B-样条曲线拟合算法生成光滑的漫游路径。

③ 动态可视化

根据漫游路径对应的相机参数序列，基于光线投射体绘制实现体数据内部的可视化。

2. 交互功能

体交互系统功能以第 2 章体数据可视化系统为基础，在 TAB 页面中增加了“手势交互”选项卡和“体漫游”选项卡，增加的体交互功能如表 5.5 所示，其具体功能设计可参见 5.3.2 节。其中，手势交互结合 Leap Motion 实现体感交互，涉及平面切割和滤镜两种虚拟工具，体漫游交互包括用户控制和路径规划两个方面。

表 5.5　增加的体交互功能

模块名	功能	
手势交互	平面切割	只保留切平面
		切割平面一侧
	滤镜	分层浏览
体漫游	用户控制	交互设定起点和终点、保存和读取漫游路径、开始和停止漫游、显示漫游路径
	路径规划	由路径规划算法快速提取路径，并沿该路径自动漫游

3. 项目结构图

在体交互系统中，TabPage3.cpp 和 LeapListener.cpp 包含手势交互模块主要函数，TabPage4.cpp 包含路径规划交互模块主要函数，其详细结构如图 5.18 所示。其中，kernal.cu、MainFrm.cpp、GlobalFuncApi.cpp、CUDAView.cpp、FuncViews.cpp、ControlView.cpp 等主

要系统文件介绍参见 2.3 节。

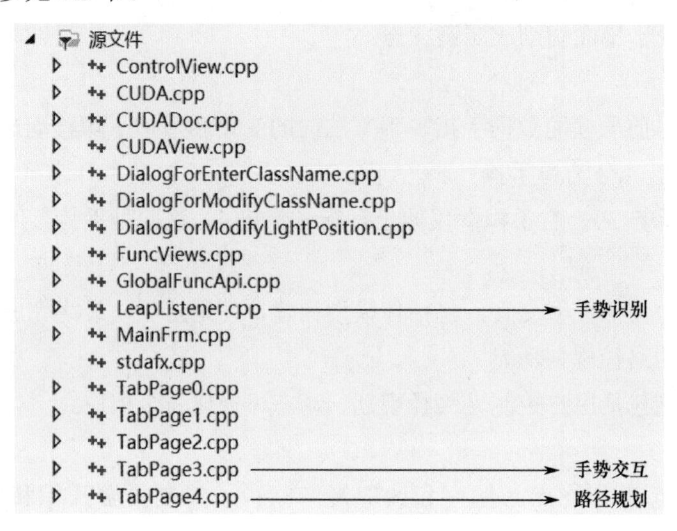

图 5.18　项目结构图

5.3.2　系统界面

体交互系统在体数据可视化系统的基础上增加了“手势交互”和“体漫游”选项卡，分别如图 5.19（a）和图 5.19（b）所示。

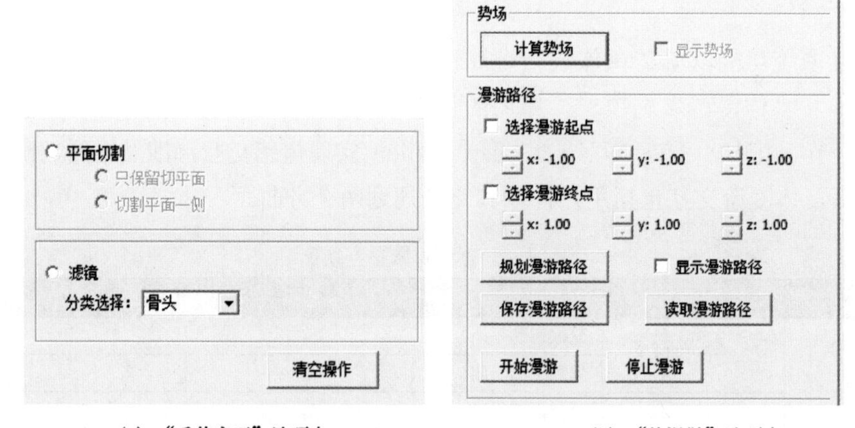

(a)“手势交互”选项卡　　(b)“体漫游”选项卡

图 5.19　体交互系统界面

1．手势交互

（1）平面切割工具

若选中“只保留切平面”单选按钮，效果如图 5.20（a）所示；若选中“切割平面一侧”单选按钮，则效果如图 5.20（b）所示。

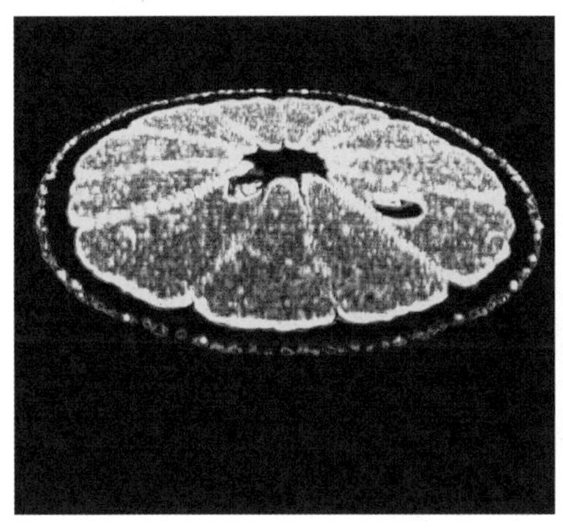

(a) “只保留切平面”效果

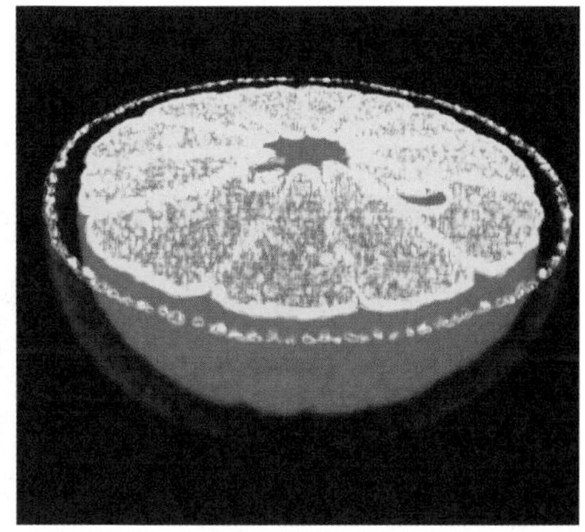

(b) “切割平面一侧”效果

图 5.20　切割橘子体数据效果图

（2）滤镜工具

滤镜工具中有“分类选择”列表框，表示对体数据分层显示。如图 5.21 所示，若选择不同的层，则在滤镜范围内只显示该层，隐藏其他层，其中，图 5.21（a）为“皮肤”层、图 5.21（b）为“肉与软骨”层、图 5.21（c）为“骨头”层。

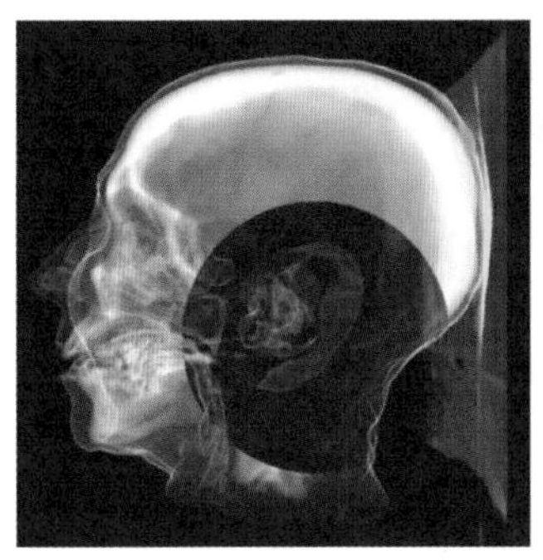

(a) 皮肤

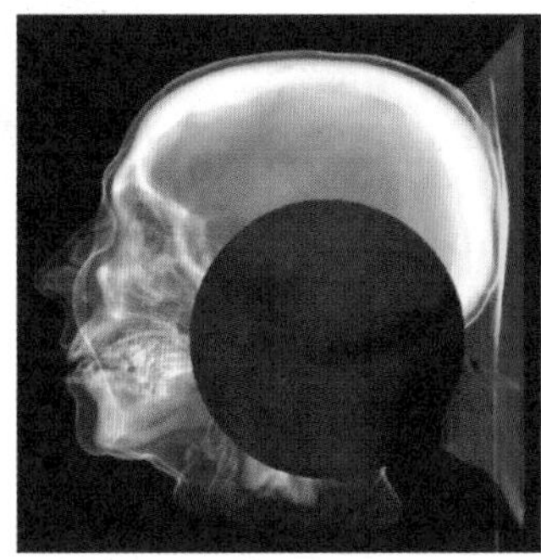

(b) 肉与软骨

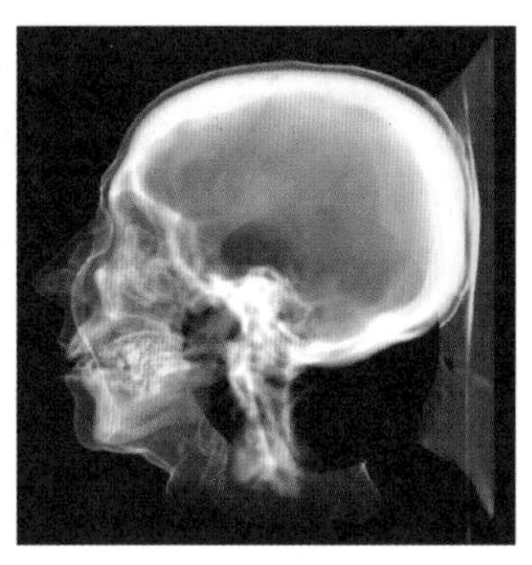

(c) 骨头

图 5.21　滤镜效果图

2．路径规划交互

（1）计算势场

在读入体数据后，单击“计算势场”按钮构建八叉树势场，可勾选“显示势场”复选框对所构建势场结果进行可视化展示。

（2）路径规划交互

分别勾选“选择漫游起点”和“选择漫游终点”复选框调整漫游起点和终点的坐标值，使用鼠标右键拖动圆球光标可进行直观的位置调整操作，如图 5.22（a）所示。设定漫游起点和终点后，单击“规划漫游路径”按钮自动规划出一条漫游路径，可勾选“显示漫游路径”复选框，效果如图 5.22（b）所示。单击“开始漫游”按钮，实现如图 5.2 所示的漫游效果。单击“停止漫游”按钮，可在静止状态下观察体数据。

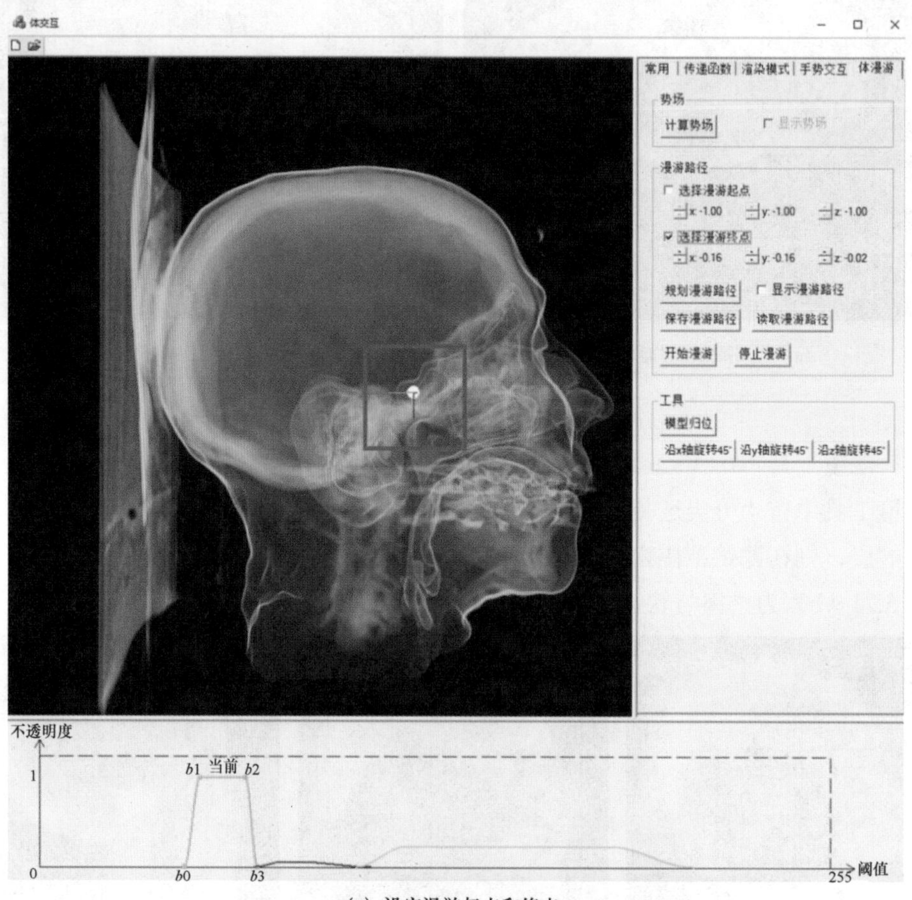

(a) 设定漫游起点和终点

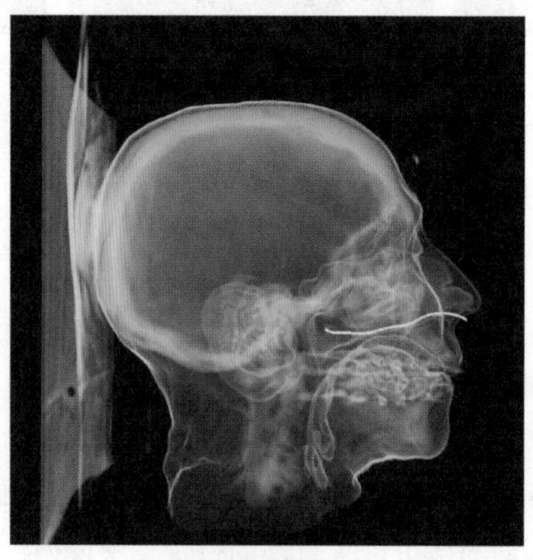

(b) 显示漫游路径

图 5.22　规划并显示漫游路径

（3）保存和读取漫游路径

可单击“保存漫游路径”按钮，将已规划好的漫游路径保存为后缀名为“.vvp”的文件。后续可单击“读取漫游路径”按钮将此路径载入系统。

5.3.3 手势交互设计

1. 6DOF 操作手势

6DOF 操作手势为左手对体数据模型进行平移、旋转等操作，图 5.23 是用户面对屏幕，左手自然置于 Leap Motion 之上，从用户视角拍摄的对应手势。

- 静止：左手握拳，保持不动，如图5.23（a）所示。
- 3DOF 平移：左手手掌自然撑开，沿 X、Y 或 Z 轴移动，平移模型，如图5.23（b）所示。
- 3DOF 旋转：左手手掌自然撑开，沿 X、Y 或 Z 轴转动，旋转模型，如图5.23（c）所示。

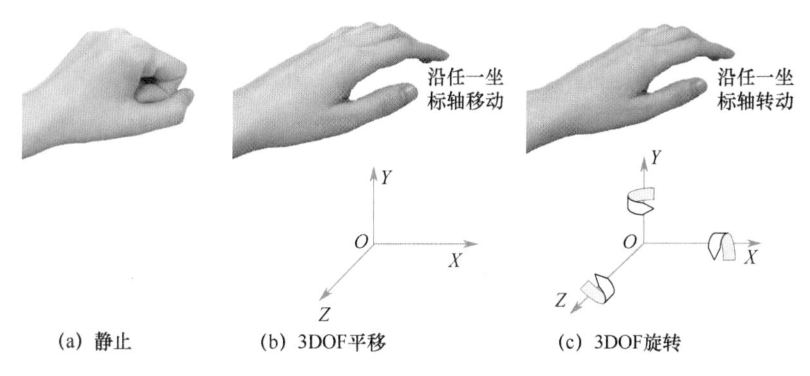

图 5.23 使用 Leap Motion 对体数据交互示意图

2. 平面切割手势

平面切割由右手手掌完成，手掌所在平面代表虚拟切平面。沿手掌平面法向移动，对模型进行虚拟切割，如图 5.24（a）所示。右手掌沿任一方向转动可改变切平面法向，如图 5.24（b）所示。

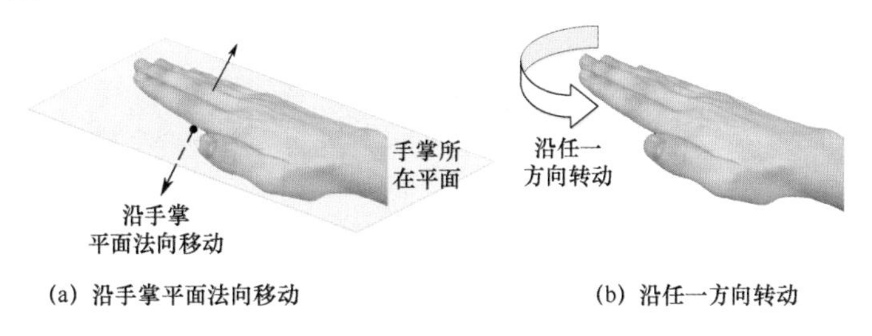

图 5.24 Leap Motion 切割平面手势

3．滤镜手势

滤镜手势和平面切割一样，左手需要握拳保持模型处于静止或移出状态，右手伸出食指实现以下操作。

- 移动滤镜：沿 Leap Motion 的 *X*、*Y* 轴移动，可移动滤镜，如图5.25（a）所示。
- 缩放滤镜：沿 *Z* 轴移动，可放缩滤镜。
- 切换滤镜：右手食指画圈，顺时针（或逆时针）切换到上一层（或下一层），如图5.25（b）所示。

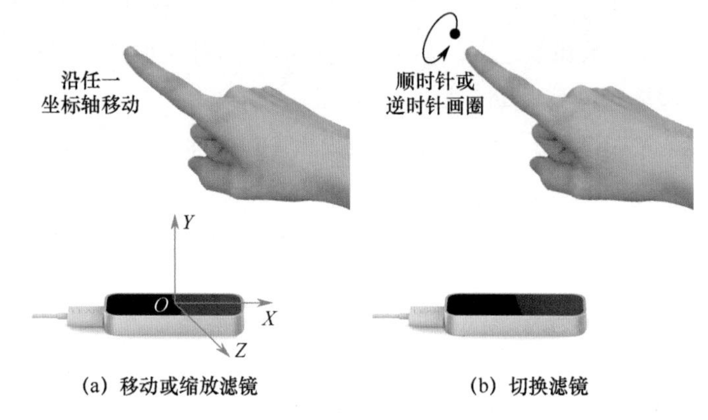

图 5.25　Leap Motion 滤镜手势

5.3.4　二维交互

除 5.2 节中介绍的手势交互以外，体交互系统还支持二维设备（鼠标、键盘）交互，但是二维设备的操作有限，无法准确模拟三维空间内对体模型的 6DOF 操作。

键盘上的字母 A、D 键分别控制绕 *Y* 轴进行顺时针和逆时针旋转，字母 W、S 键分别控制绕 *X* 轴进行顺时针和逆时针旋转，Shift 键分别与字母 A、D、W、S 键组合控制模型沿 *X* 轴方向和 *Y* 轴方向的正、负向移动，Shift 键分别与字母 Q、E 键组合控制模型沿 *Z* 轴方向进行正、负向移动。

通过鼠标左、中键组合模拟交互操作，左键控制旋转，中键控制在 *XOY* 平面移动，滚轮控制沿 *Z* 轴正、负方向平移。

5.4　导图操作

硬件配置：CPU Intel® Core™ i9-10900K、主频为 3.70GHz、内存为 32GB、显卡类型为 NVIDIA GeForce RTX 3090（显存为 24GB）。

软件环境：Windows 10（64 位操作系统）、开发工具为 Visual Studio 2019、

CUDA11.2、开发语言为 C++、NVIDIA 驱动版本为 531.79、OpenGL4.6。

5.4.1　测试数据

图 5.1 和图 5.2 的输入数据是一个人头采样的 CT 数据“\BnuVisBook\SharedResource\VolumeInteraction\data\VolumeData\head.raw”，大小为 256×256×225，三个方向的采样间距均为 1.0mm。将以上信息写入配置文件 head.config 中，其位于“\BnuVisBook\SharedResource\VolumeInteraction\data\Config”文件夹内。XML 文件 head.xml 保存传递函数信息，其位于“\BnuVisBook\SharedResource\VolumeInteraction\data\TransferFuncXML”文件夹内，具体数据内容如下。

```
<TransferFunc>
<Class name = "皮肤"  R = "253"  G = "197"  B = "2"  controlPointB0 = "47"
      controlPointB1 = "52"  controlPointB2 = "67"  controlPointB3 = "79"  alpha = "1"/>
<Class name = "肉与软骨"  R = "156"  G = "14"  B = "14"  controlPointB0 = "75"
      controlPointB1 = "82"  controlPointB2 = "90"  controlPointB3 = "101"  alpha = "0"/>
<Class name = "骨头"  R = "200"  G = "200"  B = "200"  controlPointB0 = "95"
      controlPointB1 = "119"  controlPointB2 = "184"  controlPointB3 = "211"  alpha = "0.75"/>
</TransferFunc>
```

5.4.2　操作步骤

1．运行

双击“\BnuVisBook\SharedResource\VolumeInteraction\Release”文件夹中的 CUDA.exe 程序，打开体交互系统（工程文件对应“\BnuVisBook\SharedResource\VolumeInteraction\CUDA.sln”）。单击工具栏最左侧的“打开文件”按钮，在弹出的对话框中选择“\BnuVisBook\SharedResource\VolumeInteraction\data\VolumeData”目录中的“head.raw”文件并打开。滚动鼠标中键拉近模型，完成后的界面如图 5.26 所示。

2．二维交互

选择视图右侧的“手势交互”选项卡，每完成一次交互操作，需要单击“清空操作”按钮恢复原状态。

选中“滤镜”单选按钮，在“分类选择”列表框中选择组织“骨头”，滚动鼠标中键可以调整滤镜大小，长按左键可移动滤镜。最终得到如图 5.1 所示的滤镜效果。

3．左手操作模型

双手伸向 Leap Motion 上方约 20cm 处静止，观察屏幕中模型的位置，此时可以移开右手。左手手掌伸开，前后移动可拉近或移远模型。沿任意方向转动左手手掌，体模型会做相应旋转。左手握拳保持模型静止在当前状态，将其移到合适位置后，再次伸开手掌。重复多次，体模型达到理想状态（如图 5.26 所示）后移开左手。

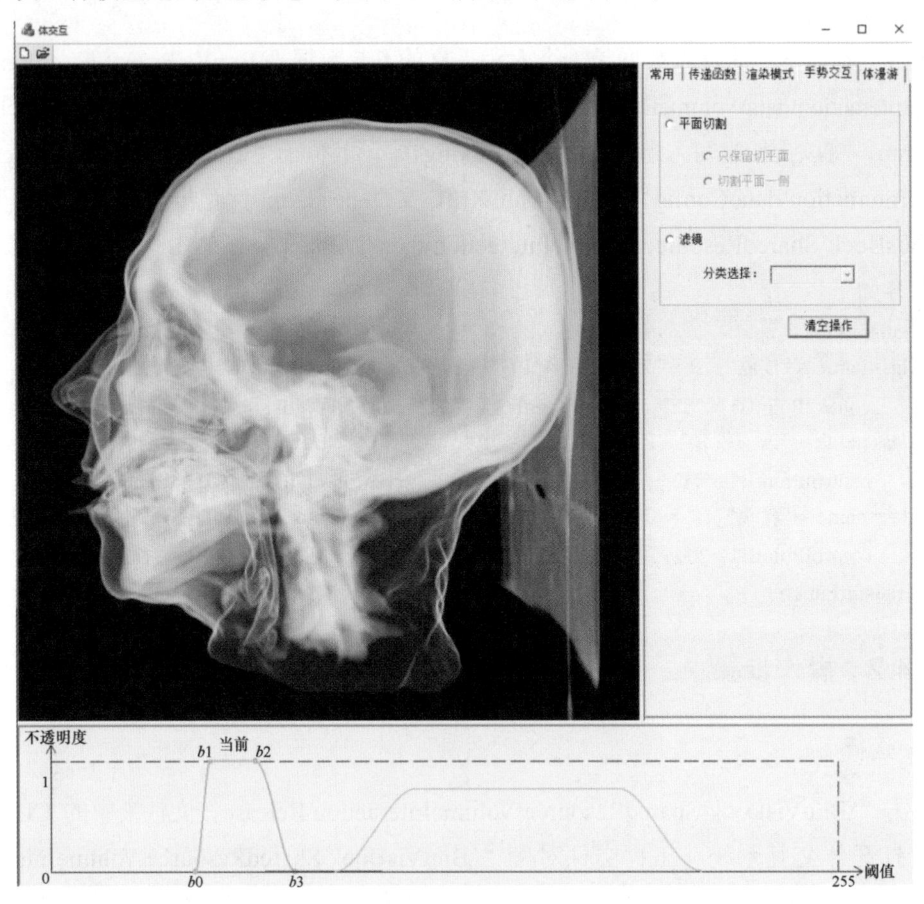

图 5.26　交互界面

4. 右手操作滤镜

伸出右手食指，如图 5.25（b）所示，移动右手在视图中寻找圆形“滤镜”，确定“皮肤”层。使用 5.2.3 节手势设计部分的滤镜操作，移动右手将滤镜调至如图 5.1 所示的位置和大小。保持右手位置不动，食指顺时针画圈，将滤镜调整到“肌肉和软组织”层；再次顺时针画圈，将滤镜调整到“骨头”层，得到图 5.1。或者右手食指逆时针画圈，将滤镜直接调整到“骨头”层。

5. 路径规划交互

选择视图右侧的“体漫游”选项卡。首先，单击“计算势场”按钮构建八叉树势场。其次，分别勾选“选择漫游起点”和“选择漫游终点”复选框，通过拖动圆球光标设定起点和终点的位置，如图 5.22（a）所示。接着，单击“规划漫游路径”按钮，系统将快速搜索并显示出一条路径，如图 5.22（b）所示。最后，单击“开始漫游”按钮，体漫游效果如图 5.2 所示。

参考文献

[1] Tzourio-Mazoyer N, Landeau B, Papathanassiou D, et al. Automated anatomical labeling of activations in SPM using a macroscopic anatomical parcellation of the MNI MRI single-subject brain[J]. Neuroimage, 2002,15(1): 273-289.

[2] Thomas-Yeo B T, Krienen F M, Sepulcre J, et al. The organization of the human cerebral cortex estimated by intrinsic functional connectivity[J]. Journal of Neurophysiology, 2011, 106(3): 1125-1165.

[3] 梁夏, 王金辉, 贺永. 人脑连接组研究: 脑结构网络和脑功能网络[J]. 科学通报, 2010, 55(16): 1565-1583.

[4] Rossini P M, Iorio R D, Bentivoglio M, et al. Methods for analysis of brain connectivity: an IFCN-sponsored review[J]. Clinical Neurophysiology, 2019, 130(10).

[5] Xu P F, Tian G, Zuo R, et al. VisConnectome: an independent and graph-theory based software for visualizing the human brain connectome[J]. Chinese Journal of Electronics, 2019, 28(3): 475-481.

[6] 王一帆, 朱黎, 何泽睿,等. VisConnectome: 基于图论且独立运行的脑网络可视化软件[J]. 生物医学工程学杂志, 2019, 36(5): 810-817.

[7] Lorenson W E, Cline H E. Marching Cudes: A High Resolution 3D Surface Construction Algorithm[J]. Computer Graphics, 1987, 22(1): 163-169.

[8] Levoy M. Display of surfaces from volume data[J]. Computer Graphics and Applications, IEEE, 1988, 8(3): 29-37.

[9] 彭群生, 鲍虎军, 金小刚. 计算机真实感图形的算法基础[M]. 北京: 科学出版社, 1999.

[10] Engel K, Kraus M, Ertl T. High-quality pre-integrated volume rendering using hardware-accelerated pixel shading[C]. Proceedings of the ACM SIGGRAPH/EUROGRAPHICS Workshop on Graphics Hardware. 2001: 9-16.

[11] Rheingans P, Ebert D. Volume illustration: nonphotorealistic rendering of volume models[J]. Visualization and Computer Graphics, IEEE Transactions on Visualization and Computer Graphics, 2001, 7(3): 253-264.

[12] 吴腾飞, 骆岩林, 田沄, 等. 脑血管体绘制的快速表意式增强[J]. 中国图象图形学报, 2013, 18(04): 476-482.

[13] Bruckner S, Gröller M E. Enhancing depth-perception with flexible volumetric halos[J]. IEEE Transactions on Visualization and Computer Graphics, 2007, 13(6): 1344-1351.

[14] Max N. Optical models for direct volume rendering[J]. IEEE Transactions on Visualization and Computer Graphics, 1995, 1(2): 0-108.

[15] 唐泽圣. 三维数据场可视化[M]. 北京: 清华大学出版社, 1999.

[16] Kajiya JT. The rendering equation[J]. SIGGRAPH Comput. Graph. 1986, 20(4):143-150.

[17] Luo Y L. Distance-based focus + context models for exploring large volumetric medical datasets[J]. IEEE Computing in Science and Engineering, 2012, 14(5): 63-71.

[18] Luo Y L, Gao B, Deng Y Y, et al. Automated brain extraction and immersive exploration of its layers in virtual reality for the rhesus macaque MRI datasets[J]. Computer Animation and Virtual Worlds, 2019, 30: 1841, 1-16.

[19] Engel K, Kraus M, Ertl T. High-quality preintegrated volume rendering using hardware-accelerated pixelshading[C]. Proceedings of the Acm Siggraph/Eurographics Workshop on Graphics Hardware, ACM, 2001: 9-16.

[20] Bruckner S, Gröler M E. Instant Volume Visualization Using Maximum Intensity Difference Accumulation[J]. Computer Graphics Forum, 2009, 28(3): 775-782.

[21] Feng X M, Wu L D, and Dong S W. Cuda accelerated real-time rendering for dynamic electromagnetic environment volume data[J]. Journal of System Simulation, 2014, 26(9): 2044-2049.

[22] Shao J X, Tian G, Han J, et al. Visualization and Analysis of the Volume Dataset for TimeVaring Electromagnetic Simulation[J]. Chinese Journal of Electronics, 2020, 29(5): 973-981.

[23] Lethbridge P. Multiphysics analysis[J]. Indian Journal of Physics, 2005, 1: 26-29.

[24] Kehrer J, Hauser H. Visualization and visual analysis of multi-faceted scientific data: a survey[J]. IEEE Transactions on Visualization and Computer Graphics, 2013, 19(3): 495-513.

[25] Kindler T, Schwan K, Silva D, et al. A parallel spectral model for atmospheric transport processes[J]. Concurrency: Practice and Experience, 1996, 8(9): 639-666.

[26] Washington W M, Parkinson C L. An introduction to three-dimensional climate modeling[M]. Oxford: Oxford University Press, 1986.

[27] Li L J, Wang B, Dong L, et al. Evaluation of grid-point atmospheric model of IAP LASG version 2 (GAMIL 2)[J]. Advances in Atmospheric Sciences, 2013, 30: 855-867.

[28] 吴水清, 徐幼平, 胡邦辉, 等. 一种新静力扣除方案在 AREM 中的应用与试验[J]. 暴雨灾害, 2013, 32(2): 132-141.

[29] Mo Z Y, Zhang A Q, Cao X L, et al. JASMIN: a parallel software infrastructure for scientific computing[J]. Frontiers of Computer Science in China, 2010, 4(4): 480-488.

[30] Nocke T, Sterzel T, Bottinger M, et al. Visualization of climate and climate change data: an overview[C]. Proceedings of Digital Earth Summit on Geoinformatics, 2008: 226-232.

[31] Taylor G I. The instability of liquid surfaces when accelerated in a direction perpendicular to their planes. I[C]. Proceedings of the Royal Society of London. Series A. Mathematical and Physical Sciences, 1950, 201: 192-196.

[32] Ken M. A survey of visualization pipelines[J]. IEEE Transactions on Visualization and Computer Graphics, 2013, 19(3): 367-378.

[33] Kniss J, Hansen C, Grenier M, et al. Volume rendering multivariate data to visualize meteorological simulations: a case study[C]. Proceedings of the Symposium on Data Visualization, 2002: 189-194.

[34] Li X, Chen W F, Tao Y B, et al. Efficient quadratic reconstruction and visualization of tetrahedral volume datasets[J]. Journal of Visualization, 2014, 17(3): 167-179.

[35] Hibbard W, Paul B, Santek D, et al. Interactive visualization of Earth and space science computations[J]. Computer, 1994, 27(7): 65-72.

[36] Engel K, Kraus M, Ertl T. High-quality pre-integrated volume rendering using hardware-accelerated pixel

shading[C]. Proceedings of the ACM SIGGRAPH/Eurographics Workshop on Graphics Hardware, 2001: 9-16.

[37] Kruger J, Westermann R. Acceleration techniques for GPU-based volume rendering[C]. Proceedings of the 14th IEEE Visualization, 2003: 287-292.

[38] Berberich M, Amburn P, Moorhead R, et al. Geospatial visualization using hardware accelerated real time volume rendering[C]. Proceedings of OCEANS, MTS/IEEE Biloxi—Marine Technology for Our Future: Global and Local Challenges, 2009: 1-5, 26-29.

[39] Dye M P, Harris F C, Sherman W R, et al. Volumetric visualization methods for atmospheric model date in an immersive virtual environment[C]. Proceedings of High-Performance Computing Systems, Prague, Czech, 2007, 804-809.

[40] Liang J M, Gong J H, Li W H, et al. Visualizing 3D atmospheric data with spherical volume texture on virtual globes[J]. Computers & Geosciences, 2014, 68: 81-91.

[41] Hargreaves S, Harris M. Deferred rendering[M]. Santa Clara: NVIDIA Corporation, 2004.

[42] Cai W L, Sakas G. Data intermixing and multivolume rendering[J]. Computer Graphics Forum, 1999, 18(3): 359-368.

[43] Pobitzer A, Peikert R, Fuchs R, et al. The state of the art in topology-based visualization of unsteady flow[J]. Computer Graphics Forum, 2011, 30(6): 1789-1811.

[44] Helman J L, Hesselink L. Visualizing vector field topology in fluid flows[J]. IEEE Computer Graphics and Applications, 1991, 11(3): 36-46.

[45] Crawfis R, Shen H W, Max N. Flow visualization techniques for CFD using volume rendering[C]. Proceedings of 9th International Symposium on Flow Visualization, Edinburgh, Scotland, 2000, 64: 1-10.

[46] Cover T M, Thomas J A. Elements of information theory[M]. New York: Wiley, 1991.

[47] Xu L J, Lee T Y, Shen H W. An information-theoretic framework for flow visualization[J]. IEEE Transaction of Visualization and Computer Graphics, 2010, 16(6): 1216-1224.

[48] Yu R C. Application of a shape-preserving advection scheme to the moisture equation in an E-grid regional forecast model[J]. Advances in Atmospheric Sciences, 1995, 12(1): 13-19.

[49] Zhang S, Gordon K, Laidlaw D H. Diffusion tensor MRI visualization[J]. Visualization Handbook, 2004(16): 327-340.

[50] Kindlmann G. Superquadric tensor glyphs[C]. IEEE TVCG/EG Symposium on Visualization, 2004: 147-154.

[51] Alexander A L, Hasan K, Kindlmann G, et al. A geometric analysis of diffusion tensor measurements of the human brain[J]. Magnetic Resonance in Medicine, 2000, 44(2): 283-291.

[52] Kindlmann G, Weinstein D, Hart D. Strategies for direct volume rendering of diffusion tensor fields[J]. IEEE Transactions on Visualization and Computer Graphics, 2000, 6(2): 124-138.

[53] Westin C, Peled S, Gudbjartsson H, et al. Geometrical diffusion measures for MRI from tensor basis analysis[J]. Proceedings of Ismrm Fifth Meeting, 1997(97): 1742.

[54] Jones D K, Williams S C R, Horsfield M A. Full representation of white-matter fibre direction on one map via diffusion tensor analysis[J]. In ISMRM Proceedings, 1997, 22(3): 1743-1745.

[55] Zhang C G. Comparative and ensemble visualization of diffusion tensor fields[D]. Delft University of Technology, 2017.

[56] Meyer J R, Gutierrez A, Mock B, et al. High-b-value diffusion-weighted MR imaging of suspected brain

infarction[J]. American Journal of Neuroradiology, 2000, 21(10): 1821-1829.

[57] Merhof D, Enders F, Vega F, et al. Integrated visualization of diffusion tensor fiber tracts and anatomical data[J]. In: Proc. Simulation and Visualization, 2005: 153-164.

[58] Merhof D, Sonntag M, Enders F, et al. Hybrid visualization for white matter tracts using triangle strips and point sprites[J]. IEEE Transactions on Visualization & Computer Graphics, 2006, 12(5): 1181-1188.

[59] Basser P J, Pajevic S, Pierpaoli C, et al. In vivo fiber tractography using DT-MRI data[J]. Magn Res Med, 2000, 44(4): 625-632.

[60] Wiens V, Schlaffke L, Schmidt-Wilcke T, et al. Visualizing uncertainty in HARDI tractography using superquadric streamtubes[C]. Eurographics Conference on Visualization, 2014: 37-41.

[61] Koch M A, Norris D G, Hund-Georgiadis M. An investigation of functional and anatomical connectivity using magnetic resonance imaging[J]. Neuroimage, 2002, 16(1): 241-250.

[62] 张凤军, 戴国忠, 彭晓兰. 虚拟现实的人机交互综述[J]. 中国科学: 信息科学, 2016, 46(12): 1711-1736.

[63] 任磊, 魏永长, 杜一, 等. 面向信息可视化的语义 Focus+Context 人机交互技术[J]. 计算机学报, 2015, 38(12): 2488-2498.

[64] Carpendale S, Light J, Pattison E. Achieving higher magnification in context[C]. Proceedings of the ACM Symposium on User Interface Software and Technology. New York, USA: ACM, 2004: 71-80.

[65] Bier E A, Stone M C, Pier K, et al. Toolglass and magic lenses: the see-through interface[C]. Proceedings of the 20th Annual Conference on Computer Graphics and Interactive Techniques. New York, USA: ACM, 1993: 73-80.

[66] Wang L J, Zhao Y, Mueller K, et al. The magic volume lens: an interactive focus+context technique for volume rendering[C]. IEEE Visualization, 2005. Minneapolis, MN, USA: IEEE, 2005: 367-374.

[67] Monclús E, Díaz J, Navazo I, et al. The virtual magic lantern: an interaction metaphor for enhanced medical data inspection[C]. Proceedings of the 16th ACM Symposium on Virtual Reality Software and Technology. New York, USA: ACM, 2009: 119-122.

[68] 王琪瑞, 陶煜波, 周志光, 等. 语义透镜: 针对多体数据的交互可视探索工具[J]. 计算机辅助设计与图形学学报, 2015, 27(9): 1675-1685.

[69] Wang Y D, Han J, Pan J J, et al. Rapid path extraction and three-dimensional roaming of the virtual endonasal endoscope[J]. Chinese Journal of Electronics, 2021, 30(3): 397-405.

[70] Couprie M, Bertrand G. Asymmetric parallel 3D thinning scheme and algorithms based on isthmuses[J]. Pattern Recognition Letters, 2016, 76(1): 22-31.

[71] Palágyi K, Németh G. A pair of equivalent sequential and fully parallel 3D surface-thinning algorithms[J]. Discrete Applied Mathematics, 2017, 216(2): 348-361.

[72] Bitter I, Kaufman A E, Sato M. Penalized-distance volumetric skeleton algorithm[J]. IEEE Transactions on Visualization and Computer Graphics, 2001, 7(3): 195-206.

[73] Cornea N D, Silver D, Yuan X, et al. Computing hierarchical curve-skeletons of 3D objects[J]. The Visual Computer, 2005, 21(11): 945-955.

[74] Yuan F N. An interactive concave volume clipping method based on GPU ray casting with boolean operation[J]. Computing and Informatics, 2012, 31(3): 551-571.

[75] Shen J C, Luo Y L, Wu Z K, et al. CUDA-based real-time hand gesture interaction and visualization for CT

volume dataset using leap motion[J]. Visual Computer International Journal of Computer Graphics, 2016, 32(3): 359-370.

[76] Zhu X M, Sun B, Luo Y L. Interactive learning system "VisMis" for scientific visualization course[J]. Interactive Learning Environment, 2016, 26(4): 1-13.

[77] Hart P E, Nilsson N J, Raphael B. A formal basis for the heuristic determination of minimum cost paths[J]. IEEE Transactions on Systems Science and Cybernetics, 1968, 4(2): 100-107.

[78] 李文静, 骆岩林, 王玉辉. 基于八叉树势场的鼻内镜虚拟导航路径规划[J]. 系统仿真学报, 2023, 35(9): 2054-2063.

附　录

附录 1.1　OpenGL 可视化编程

1.1.1　OpenGL 简介

OpenGL（Open Graphics Library）是一个通用的三维图形程序接口，从本质上来说，它是一个 3D 图形和模型库，具有可移植性。OpenGL 的前身是 SGI 公司为其图形工作站开发的 IRIS GL。到目前为止，OpenGL 已经经历过很多版本的迭代与更新，最新版本为 4.0 以上。对于嵌入式设备，有 OpenGL ES（OpenGL for Embeddled Systems）版本，该版本是针对手机、Pad 等嵌入式设备而设计的，是 OpenGL 的一个子集。限于篇幅，OpenGL ES 不在此赘述。

OpenGL 涉及的基本概念主要包括以下内容。

绘制（Draw）：计算机根据模型创建三维图像的处理过程。

渲染（Rendering）：计算机根据模型创建图像。

模型（Model）：也称为物体（Objects），由几何图元组成，包括点、线、多边形。

点（Points）：如图 1.1.1（a）所示，由一组浮点数来定义。一般所有的内部计算均在三维方式下进行。在内部计算时，所有顶点用 4 个浮点坐标来表示(x, y, z, w)，如果 w 不为 0，那么该坐标对应于欧几里得三维点$(x/w, y/w, z/w)$。w 坐标可以用 OpenGL 命令来指定，如果 w 没有定义，则默认值为 1.0。

线（Lines）：如图 1.1.1（b）所示，线即线段，而不是数学上可两端无限延伸的直线。任何情况下，线段都是根据描述的顶点首尾相连而成的。

多边形（Polygon）：如图 1.1.1（c）和图 1.1.1（d）所示，线段封闭连接而成的区域，最终由一系列端点坐标来定义。理论上，多边形可以定义成各种复杂形状，但在 OpenGL 中有严格限制：首先，多边形的边不能相交，只能是数学上定义的简单多边形；其次，多边形必须是凸多边形，即多边形内的任意两点构成的直线也在该多边形内部。

像素（Pixel）：显示硬件能够放置到屏幕上的最小可视化元素。在显示器上最小的显示单元是一个像素，因此与数学上考虑的理论几何世界是有差别的，不管像素的宽度有多小，始终比数学上的无限小点和无限细的线要粗。

帧缓存（Frame Buffer）：是有图形硬件设备管理的一块独立内存区域，通常包括颜色缓存、深度缓存、模板缓存和累积缓存。这些缓冲区域可能是在一块内存区域，也可能单独分开，依赖硬件。其中，颜色缓存存储所有的片段颜色，整个帧缓存对应一帧图像即当前屏幕画面。

Z-缓存（Z-Buffer，又称为深度缓存）：其通常和颜色缓存有着一样的宽度和高度，由系统自动创建，以 16、24 或 32 位 float 的形式存储深度值。

双缓存 （Double Buffer）：在前台显示缓冲区（Front Buffer，也称为前缓存）之外再建立一个后台计算和保存的缓冲区（Back Buffer，也称为后缓存）。需要先在 Back Buffer 中生成一幅图像，然后把已经生成的图像复制到 Front Buffer，显示在屏幕上。实时动画主要利用双缓存技术。

消隐（Hidden Curve/Surface Removing）：图形绘制时消除被遮挡的、不可见的线或面，称为线消隐和面消隐，或简称为消隐。经过消隐得到的投影图就是视区里看到的图形。深度缓冲用于隐藏面消除。OpenGL 在开启深度测试和指定深度缓存比较函数后可自动消隐处理。Z-缓存通常用于消隐。

光栅化（Rasterization）： 将几何图元及相关颜色信息转换为由栅格组成的二维图像，特点是每个元素对应帧缓冲区中的一个像素。

融合（Blending）：将源色和目标色以某种方式混合，产生新的 RGBA。

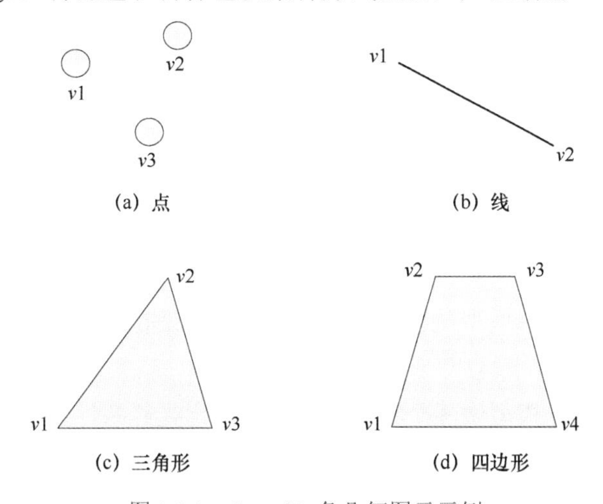

图 1.1.1 OpenGL 各几何图元示例

1.1.2 OpenGL 工作原理

OpenGL 常用的函数库包括核心库（gl）、实用库（glu）、实用工具库（glut）、辅助库（aux）等。函数前缀的 gl、glu、glut 等，分别表示该函数属于哪个库，函数名后可以看出需要多少个参数以及参数类型。i 表示 int 型，f 表示 float 型，d 表示 double 型，u 表示无符号整型。例如，glVertex3fv()表示该函数属于 gl 库，参数是 3 个 float 型的向量。

OpenGL 的工作方式可以通过各种状态或模式设置，在重新改变状态之前它们一直有效。每个状态变量都有其默认值，可以用 OpenGL 函数命令查询。大多数状态变量可以用命令 glEnable()或 glDisable()来打开或关闭。所有几何体最终都被描述为一个有序的顶点集合，指定顶点用函数 glVertex*()，对函数 glVertex*()的调用只能在 glBegin()和 glEnd()之间进行。

动态链接库 Opengl32.dll 封装 OpenGL 的函数库，如核心库（gl）、实用库（glu）、实用工具库（glut）、辅助库（aux），相应的静态库为 opengl32.lib、glu32.lib、glut32.lib、glaux.lib，OpenGL 在 Windows 环境中的工作过程如图 1.1.2 所示。各种应用程序调用 OpenGL 函数时，首先会调用动态链接库，如 opengl32.dll、glu32.dll、glut32.dll、glaux.dll 进行处理，处理后再交给操作系统进一步处理。硬件接收到指令后，按照以下过程进行处理：通过对设备制造厂商提供的服务驱动程序的调用，传递给视频显示驱动程序，该程序驱动显卡向显示屏幕提供显示。

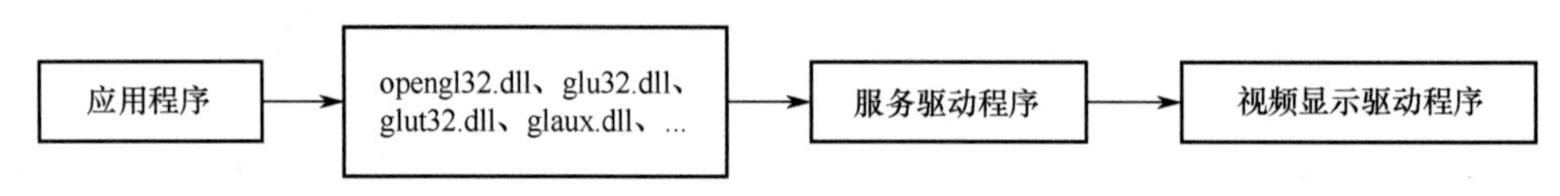

图 1.1.2　OpenGL 在 Windows 环境中的工作过程

1.1.3　图形操作步骤

OpenGL 绘制管线渲染绘制出三维图形，其步骤如下。

第一步，通过基本图形单元建立虚拟模型，同时对所建立的模型进行数学描述。这里的基本图形单元是指点、线、多边形、图像、位图等。

第二步，将建立的虚拟模型放置在三维空间中的合适位置，设置观察视点以便观察感兴趣的景物。

第三步，计算建立的模型中各个物体的色彩，确定光照条件、纹理信息等参数。

第四步，对创建的模型进行光栅化，将其数学描述和色彩信息等转换成计算机屏幕上的像素信息。

在以上过程中，OpenGL 还可能执行如自动消隐处理等一些其他操作。此外，在对模型进行光栅化操作之后，还可以在数据进入帧缓冲区之前根据需要对像素数据进行操作。

1.1.4　绘制图形

1. 基本结构

所有几何体最终都被描述为一个有序的顶点集合，指定顶点采用函数 glVertex*()，对函数 glVertex*()的调用只能在 glBegin()和 glEnd()之间进行。画点、线的基本结构如下所示。

```
glBegin(mode_parameter);          // 开始绘制，mode_parameter 为图元类型
glColor3f(r, g, b);               // 绘制的颜色
glVertex3f(x1, y1, z1);           // 顶点序列开始
glVertex3f(x2, y2, z2);           // 下一个顶点
… …
glEnd();                          // 结束绘制
```

2．绘制几何图元

上述代码以模式 mode_parameter 和颜色(r, g, b)先在坐标($x1$, $y1$, $z1$)和($x2$, $y2$, $z2$)处画两个点。在 glBegin()与 glEnd()之间通过 glVertex()的一系列函数来定义一组顶点，然后根据 mode_parameter 将这些点连接画线，或是以孤立点的形式画出。mode_parameter 的参数值和含义如表 1.1.1 所示，其中以 GL_为前缀定义常量，中间用下画线作单词间的分隔符。

表 1.1.1　mode_parameter 的参数值和含义

参数值	含义
GL_POINTS	单独的点
GL_LINES	一对顶点组成一条单独的线段
GL_LINE_STRIP	将所有的点连接变成一条折线
GL_LINE_LOOP	将 GL_LINE_STRIP 画成的折线头尾相连，形成闭合图形
GL_TRIANGLES	3 个顶点组成的三角形
GL_QUADS	4 个顶点组成的四边形
GL_POLYGON	多个顶点组成的多边形

OpenGL 对三维模型的绘制实际上是将模型拆分成一个个小三角形来完成的，绘制单个三角形的代码如下。

```
int DrawTriangles(GLvoid)
{
// 清除屏幕和深度缓存
 glClear(GL_COLOR_BUFFER_BIT | GL_DEPTH_BUFFER_BIT);
 glLoadIdentity();                    // 重置当前模型观察矩阵
 glBegin(GL_TRIANGLES);               // 开始绘制三角形
     glVertex3f( 0.0f, 1.0f, 0.0f);   // 上顶点
     glVertex3f(-1.0f,-1.0f, 0.0f);   // 左下顶点
     glVertex3f( 1.0f,-1.0f, 0.0f);   // 右下顶点
  glEnd();                            // 结束绘制
  return TRUE;
}
```

OpenGL 画点、线以及多边形时要注意以下内容。

点在屏幕上显示时是有尺寸的，应使用 OpenGL 的函数 void glPointSize(GLfloat size)，设置渲染点的像素宽度，参数 size 必须大于 0，其默认值为 1.0。

可指定任意宽度的线，利用函数 void glLineWidth(GLfloat width)设置线宽，其单位为像素，参数 width 的值必须大于 0，默认值为 1.0。

多边形大多数是通过填充包围在边界以内的所有像素来绘制的。如果相邻的多边形有公共顶点或公共边，则其构成像素实际上只画一次，这样可以避免透明多边形的边被画两次，而使其比其他边显得黑一些。

当绘制三维模型时，需要注意多边形表面法向，因为在一个表面给定点处，有两个方向相反的向量垂直于此表面，一般法向量指朝向表面外侧的向量，用 glNormal*()函数设置。在光照计算执行之前，必须将其变为单位法向量，可用 glEnable(GL_ NORMALIZE)函数设置。

3. 几何变换

OpenGL 有两个坐标系，分别为世界坐标系和物体坐标系，开发者用来绘图的是物体坐标系。在两个坐标系中，世界坐标系可以看成是一个现实存在的、基本不变的全局坐标系。物体坐标系可以视为用户自定义的坐标系，这个坐标系可以任意平移、旋转与缩放，在初始情况下其与世界坐标系是重合的，也可以通过 glLoadIdentity()强制复位。这里需要注意的是，在使用一个函数时需要弄清它使用什么坐标系，刚刚用到的 glVertex 系列函数采用物体坐标系。

（1）平移函数

```
// 使两个坐标系重合，可用来初始化物体坐标系
void glLoadIdentity();
// 将物体坐标系平移至(x, y, z)处
void glTranslate(TYPE x, TYPE y, TYPE z);
```

（2）缩放函数。

```
// 当前物体坐标系的缩放，x、y、z 分别指在 3 个方向上的放大倍数
void glScale(TYPE x, TYPE y, TYPE z);
```

（3）旋转函数。

```
// 当前物体坐标系绕向量(x, y, z)旋转 angle 度
void glRotate (TYPE angle, TYPE x, TYPE y, TYPE z);
```

（4）任意仿射变换：包括平移、旋转以及比例变换。这种变换能够保持直线的平直性（即变换后直线还是直线不会打弯，圆弧还是圆弧）和平行性（平行线还是平行线，相交直线的交角不变）。仿射变换可以由以下公式表示。

$$\begin{bmatrix} x' \\ y' \\ z' \\ w' \end{bmatrix} = \begin{bmatrix} m_0 & m_4 & m_8 & m_{12} \\ m_1 & m_5 & m_9 & m_{13} \\ m_2 & m_6 & m_{10} & m_{14} \\ m_3 & m_7 & m_{11} & m_{15} \end{bmatrix} \begin{bmatrix} x \\ y \\ z \\ w \end{bmatrix} = \boldsymbol{M} \begin{bmatrix} x \\ y \\ z \\ w \end{bmatrix}$$

其中 $\boldsymbol{M}$ 的 16 个元素存储在一维数组 $\boldsymbol{m}$ 中，这些元素按列顺序排列。

```
void glMultMatrixf (m); // 当前矩阵乘以仿射变换矩阵 m，并更新
```

4．投影变换

在图元装配之后的光栅化阶段前，需要将三维虚拟世界的物体投影到二维平面上。OpenGL 常用的投影模式有两种：正交投影与透视投影，使用 glMatrixMode(GL_PROJECTION)函数切换到投影模式。

正交投影：在 OpenGL 中，根据应用程序提供的投影矩阵，管线会确定一个可视空间区域，称为视锥体。视锥体是由 6 个平面确定的，这 6 个平面分别为上平面（top）、下平面（bottom）、左平面（left）、右平面（right）、远平面（far）和近平面（near）。场景中处于视锥体内的物体会被投影到近平面上（视锥体外的物体将被裁剪掉），然后再将近平面上投影出的内容映射到屏幕上的视口中。对于正交投影而言，视锥体的情况如图 1.1.3 所示。

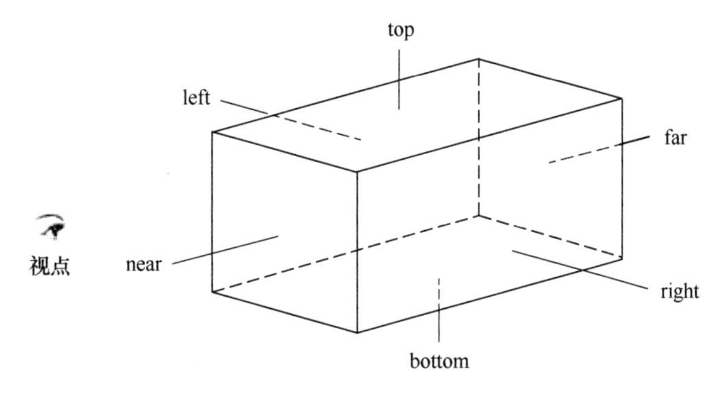

图 1.1.3　正交投影示意图

OpenGL 对应代码如下。

```
glViewport(0,0,newWidth,newHeight);          // 设置视口
glMatrixMode(GL_PROJECTION);                 // 切换到投影矩阵
glOrtho(left, right, bottom, top, near, far); // 正交投影
glMatrixMode(GL_MODELVIEW);                  // 切换到模型视图矩阵
… …                                          // 开始画图
```

透视投影：模拟现实世界人眼观察物体时会有“近大远小”的效果，其投影线不平行，相交于视点，视锥体如图 1.1.4 所示。其中，fov 表示视锥体的上顶面和下顶面之间的夹角，范围是 0°～180°。zNear 和 zFar 分别是近、远裁剪面到视点的距离，它们为正值。

视锥体与投影平面相交形成投影窗口，aspect 是投影窗口的宽高比例。

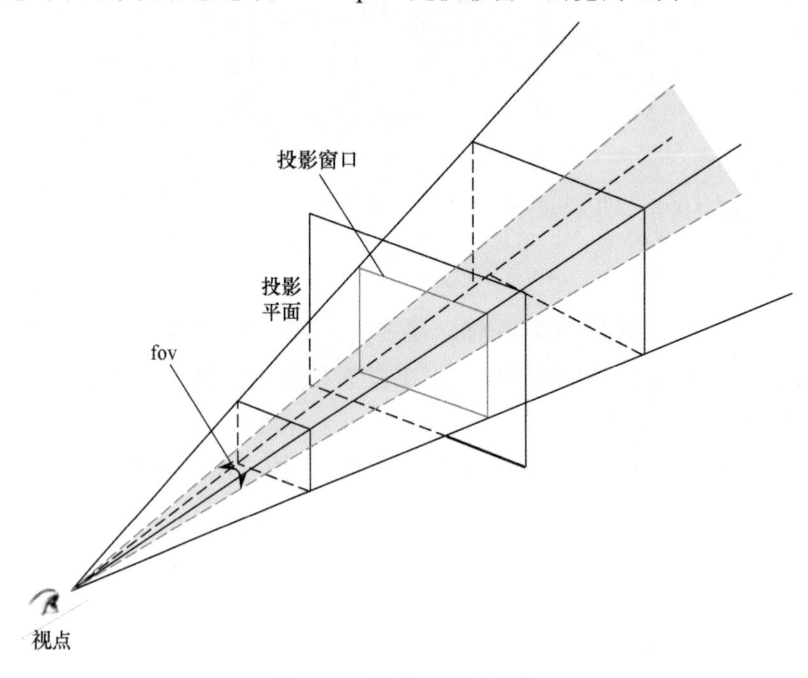

图 1.1.4　投射投影示意图

OpenGL 对应代码如下所示。

```
glViewport(0,0,newWidth,newHeight);          // 设置视口
glMatrixMode(GL_PROJECTION);                 // 切换到投影矩阵
gluPerspective(fovy, aspect, zNear, zFar);
glMatrixMode(GL_MODELVIEW);                  // 切换到模型视图矩阵
… …                                          // 开始画图
```

5. 纹理映射

纹理映射的基本步骤如下。

第一步，定义纹理。

第二步，控制滤波。

第三步，确定映射方式。

第四步，给出模型顶点的几何坐标和纹理坐标的对应关系。

（1）定义纹理。

定义纹理用得最多的是二维纹理，定义如下。

```
void glTexImage2D(target, level, components, width, height, border, format, type, *pixels);
```

其中参数 target 是常数 GL_TEXTURE_2D。参数 width 和 height 给出了纹理图像的长度和宽度，可以有不同的值。

（2）控制滤波方式。

控制滤波方式的定义如下。

```
void glTexParameter(target, pname, param);
```

第一个参数 target 可以是 GL_TEXTURE_1D 或 GL_TEXTURE_2D，是一维或二维纹理的说明参数；后两个参数的可能值如表 1.1.2 所示。

表 1.1.2　控制纹理映射的方式

pname	param	含　义
GL_TEXTURE_WRAP_S	GL_CLAMP	在 *s* 方向上约简
	GL_REPEAT	在 *s* 方向上重复
GL_TEXTURE_WRAP_T	GL_CLAMP	在 *t* 方向上约简
	GL_REPEAT	在 *t* 方向上重复
GL_TEXTURE_MAG_FILTER	GL_NEAREST	放大，采用坐标最靠近像素中心的纹理像素
	GL_LINEAR	放大，采用最靠近像素中心的 4 个像素的加权平均值
GL_TEXTURE_MIN_FILTER	GL_NEAREST	缩小，采用坐标最靠近像素中心的纹理像素
	GL_LINEAR	缩小，采用最靠近像素中心的 4 个像素的加权平均值
	GL_NEAREST_MIPMAP_NEAREST	缩小，选择最邻近的 mip 层，并使用最邻近过滤
	GL_NEAREST_MIPMAP_LINEAR	缩小，在 mip 层之间使用线性插值和最邻近过滤
	GL_LINEAR_MIPMAP_NEAREST	缩小，选择最邻近的 mip 层，使用线性过滤
	GL_LINEAR_MIPMAP_LINEAR	缩小，在 mip 层之间使用线性插值和使用线性过滤，又称为三线性 mipmap

一般纹理图像为正方形或长方形，当它映射到一个多边形或曲面上并变换到屏幕坐标时，纹理的单个纹理像素很少对应于屏幕图像上的像素。根据所用的变换和所用的纹理映射，屏幕上单个像素可以对应于一个纹理像素的一小部分（即放大）或一大批纹理像素（即缩小）。对应 OpenGL 函数如下，具体可参照表 1.1.2。

```
glTexParameter*(GL_TEXTURE_2D,GL_TEXTURE_MAG_FILTER,param);
glTexParameter*(GL_TEXTURE_2D,GL_TEXTURE_MIN_FILTER,param);
```

纹理坐标可以超出(0,1)范围，并且在纹理映射过程中可以重复映射或约简映射。在重复映射的情况下，纹理可以在 *s*、*t* 方向上重复。对应 OpenGL 函数如下，具体可参照表 1.1.2。

```
glTexParameterfv(GL_TEXTURE_2D,GL_TEXTURE_WRAP_S,param);
glTexParameterfv(GL_TEXTURE_2D,GL_TEXTURE_WRAP_T,param);
```

（3）映射方式。

纹理图像可以直接作为多边形上的颜色，也可以用纹理中的值来调整多边形（曲面）原来的颜色，或用纹理图像中的颜色与多边形（曲面）原来的颜色进行混合。因此，

OpenGL 提供如下 3 种纹理映射方式。

```
void glTexEnv (target, pname, param);
```

其中参数 target 必须是 GL_TEXTURE_ENV。若参数 pname 是 GL_TEXTURE_ENV_MODE，则参数 param 可以是 GL_DECAL、GL_MODULATE 或 GL_BLEND，说明纹理值与原来表面颜色的处理方式；若参数 pname 是 GL_TEXTURE_ENV_COLOR，则参数 param 是包含 4 个浮点数（分别是 R、G、B、A 分量）的数组。

（4）模型顶点的几何坐标和纹理坐标的对应关系。

在绘制纹理映射场景时，不仅要给每个顶点定义几何坐标，而且也要定义纹理坐标。经过多种变换后，几何坐标决定顶点在屏幕上绘制的位置，而纹理坐标决定纹理图像中的哪一个纹理像素赋予该顶点。纹理坐标通常可用 gltexCoord{1234}(cords)函数定义成一、二、三或四维形式，称为(s, t, r, q)坐标，以区别于物体坐标(x, y, z, w)和其他坐标。

纹理映射举例如下。

```
// 准备工作
glGenTextures(1, &texture[0]);                  // 生成一个纹理号
glBindTexture(GL_TEXTURE_2D, texture[0]); // 所生成纹理号绑定纹理对象
// 滤波控制方式为含 MAG 和 MIN 的两个参数
glTexParameteri(GL_TEXTURE_2D,GL_TEXTURE_MAG_FILTER,GL_LINEAR);
glTexParameteri(GL_TEXTURE_2D,GL_TEXTURE_MIN_FILTER,GL_LINEAR);
glTexImage2D(GL_TEXTURE_2D,0,3,texture1sizeX,texture1sizeY,0,GL_RGB, GL_UNSIGNED_BYTE,
texture1data);           // 生成纹理对象，数据为 data
// 绘制一个纹理映射的四边形
glBegin(GL_QUADS);
// 第一个纹理坐标和第一个几何坐标对应
glTexCoord2f(0.0f, 0.0f);
glVertex3f(-1.0f, -1.0f, 1.0f);
// 第二个纹理坐标和第二个几何坐标对应
glTexCoord2f(1.0f, 0.0f);
glVertex3f(1.0f, -1.0f, 1.0f);
// 第三个纹理坐标和第三个几何坐标对应
glTexCoord2f(1.0f, 1.0f);
glVertex3f(1.0f, 1.0f, 1.0f);
// 第四个纹理坐标和第四个几何坐标对应
glTexCoord2f(0.0f, 1.0f);
glVertex3f(-1.0f, 1.0f, 1.0f);
……
glEnd();
```

6．光照和材质

在光照模式下，以辐射光（Emitted Light）、环境光（Ambient Light）、漫反射光（Diffuse Light）和镜面光（Specular Light）模拟真实光照及材质属性，是场景中物体最终反映到人眼的光的 RGB 分量与材质 RGB 分量的某种组合。若光源颜色为(LR, LG, LB)，材质的颜色为(MR, MG, MB)，则在忽略其他反射光的情况下，到达人眼的光的颜色为(LR×MR, LG×MG, LB×MB)。

OpenGL 把现实世界中的光照系统近似归为 3 部分，分别是光源、材质和光照环境。光源就是光的来源，是光的提供者。材质是指被光源照射的物体表面的反射、漫反射（OpenGL 不考虑折射）特性，反映的是光照射到物体上后物体表现出来的对光的吸收、漫反射、反射等性能。光照环境反映所有光源发出的光经过无数次反射、漫反射之后整体环境所表现出来的光照效果。指定合适的光照环境参数可以使最后形成的画面更接近于真实场景。

（1）光源。

光照分量：OpenGL 中光照模型中的反射光分为 3 个分量，如表 1.1.3 所示。

表 1.1.3　光照模型反射光

分　量	含　义
环境光	由光源发出经环境多次散射而无法确定其入射方向的光，其特征是入射方向和出射方向均为任意方向
漫反射光	来自特定方向，垂直于物体时比倾斜时更明亮，一旦照射到物体上，则在各个方向上均匀地发散出去，其特征是入射方向唯一、出射方向为任意方向
镜面光	来自特定方向并沿另一方向反射出去，一个平行激光束在高质量的镜面上产生完全的镜面反射，其特征是入射方向和出射方向均唯一

创建光源：在 OpenGL 中用函数 glLightfv()来创建光源，如下所示。

```
void glLightfv (light, pname, const *params);
```

其中参数 light 指定所创建的光源号，如 GL_LIGHT0、GL_LIGHT1 等。参数 pname 指定光源特性，这个参数的具体信息如表 1.1.4 所示。参数 params 设置相应的光源特性值。

表 1.1.4　光源参数

参 数 值	含　义
GL_AMBIENT	RGBA 模式下的环境光
GL_DIFFUSE	RGBA 模式下的漫反射光
GL_SPECULAR	RGBA 模式下的镜面光
GL_POSITION	光源的位置齐次坐标(*x*,*y*,*z*,*w*)
GL_SPOT_DIRECTION	点光源聚光方向矢量(*x*,*y*,*z*)
GL_SPOT_EXPONENT	点光源聚光指数
GL_SPOT_CUTOFF	点光源聚会截止角
GL_CONSTANT_ATTENUATION	常数衰减因子
LINEAR_ ATTENUATION	线性衰减因子
GL_QUADRATIC_ ATTENUATION	平方衰减因子

光源的位置坐标采用齐次坐标(x,y,z,w)。当 $w = 0$ 时，定义相应的光源是定向光源，其所有的光线几乎是互相平行的（如太阳光），光源方向由定义的坐标(x,y,z)指向(0,0,0,0)；当 $w=1$ 时，光源为定位光源，(x,y,z,w)指定光源的具体位置，该位置会根据模型视点矩阵进行变换。

在 OpenGL 中，光源的启用和关闭代码如下。

```
glEnable(GL_LIGHTING);              // 启用光照
glEnable(GL_LIGHTx);                // 启动第 x 号光照
glDisable(GL_LIGHTING);             // 关闭光照
```

光源衰减：由于定向光源模拟的是无穷远的光源，不会根据距离改变而衰减，所以在定向光源中是禁用衰减的；而定位光源有衰减，离光源越远光强越弱。

在 OpenGL 中，光衰减是通过光源的发光量乘以衰减因子来实现的。衰减系数=$1/(K0+K1\times D+K2\times D^2)$，其中 D 为光源位置与顶点之间的距离。

OpenGL 代码定义如下。

```
K0= GL_CONSTANT_ATTENUATION;          // 常数衰减因子
K1= GL_LINER_ATTENUATION;             // 线性衰减因子
K2= GL_QUADRATIC_ATTENUATION;         // 二次衰减因子
```

（2）材质。

材质定义物体对不同光的反射（吸收）能力，定义材质的函数如下。

```
void glMaterialfv(face, pname, const *params);
```

其中参数 face 表明当前材质应该应用到物体的哪一个面上，可以取 GL_FRONT、GL_BACK、GL_FRONT_AND_BACK。参数 pname 指定材质特性，具体信息如表 1.1.5 所示。参数 params 设置相应的材质特性值。

表 1.1.5　材质参数

参 数 值	含　义
GL_AMBIENT	材料的环境光颜色
GL_DIFFUSE	材料的漫反射光颜色
GL_ AMBIENT_AND_ DIFFUSE	材料的环境光和漫反射光颜色
GL_SPECULAR	材料的镜面反射光颜色
GL_SHININESS	镜面指数
GL_EMISSION	材料的辐射光颜色
GL_COLOR_INDEXES	材料的环境光、漫反射光和镜面光颜色

设置灯光和材质的示例如下。

```
// 定义环境光分量
GLfloat lightAmbient[ ] = {0.5f, 0.5f, 0.5f, 1.0f};   // 环境光分量
GLfloat lightDiffuse[ ] = {1.0f, 1.0f, 1.0f, 1.0f};   // 漫反射分量
GLfloat lightPosition[ ] = {0.0f, 0.0f, 2.0f, 1.0f};  // 光源的位置
// 创建光源 GL_LIGHT1，并确定环境光分量
glLightfv(GL_LIGHT1, GL_AMBIENT, lightAmbient);
```

```
glLightfv(GL_LIGHT1, GL_DIFFUSE, lightDiffuse);
glLightfv(GL_LIGHT1, GL_POSITION,lightPosition);
// 设置材质，表示当前材质对不同环境光的反射情况
glMaterialfv(GL_FRONT_AND_BACK, GL_SPECULAR, material_specular);
glMaterialfv(GL_FRONT_AND_BACK, GL_DIFFUSE, material_color);
glMaterialfv(GL_FRONT_AND_BACK, GL_AMBIENT, material_ambient);
glMaterialfv(GL_FRONT_AND_BACK, GL_SHININESS, 128);
// 基于状态控制机制
glEnable(GL_LIGHT1);
glEnable(GL_LIGHTING);
```

7．明暗处理

OpenGL 对场景中的物体进行平面明暗处理、光滑明暗处理，常采用以下两种形式。

```
glShadeModel(GL_FLAT);
glShadeModel(GL_SMOOTH);
```

其中前者对物体进行平面明暗着色处理，用单一颜色去填充每个多边形；后者对物体进行光滑明暗处理，多边形内点的颜色由顶点的颜色经过线性插值得到。

8．显示列表

显示列表由一组预先存储起来留待以后调用的 OpenGL 函数语句组成。只需将对象定义一次，然后将对象的详细描述存放在显示列表中。显示列表存放在高速缓存中，执行时就可以重新显示。

显示列表的定义和几何图元的定义相似，以 glNewList()函数开始，以 glEndList()函数结束，它们之间是显示列表的具体内容。每次调用时使用 glCallList()函数。创建和执行显示列表的过程如下。

```
// 创建显示列表，分配 number 个相邻的未被占用的显示列表索引
glGenList(Glsizei number);
// 参数 list 是一个正整数，它标志唯一的显示列表
// 参数 mode 的值可能是 GL_COMPILE、GL_COMPILE_AND_EXECUT
glNewList(Gluint list, Glenum mode);
……
glEndList();
// 执行显示列表
glCallList(GLuint list);
```

标志 GL_COMPILE 表示编译到高速缓存，但不显示其内容。GL_COMPILE_AND_EXECUT 则表示不仅编译而且立即显示。

在 1.2 节中绘制边的算法用显示列表实现的代码如下。

```
// 显示函数
void display(void){
GLuint pipelines=glGenList(1);   // 分配 1 个未被占用的显示列表索引
glNewList(pipelines, GL_COMPILE);
drawPipelines(6);
glEndList();
glCallList(pipelines);           // 执行显示列表
}
// 绘制边函数
void drawPipelines(int m){
double theta, theta1=0.0, theta2=2.0*3.1415926;
double n[3], p[3], q[3], n2[3], perp[3], pp[3];
// 计算从 end1 到 end2 的向量
n[0]=end1[0]−end2[0];   n[1]=end1[1]−end2[1];   n[2]=end1[2]−end2[2];
// 在平面上创建两个互相垂直的向量 perp 和 q
n2[0]=n[0];   n2[1]=n[1];          n2[2]=n[2];
if (n[0] == 0 && n[2] == 0)      n[0] += 0.001;
else   n[1] += 0.001;
CrossProduct(perp, n, q);    CrossProduct(n2, q, perp);   // 调用叉积函数，最后一个参数是结果
pp[0]=perp[0]; pp[1]=perp[1]; pp[2]=perp[2]; Normalize(&pp[0]);
perp[0]=pp[0]; perp[1]=pp[1]; perp[2]=pp[2];
pp[0]=q[0]; pp[1]=q[1]; pp[2]=q[2]; Normalize(&pp[0]);
q[0]=pp[0]; q[1]=pp[1]; q[2]=pp[2];            // 得到单位法向量 perp 和 q
glBegin(GL_QUAD_STRIP);             // 绘制一组相连的四边形
for (int i=0; i <= m; i++){
theta=theta1 + i*(theta2 - theta1) / m;
        n[0]=cos(theta)*perp[0] + sin(theta)*q[0];
        n[1]=cos(theta)*perp[1] + sin(theta)*q[1];
        n[2]=cos(theta)*perp[2] + sin(theta)*q[2];
        pp[0]=n[0], pp[1]=n[1], pp[2]=n[2]; Normalize(&pp[0]);
        n[0]=pp[0], n[1]=pp[1], n[2]=pp[2];
        p[0]=end2[0] + radius2*n[0];
        p[1]=end2[1] + radius2*n[1];
        p[2]=end2[2] + radius2*n[2];
        glNormal3d(n[0], n[1], n[2]);
        glVertex3d(p[0], p[1], p[2]);
        p[0]=end1[0] + radius1*n[0];
        p[1]=end1[1] + radius1*n[1];
        p[2]=end1[2] + radius1*n[2];
        glNormal3d(n[0], n[1], n[2]);
```

```
            glVertex3d(p[0], p[1], p[2]);
    }
    glEnd();
    }
```

附录 2.1　三线性插值

三线性插值形式是线性插值的扩展，如图 2.1.1 所示。

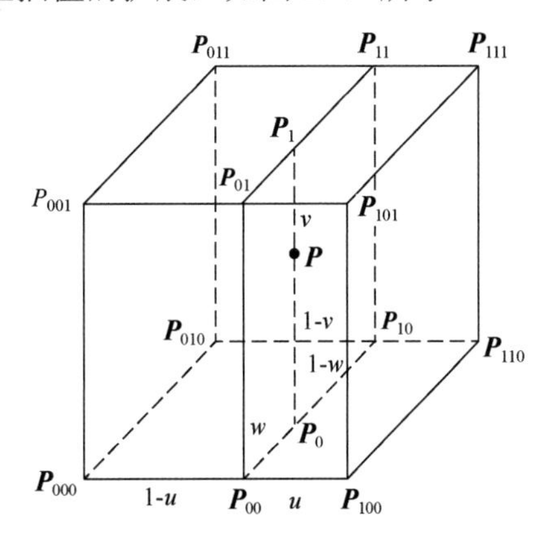

图 2.1.1　三线性插值

假设 $\boldsymbol{P}_{00}$、$\boldsymbol{P}_{10}$、$\boldsymbol{P}_{11}$、$\boldsymbol{P}_{01}$、$\boldsymbol{P}_{0}$、$\boldsymbol{P}_{1}$ 为各边上的截点，截得体元各边比例为 $u:(1-u)$、$v:(1-v)$、$w:(1-w)$。

由

$$\begin{aligned}
\boldsymbol{P}_{00} &= u\boldsymbol{P}_{000} + (1-u)\boldsymbol{P}_{100} \\
\boldsymbol{P}_{01} &= u\boldsymbol{P}_{001} + (1-u)\boldsymbol{P}_{101} \\
\boldsymbol{P}_{10} &= u\boldsymbol{P}_{010} + (1-u)\boldsymbol{P}_{110} \\
\boldsymbol{P}_{11} &= u\boldsymbol{P}_{011} + (1-u)\boldsymbol{P}_{111}
\end{aligned}$$

得到

$$\begin{aligned}
\boldsymbol{P}_{0} &= w\boldsymbol{P}_{10} + (1-w)\boldsymbol{P}_{00} \\
&= uw\boldsymbol{P}_{010} + (1-u)w\boldsymbol{P}_{110} + u(1-w)\boldsymbol{P}_{000} + (1-u)(1-w)\boldsymbol{P}_{100} \\
\boldsymbol{P}_{1} &= w\boldsymbol{P}_{11} + (1-w)\boldsymbol{P}_{01} \\
&= uw\boldsymbol{P}_{011} + (1-u)w\boldsymbol{P}_{111} + u(1-w)\boldsymbol{P}_{001} + (1-u)(1-w)\boldsymbol{P}_{101}
\end{aligned}$$

于是

$$\begin{aligned}
\boldsymbol{P} &= v\boldsymbol{P}_{0} + (1-v)\boldsymbol{P}_{1} \\
&= uvw\boldsymbol{P}_{010} + (1-u)vw\boldsymbol{P}_{110} + uv(1-w)\boldsymbol{P}_{000} + (1-u)v(1-w)\boldsymbol{P}_{100} + \\
&\quad u(1-v)w\boldsymbol{P}_{011} + (1-u)(1-v)w\boldsymbol{P}_{111} + u(1-v)(1-w)\boldsymbol{P}_{001} + \\
&\quad (1-u)(1-v)(1-w)\boldsymbol{P}_{101}
\end{aligned}$$

附录 2.2 DICOM 标准

1983 年，美国放射学学会（American College of Radiology，ACR）和国家电气制造商协会（National Electrical Manufacturers Association，NEMA）成立了一个联合委员会，制定医学数字图像规范，应用于 X 射线、CT、核磁共振、超声等医疗诊断设备的文件存储格式，其中包含患者 PHI（Protected Health Information），如姓名、性别、年龄等，还有一些图像信息、设备信息、医疗相关上下文信息等，并且于 1993 年发布了 DICOM3.0 标准，成为沿用至今的医疗影像领域的通用国际标准。

DICOM 将每层图像都存储为独立文件，这些文件用数字命名来反映相对应的图像层数。DICOM 文件扩展名为.dcm，由文件头信息和数据集两部分组成，其结构图如图 2.2.1 所示。文件头由文件序言、前缀和文件元信息元素组成，如设备信息、图像采集参数及患者信息等，是数据采集过程中的固有信息。而数据集由一系列的数据元组成，其中包括标签号、值表示（即数据类型）、数据长度和数据域。所有数据元素用标签作为唯一标识，数据类型则取决于传输数据格式，为可选项。

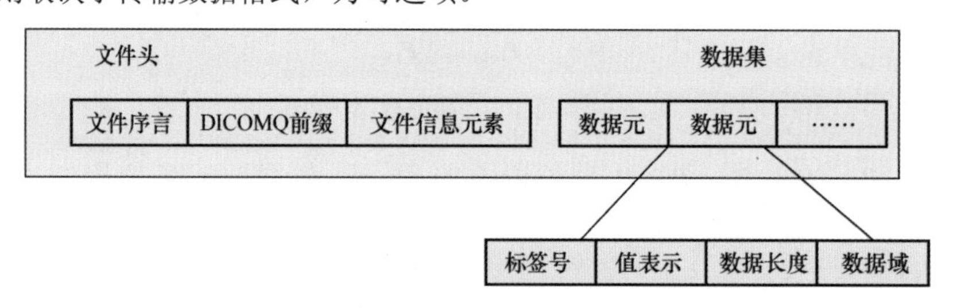

图 2.2.1　DICOM 文件结构图

DICOM 浏览器有很多，常见有 Sante DICOM Viewer、Mango 等。另外，基于 C++的 dcmtk、基于 Java 的 dcm4che 和基于 Python 的 pydicom，都是可以解释 DICOM 标准的第三方库，在编程过程中引入它们可以避免底层解析工作，提高项目开发的效率。

DICOM 文件开始的 128 字节是文件头部分，主要信息存储在之后的数据集中。数据集以数据元的形式依次排列至文件结尾，数据元由标签号（Tag）、值表示（Value representation，VR）、数据长度（Length）、数据域（Value）依次组成。Tag 是该数据元的标识，是标准定义的数据字典，由 4 字节表示，前 2 字节是组号，后 2 字节是偏移号，所有数据元在文件中都是按 Tag 排序的，其中，(7fe0,0010)是图像像素数据开始处。VR 存储该项信息的数据类型，共有 27 种。Length 存储该项信息的数据长度，Value 存储该项信息的具体数据值。以下是某个 CT 影像中的部分图像信息示例。

```
//每一个像素的取样数，一般来说，灰度图像为 1，彩色图像为 3
(0028,0002)    Samples per Pixel    VR: US    Length: 2    Value: 1
```

```
//图像高度
(0028,0010)    Rows                VR: US    Length: 2    Value: 512
//图像宽度
(0028,0011)    Columns             VR: US    Length: 2    Value: 512
```

以第一行数据为例，(0028,0002)代表该组数据元的组号为 0028，偏移号为 0002，Samples per Pixel 是数据元标识，描述每个像素的采样数，数据类型（VR）是 US，表示 Unsigned Short，数据长度（Length）是 2，数据域（Value）是 1，表示该图像为灰度图像。

附录 2.3 基于 CUDA 的可视化编程

2.3.1 基本概念

CUDA 是 NVIDIA 发布的并行计算架构，该架构通过挖掘图形处理器的浮点计算能力，继承了 GPU 并行处理大规模数据的优势，利用可伸缩编程思想，动态调度、执行线程级并行（Thread Level Parallel）任务，使可视化绘制更加高效。CUDA 可编程功能强大的并行处理能力，为实现体数据快速可视化提供了强有力的保障。

其主要特点如下：

（1）3D 图形应用程序可扩展并行性来支持多核 GPU；

（2）以标准 C 语言作为编程语言，易上手；

（3）通过自定义调用并行处理架构，增加调度灵活度。

线程（Thread）是并行的基本单位，为提高并行执行效率，利用网格（Grid）、线程块（Block）的层次组织结构管理线程，如图 2.3.1 所示，视平面上每个像素颜色的生成交给一个线程完成，所有线程并行完成结果图像的生成。网格是能并行执行的线程块集合，一个线程块又由多个线程构成。

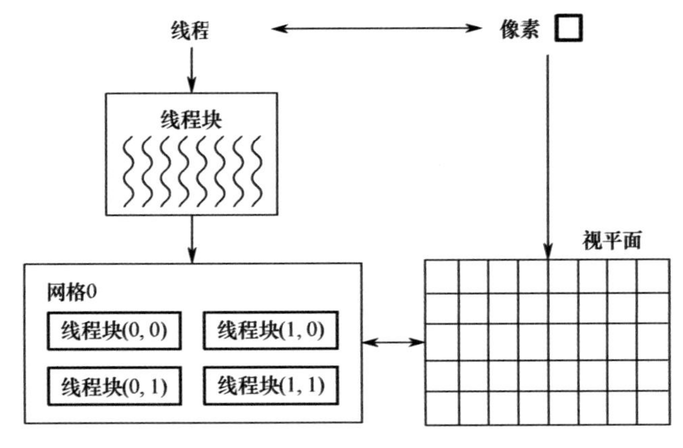

图 2.3.1　CUDA 线程模型

对于某个 C 语言程序，需要加速并行操作部分在 GPU（即设备端）上执行，其他部分在 CPU（主机端）上执行。如图 2.3.2 所示，串行代码在主机上执行，核函数在设备端执行。

kernel()函数代表在 GPU 端实际执行并行加速的入口函数，使用__ global__定义，一个 kernel()函数按照线程网格的概念在 GPU 上执行，形式为 kernel<<<dimGrid，dimBlock>>>(arguments)，其中 dimGrid 和 dimBlock 分别为网格和线程块的维度，arguments 为这个函数的参数。例如

```
d_render<<<gridSize, blockSize>>>(d_output,h_imageW,h_imageH,h_brightness, h_density);
```

其中 d_render 是核函数，gridSize 和 blockSize 分别是网格和线程块的维度，d_output 是该核函数的计算结果指针，h_imageW 和 h_imageH 分别为视图宽度和高度，h_brightness 和 h_density 分别是控制体数据亮度和密度的参数。

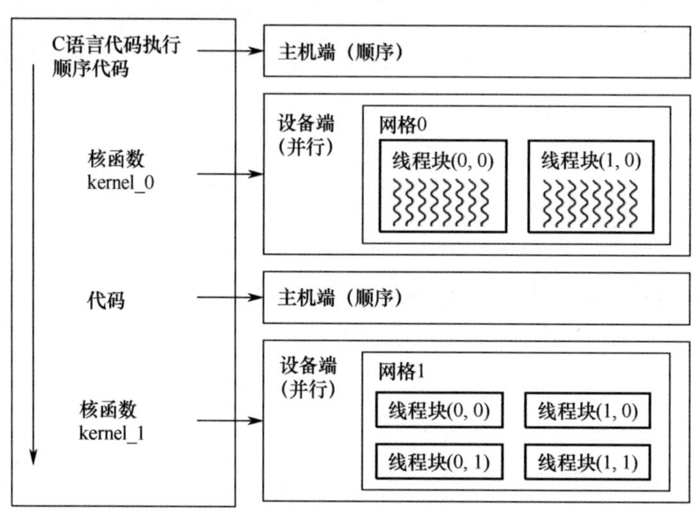

图 2.3.2　CUDA 执行模型

2.3.2　存储器模型

CUDA 的存储结构模型如图 2.3.3 所示，主要由以下几个部分组成。

（1）局部存储器：寄存器被使用完毕后，数据将被存储在局部存储器中，此外还可存储大型结构体或者数组（无法确定大小的数组），以及线程的输入和中间变量。

（2）共享存储器：每个线程块都有一个共享存储器，该共享存储器对于块内的所有线程都是可见的，并且与块具有相同的生命周期。在同一个块中的线程通过共享存储器共享数据，相互协作，实现同步。访问速度与寄存器相似，实现线程间通信的延迟最小。

（3）全局存储器：存在于显存中，也称为线性内存，所有线程都可访问全局存储器。通常使用 cudaMalloc()函数分配存储空间，使用 cudaFree()函数释放存储空间，使用

cudaMemcpy()函数进行主机端与设备端的数据传输。

（4）常量存储器：只读地址空间，位于显存，用于存储需频繁访问的只读参数，所有的线程都可以访问常量存储区。由于其在设备上有片上缓存，比全局存储器读取效率高很多。

（5）纹理存储器：将显存中数据与纹理参考关联，称为纹理绑定（Texture Binding）。纹理拾取使用的坐标与数据在显存中的位置可以不同，通过纹理参考约定二者的映射方式。纹理存储器提供不同的寻址模式，为某些特定的数据格式提供数据过滤的能力。

一个块内的线程可通过共享存储器来彼此协作，并同步协调存储器访问。每个线程块以任意顺序独立执行，允许跨核安排线程块。

以光线投射体绘制为例，并行加速过程如下：由视平面上每一个像素和视点连线决定一条光线，利用光线投射算法累加融合相交体素的方式实现体绘制。每一条光线作为加速的基本单元分配到每个线程，这些线程由 CUDA 的线程模型结构组织管理，将最后的运算内容存储在显存的全局存储器中以便 CPU 读取。实际上根据绘制窗口的像素来组织分配线程的作法既满足成像分辨率需求，也充分发挥了 CUDA 并行加速的能力。

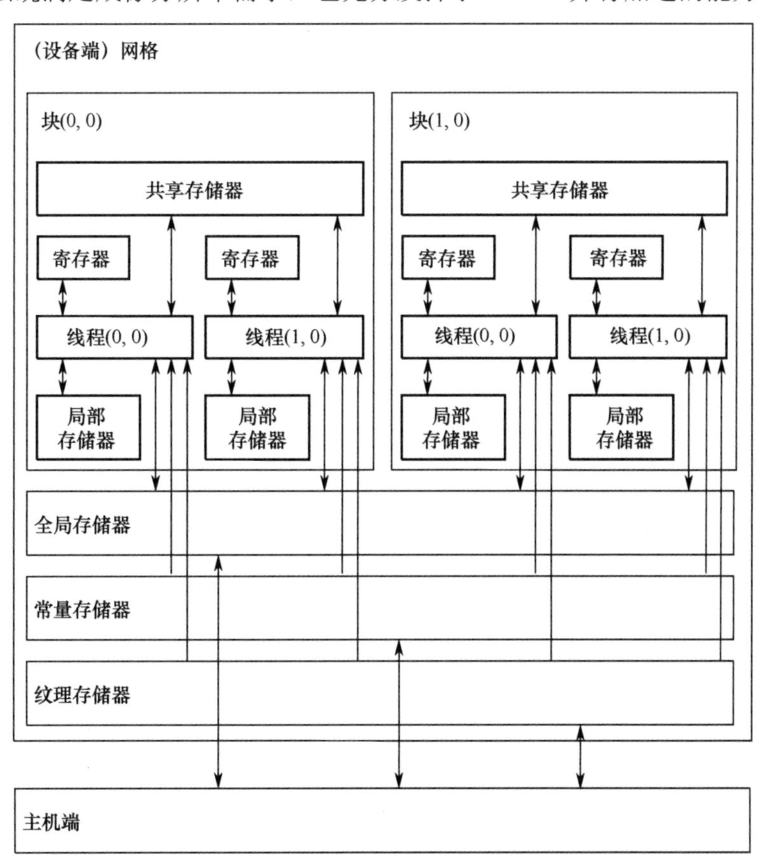

图 2.3.3　CUDA 存储结构模型

2.3.3 变量

CUDA C 为程序员提供了一种用 C 语言编写设备端代码的编程方式，包括对 C 的一些必要扩展和一个运行时库。本节介绍在变量方面的扩展，主要包括以下方面。

引入变量类型限定符，规定变量被存储在哪一类存储器上。共享存储器上的变量使用关键字__ shared__声明，全局存储器上的变量使用关键字__ device__声明，常量存储器上使用__ constant__关键字，在所有函数之外定义常量。例如

```
//声明共享内存上矩阵 A，大小为 BLOCK_SIZ×BLOCK_SIZE
__shared__ float     A[BLOCK_SIZE][BLOCK_SIZE]
//声明全局存储器上浮点数 offset
__device__ float     offset;
//声明常量存储器上的数组 d_x
__constant__ float   d_x[27];
```

引入四个内建变量，blockIdx 和 threadIdx 用于索引线程块和线程，gridDim 和 blockDim 用于描述线程网格和线程块的维度。例如

```
// x 是块索引 blockIdx.x 乘块维度 blockDim.x，并加线程索引 threadIdx.x
uint x = blockIdx.x*blockDim.x + threadIdx.x;
```

引入内置矢量类型，如 char4、ushort3、double2、dim3、float4 等，由基本的整型或浮点型构成，在设备端代码中各矢量类型有不同的对齐要求。例如

```
//定义二维块大小 blockSize
dim3   blockSize(16,16);
//定义浮点型向量 point 并初始化为 4 维数组
float4   point =make_float4(0.5f, 0.5f, 0.5f,1.0f);
```

2.3.4 函数

CUDA C 在函数方面的扩展，主要包括以下方面。

引入函数类型限定符，规定函数是在 Host 还是在 Device 上执行，以及这个函数是从 Host 还是从 Device 调用。__device__限定符用于声明在设备端上执行且只能在设备端调用的函数，不能对此类函数取指针。__global__限定符用于声明内核函数，这类函数在设备端执行，只能从主机端调用，返回类型必须为 void，参数通过共享存储器传递，不能与__host__连用。__host__限定符用于声明在主机端执行且只能从主机端调用的函数。没有任何限定符的函数相当于只用__host__限定符修饰的函数。__host__和__device__可一起使用，此时函数将分别编译出主机端和设备端运行的版本。__device__和__global__都不支持递归，函数体内不能声明静态变量，参数数量不可变化。例如

```
//矩阵加法的内核函数 matAdd()，矩阵 A+矩阵 B=矩阵 C，使用__global__限定
__global__ void matAdd (float *A, float *B, float *C)
{
    //内建变量 threadIdx(线程索引号)与矩阵中每个元素的位置相对应
    int i = threadIdx.x;
    int j = threadIdx.y;
    C[i][j] = A[i][j] + B[i][j];
}
int main( )                                   //主函数调用内核函数
{
    ……
    dim3 dimBlock(N, N);                      //设置线程数量
    matAdd<<<1,dimBlock>>>(A, B, C);    //调用 kernel()函数
    ……
}
```

2.3.5 纹理

1. 简介

纹理存储器有缓存机制，主要有两个作用：首先，纹理缓存中的数据可以被重复利用，避免对显存的多次读取，节约带宽，也不必按照显存对齐的要求读取；其次，纹理缓存一次预拾取坐标对应位置附近的几个像元，可以实现滤波模式，提高具有一定局部性的访存效率。

如图 2.3.4 所示，纹理拾取的第一个参数指定对象称为纹理参考，其定义使用哪部分的纹理存储器。必须通过主机运行时，将其绑定到存储器的某些区域（即纹理），之后才能供内核使用。

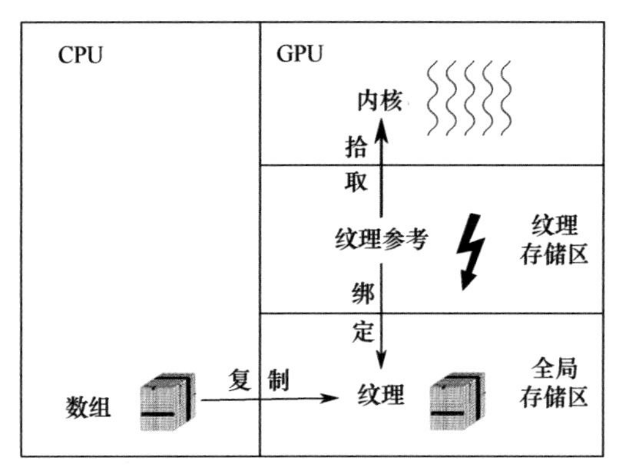

图 2.3.4　纹理使用示意图

2. 纹理参考属性

纹理参考的一些属性只使用于与 CUDA 数组绑定的纹理参考，并且可以在运行时修改。这些属性规定纹理的寻址模式，是否进行归一化，以及纹理滤波模式，如表 2.1 所示，通过 Texture Reference 结构体描述。

```
struct textureReference {
    int normalized;                                        //是否对纹理坐标进行归一化
    enum cudaTextureFilterMode filterMode;                 //纹理的滤波模式
    enum cudaTextureAddressMode addressMode[3];            //寻址模式
    struct cudaChannelFormatDesc channelDesc;              //纹理获取返回值类型
}
```

表 2.1 纹理参考属性

绑定纹理的数据结构	拾取坐标	滤波	归一化坐标	类型转换	多维纹理	寻址模式
CUDA 数组	浮点型	对浮点型像元支持	支持	支持	支持	支持
线性内存	整型	不支持	不支持	支持	不支持	不支持

下面给出部分解释。

（1）拾取坐标

由于 GPU 中通常用浮点计算点的坐标，因此使用浮点数作为纹理拾取坐标更加自然。浮点型纹理坐标可以是归一化或者非归一化的。使用归一化纹理时，纹理在每个维度的坐标被映射到[0.0,1.0]范围内，不用关心纹理的实际尺寸；使用非归一化纹理时，每个维度的坐标被映射到[0.0,N−1]范围内，其中 N 是纹理在该维度上像元的数量。

（2）滤波

滤波确定纹理取值模式。对 CUDA 绑定纹理，如果纹理拾取的返回值类型是浮点型，可对其进行滤波，可以是最近点取样模式（cudaFilterModePoint）或线性滤波模式（如 cudaFilterModeLinear）。最近点取样模式的返回值是与纹理拾取坐标对应位置最近像元的值，线性滤波模式会先取出附近几个像元值，按照拾取坐标对应位置与这几个像元位置的距离进行线性插值。线性滤波的插值计算不占用可编程单元，提供额外的浮点处理能力，但精度较低。最近点取样模式的返回值不会改变纹理中像元的值，适合于实现查找表。

（3）类型转换

如果像元中数据是 8bit 或 16bit 整型，可以通过类型转换改变纹理拾取的返回值类型。此时，8bit 或 16bit 对应的整数域会被映射到归一化的浮点范围[0.0,1.0]（对无符号整型）或[−1.0,1.0]（对有符号整型）。

（4）寻址模式

寻址模式是确定当纹理访问超出边界时的处理方式。当与 CUDA 数组绑定的纹理输入坐标超出纹理寻址范围时，对输入坐标的处理有钳位和循环两种寻址模式。使用钳位寻址模式（如 cudaAddressModeClamp）时，超过寻址范围的输入坐标将被“钳位”到寻址范围的最大值或最小值。循环寻址模式（如 cudaAddressModeWarp）对超出寻址范围的纹理坐标做求模处理。钳位寻址模式对归一化或非归一化纹理坐标都可使用，循环寻址模式只对归一化纹理坐标使用。除此之外，对线性存储器绑定的纹理进行访问时，如果坐标超过寻址范围，返回值将是 0。

举例说明如下。

```
//设置纹理参考 tex 的属性
tex.normalized = true;                              // 使用规范化坐标
tex.filterMode = cudaFilterModeLinear;              // 线性插值
tex.addressMode[0] = cudaAddressModeClamp;          // 调整坐标在[0,1]范围
tex.addressMode[1] = cudaAddressModeClamp;          // 调整坐标在[0,1]范围
```

3．使用纹理过程

使用纹理存储器时，首先要在主机端声明需要绑定到纹理的线性存储器或 CUDA 数组，并设置好纹理参照，然后将纹理参照与线性存储器或 CUDA 数组绑定。主要操作步骤包括纹理参考声明、纹理参考绑定、纹理参考使用和纹理参考解绑。

（1）纹理参考声明

纹理参考中的一些属性必须在编译前显式声明，定义在所有函数体外，作用范围包括主机端和设备端代码，一旦确定就不能在运行时修改。纹理参照系通过一个作用范围为全文件的 texture 型变量声明：

```
texture<Type, Dim, ReadMode>    texRef;
```

其中 Type 为纹理拾取返回的数据类型，Dim 指定纹理参考维度，默认值为 1；ReadMode 可以是 cudaReadModeNormalizedFloat 或 cudaReadModeElementType，前者要进行类型转换，后者不会改变返回值类型，默认为 cudaReadModeElementType。

GPU 光线投射体绘制时，体素颜色和不透明度由一个颜色查找表来确定，如图 2.3.5 所示，颜色查找表以数组形式存储，其值根据传递函数得到。由于采用 GPU 的线程模式来并行加速体绘制，利用 GPU 纹理作为查找表的载体，颜色值和不透明度值直接从预存的 GPU 显存查找获得，减少了 GPU 和 CPU 之间的通信，同时由于数据存储的离散性，需要的实际查找值往往经过插值、浮点运算得到，而浮点插值运算恰好又是 GPU 的优势之一，所以利用 GPU 的纹理显存作为查找表的存储载体可大大减少传递函数映射查找所耗费的时间。

在 GPU 中，通过一个一维纹理存放颜色表，如灰度数据从 0 到 N 离散存放，这里 N 是一个由颜色存储位 i 来决定的自然数 $N=2^i$，通过预计算出函数映射表的一维纹理，对这个纹理进行采样。

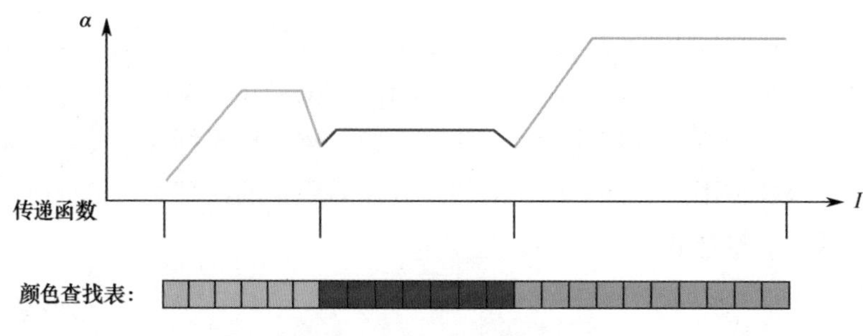

图 2.3.5 颜色查找表示意图

以下是声明纹理参考的示例：

```
Texture <float4,1,cudaReadModeElementType>          transferTex;        //一维传递函数
Texture <uchar,3,cudaReadModeNormalizedFloat>       tex;                //三维纹理数据
```

声明 CUDA 数组之前，必须先以结构体 channelDesc 描述 CUDA 数组中的数据类型。然后确定 CUDA 数组的维度和尺寸，通过 cudaMalloc3DArray()函数或 cudaMallocArray()函数分配存储空间。使用完成后，通过 cudaFreeArray()函数释放显存。

由 cudaMalloc3DArray()函数分配的 CUDA 数组，使用 cudaMemcpy3D()函数完成与其他 CUDA 数组或线性存储器的数据传输，使用 CUDAExtent 描述 CUDA 数组和用 malloc3D 分配的线性存储器在三个维度上的尺寸。

（2）纹理参考绑定

cudaBindTexture()函数或 cudaBindTextureToArray()函数将数据与纹理参考绑定，绑定数据类型必须与声明纹理参照时的参数匹配。使用 cudaUnbindTexture()函数解除纹理参照的绑定。

以下是函数 initTransFunc()的一部分，为体绘制中传递函数声明 CUDA 数组并分配空间。

```
//h_transferMemory：主机端传递函数数组；Threshold：存储传递函数所需空间大小
void initTransFunc(float4 *h_transferMemory, size_t Threshold)
{
    //由结构体 cudaChannelFormatDesc 变量 channelDesc2 定义 CUDA 数组的数据类型
    cudaChannelFormatDesc channelDesc2 = cudaCreateChannelDesc<float4>();
     //分配存储空间
    cudaMallocArray( &d_transferFuncArray, &channelDesc2, Threshold, 1);
    //从 Host 到 Device 进行数组数据传输，d_transferFuncArray 为设备端数组
    cudaMemcpyToArray(d_transferFuncArray, 0, 0, h_transferMemory, sizeof(float4)*Threshold,
     cudaMemcpyHostToDevice);
    ……
}
```

以下是函数 initTransFunc()的后半部分，设置一些运行时纹理参照属性，并将数据与

纹理绑定。

```
//h_transferMemory：主机端传递函数数组；Threshold：存储传递函数所需空间大小
        void initTransFunc(float4 *h_transferMemory, size_t Threshold)
        {
        //初始化传递函数数组
        float4 transferFunc[]={{0.0,0.0,0.0,0.0,},{1.0,0.0,0.0,1.0,},
                {{1.0,0.5,0.0,1.0,},{1.0,1.0,0.0,1.0,},
                {{0.0,1.0,0.0,1.0,},{0.0,1.0,1.0,1.0,},
                {{0.0,0.0,1.0,1.0,},{1.0,0.0,1.0,1.0,},
                {{0.0,0.0,0.0,0.0,},};
        //定义与纹理绑定的 CUDA 数组，并分配空间
        cudaChannelFormatDesc   channelDesc2 = cudaCreateChannelDesc<float4>();
        cudaArray*              d_transferFuncArray;
        //设置纹理参照属性
        transferTex.filterMode = cudaFilterModeLinear;              //使用线性插值滤波
        transferTex.normalized = true;                              //使用规范化坐标
        transferTex.addressMode[0] = cudaAddressModeClamp;          //调整坐标在[0,1]范围
        //纹理参考绑定
        cudaBindTextureToArray( transferTex, d_transferFuncArray, channelDesc2);
        }
```

（3）纹理参考使用

纹理拾取函数采用纹理坐标对纹理存储器进行访问。对与线性存储器绑定的纹理，使用 tex1Dfetch()函数访问，采用的纹理坐标是整型。对与一维、二维和三维 CUDA 数组绑定的纹理，分别使用 tex1D()、tex2D()和 tex3D()函数访问，采用浮点型纹理坐标。

以下是纹理拾取函数的例子。

```
//一维纹理拾取
template<class Type,enum cudaTextureReadMode readMode>Type tex1D(texture<Type, 1, readMode> texRef, float x);
//二维纹理拾取
template<class Type,enum cudaTextureReadMode readMode>Type tex2D(texture<Type, 2, readMode> texRef, float x, float y);
//三维纹理拾取
template<class Type,enum cudaTextureReadMode readMode>Type tex3D(texture<Type, 3, readMode> texRef, float x, float y, float z);
```

读取三维纹理示例如下：

```
float sample = tex3D(tex, pos.x, pos.y, pos.z);
```

（4）纹理参考解除绑定

```
//调用 unbind texture()函数，将 texture reference 的资源释放
cutilSafeCall(cudaBindTextureToArray(transferTex,d_transferFuncArray,channelDesc2));
```

附录 3.1　VisIt 的使用方法

VisIt 是一个免费、开放源码的二维、三维数据可视化工具。其用户界面支持在 Windows、Linux 或 OSX 操作系统的台式计算机本地运行，主要包括主窗口和显示交互窗口两个区域，如图 3.1.1 所示。

(a) 左侧窗口　　(b) 右侧窗口

图 3.1.1　窗口外观

主窗口包含三个主要区域：文件面板、图管理器和布告栏区域。文件面板位于主窗口顶部，用于打开数据库和设置动画制作的当前时间步。中间区域是主窗口的图管理器区域。图管理器区域包含添加图的“Add”按钮与操作 “Operators”按钮，对应“图”（Plots）和“操作”（Operators）的创建和修改，如图 3.1.2 所示。布告栏区域是空白区域，用于窗口“张贴”（Post）。

VisIt 主窗口菜单包含 7 个菜单选项，常用菜单功能如下。

“文件”（File）菜单包含处理文件的选项；

“控制”（Controls）菜单包含打开窗口的选项，设置窗口外观；

“选项”（Options）菜单允许设置 GUI 外观、管理主机配置文件，管理插件；

“窗口”（Windows）菜单包含管理可视化窗口的控件；

“图”（PlotAtts）菜单管理所有可使用的可视化方法；

“操作”（OpAtts）菜单管理所有可使用的数据操作方法；

“分析”（Analysis）菜单提供各种数据分析方法，例如变量推导、数据比较查询。

另外，高级选项（Advanced）主要配置感观效果，颜色、标注、光线和视点等高级设置。

在显示交互窗口中，支持用户的各种鼠标操作，例如按住鼠标左键并拖拽鼠标实施旋转操作，按住鼠标中键并上下移动鼠标实施缩放操作。交互窗口顶端预置常用的视点初始化和视点恢复等菜单按钮。

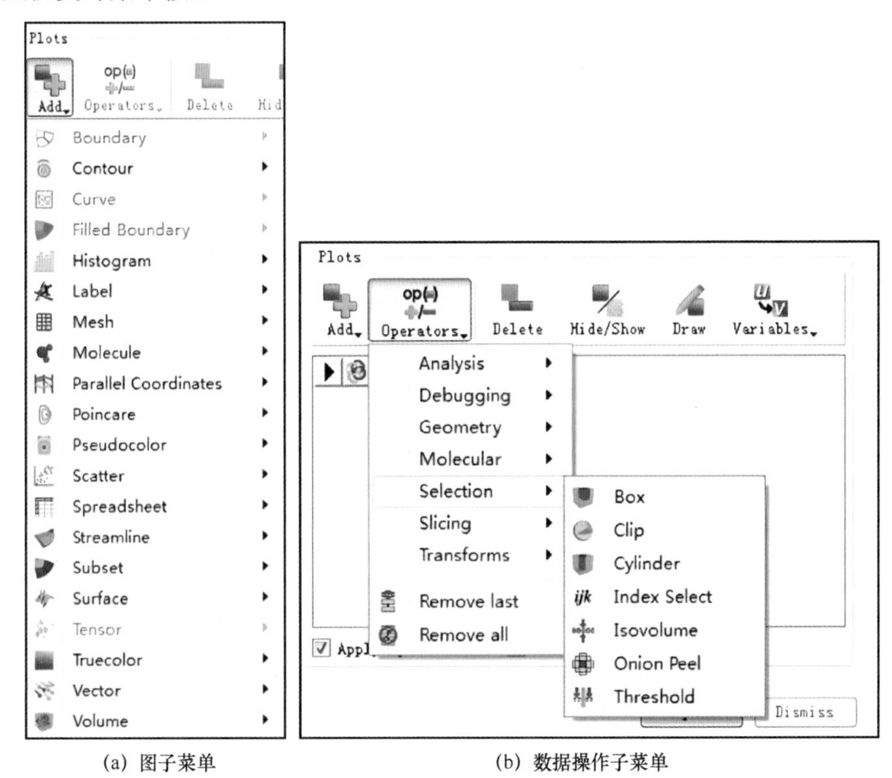

(a) 图子菜单　　(b) 数据操作子菜单

图 3.1.2　图管理区域子菜单

运行安装目录/bin/visit 启动 VisIt，VisIt 绘制图包括以下步骤。

（1）选择所要处理的可视化数据库

在主窗口“文件”（File）菜单中，选择“文件选择”（File Selection）菜单项，在打开的窗口中高亮显示文件；然后单击“确定”（OK）按钮，则在主窗口文件面板中包含这些文件。

（2）打开文件

在文件面板中选中文件，按“打开”（Open）按钮。如果数据文件打开成功，那么

“图”（Plots）和“操作”（Operators）菜单就变为可用。

（3）创建图

当打开数据文件后，就在“图”（Plots）菜单中选择图类型和变量，这样可以创建图。此时，当前“图列表”（Active Plots）中会添加一个绿色列表项表示新图。绿色表示这个图处在新状态并且还没有绘制。

（4）绘制

单击主窗口中部的“绘制”（Draw）按钮，则会真正执行绘制。

以上是 VisIt 绘制一幅图的主要步骤，创建图和特定操作的更多细节，参见第 3 章导图操作部分。

附录 3.2　Linux 下的 GPU 显卡配置方法

（1）确认 GPU 显卡型号，Linux 查看显卡型号的命令如下。

```
lspci | grep -i vga
```

（2）安装依赖环境（需联网安装）。

```
yum install kernel-devel gcc -y
```

或者升级内核（需联网安装）。

```
yum update kernel
```

屏蔽系统自带的 nouveau。

```
# 查看命令
lsmod | grep nouveau
# 修改 dist-blacklist.conf 文件
vim /lib/modprobe.d/dist-blacklist.conf
# 将 nvidiafb 注释
#blacklist nvidiafb
# 添加以下语句
blacklist nouveau
options nouveau modeset=0
```

重建 initramfs image 步骤。

```
mv /boot/initramfs-$(uname -r).img /boot/initramfs-$(uname -r).img.bak
dracut /boot/initramfs-$(uname -r).img $(uname -r)
```

重启操作系统。

```
reboot
```

重启后验证驱动是否被禁用，如果无结果显示，则表明成功禁用。

```
lsmod | grep nouveau
```

（3）下载并安装显卡的厂商官方驱动，例如 NVIDIA 显卡驱动官网地址。

修改下载驱动权限为可执行。

```
chmod   +x   NVIDIA-Linux-x86_64-440.64.run
```

显卡驱动不支持在 X-Windows 服务运行时进行，所以需要进入运行级别 3。

```
init   3
```

安装驱动。

```
./NVIDIA-Linux-x86_64-440.64.run
```

如果报错（unable to find the kernel source tree for the currently running kernel），使用如下命令安装，其中 3.10.0-1062.18.1.el7.x86_64 前的路径（/usr/src/kernels）需要改成自己的 kernel 目录。

```
./NVIDIA-Linux-x86_64-440.64.run   --kernel-source-path=/usr/src/kernels/3.10.0-1062.18.1.el7.x86_64
```

安装完毕后，reboot 重启操作系统，运行 nvidia 命令，显示显卡信息。

```
nvidia-smi
```

附录 4.1　teem 库介绍

teem 库是一个开源的科学计算和可视化库，用于处理、分析和可视化科学数据，提供一组功能强大的工具和算法，用于处理和操作不同类型的科学数据，包括图像、体数据、分子数据等。其功能和易用性使其成为其他软件（如 SCIRun 和 3D Slicer）的组件。由开放的数据结构和算法组成，用于各种科学计算和可视化应用，包含命令行工具，允许快速应用库函数于文件和流，无须编写任何代码，主要包括以下内容。

Nrrd（及其 unu 命令行工具）：对 *N* 维光栅数据进行各种操作（重采样、裁剪、切片、投影、直方图等），同时将数组及其元信息存储到 nrrd 文件格式中。

Gage：对体数据中任意点位置进行基于快速卷积的测量（如标量、矢量、张量等）。

Mite：基于 Gage 可测量，进行多线程光线投射体绘制。

Ten：分析处理和可视化扩散张量场，包括纤维追踪方法等。

4.1.1　teem 库优势

teem 库的主要优势包括以下几点。

（1）轻量级工具集

最大程度地简化数据输入和输出操作，并支持常见操作组合。

（2）一致性

信息表示和库之间的 API 设计一致，使工具集的使用方式统一，并保持一致逻辑。

（3）可移植性

使用标准 ANSI C 编写，可在各种平台上编译，包括 Windows、Linux 等，使用 CMake 或 GNU Make 可编译。

（4）开源性

采用 GNU Lesser General Public License 许可证，由任何人使用，且可链接到仅支持二进制的应用程序中。

4.1.2 功能特性

teem 库的主要功能包括以下几个。

（1）数据处理和转换

提供各种算法和函数，用于处理和转换数据。从多种数据格式中读取/写入数据，如 NIfTI、DICOM、Raw 等，并将数据转换为其他常见格式。

（2）图像处理和分析

提供一系列图像处理和分析算法，包括图像滤波、边缘检测、图像重建等，还支持图像几何变换、图像配准和图像分割等操作。

（3）体数据处理

支持数据的处理和分析，包括数据切片、压缩、插值等操作，还可将数据可视化为三维模型。

（4）可视化工具和算法

提供基本的绘图和渲染功能，可绘制二维和三维图形，并支持颜色映射、光照模型等可视化。

4.1.3 主要模块

本系统应用的 teem 库主要模块如表 4.1.1 所示。

表 4.1.1 teem 库主要模块

模块	名　称	功　能	用　途
air	核心工具集和宏	提供灵活的接口和函数库	创建和检测 IEEE 浮点数特殊值（NaN、无穷大等）以及#define 宏，供其他模块使用
nrrd	*N* 维图像处理器	读取、写入、创建和修改 nrrd 文件等	用于处理医学图像的标准 nrrd 格式
unrrdu	基于 nrrd 的命令行应用程序	图像放大缩小、区域提取、二维投影生成、图像配准和形变校正等	处理医学图像数据（CT、MRI 和 PET 等图像），实现图像的对齐和变形
ten	扩散张量分析与可视化	读写、计算、可视化扩散张量数据等	处理和分析二阶对称张量数据（二阶对称张量的特征值分解、计算各向异性度量、重建张量图像等）

附录 4.2　安装 Ubuntu22.04 系统

以 Windows 11 系统为例，下面介绍安装 Ubuntu 22.04 双系统的具体步骤。

4.2.1　准备工作

1. 确认 BIOS 模式

单击“Win”菜单，搜索“系统信息”并打开，确认 BIOS 模式为 UEFI（Unified Extensible Firmware Interface，统一可扩展固件接口）。相比 BIOS，UEFI 具有纠错特性和兼容性，可扩展性和 UI 图形界面。大多数 Windows 10、Windows 11 系统 BIOS 模式默认为 UEFI，一般不需要修改。

2. 取消系统快速启动

进入“控制面板”，打开“硬件和声音”界面，选择“电源选项”设置，进入左侧“选择电源按钮的功能”一栏，取消勾选“启用快速启动”选项。若该选项显示为灰色时无法取消，则单击上方“更改当前不可用的设置”按钮后，取消勾选。

3. 分配磁盘空间

单击 Windows 菜单，搜索“计算机管理”并打开，选择左侧“磁盘管理”一栏，为 Ubuntu 系统分配磁盘空间，包括以下两种。

（1）分配整块分区：直接右键选择“删除卷”选项。

（2）分配部分分区：右键单击一块分区，选择“压缩卷”选项，输入压缩空间量，即要分配内存空间的大小（大于 50GB 为宜）。

4.2.2　下载 Ubuntu22.04

进入 Ubuntu 官网后的“其他下载”界面，在下方寻找“其他镜像和源”板块，进入“查看全部 Ubuntu 镜像站”页面，找到“China”列表，选择一个镜像网站进行下载。以 Tsinghua University 镜像网站为例，进入后单击“22.04.2/”选项，找到“ubuntu-22.04.2-desktop-amd64.iso”文件后单击下载。

4.2.3　下载 Rufus

进入 Rufus 官网，下载“Rufus”创建启动盘。找到下载界面，选择“rufus-4.1.exe”

选项进行下载。

4.2.4 配置启动盘

将U盘（容量不小于8GB）插入计算机，启动“rufus.exe”文件进行如下配置。

设备：选择插入的U盘（若插入设备为移动硬盘，则展开下方“隐藏高级设备选项”，勾选“显示USB外置硬盘”选项，即可显示）。

引导类型选择：选择所下载“ubuntu-22.04.2-desktop-amd64.iso”文件。

分区类型：GPT。

文件系统：NTFS。

完成以上配置后，单击“开始”按钮，使U盘作为系统启动盘。以上操作将会清除U盘内的所有文件数据。

4.2.5 安装Ubuntu22.04

插入创建好的启动盘，重启计算机。在开机期间，多次按下相应键（以华硕天选3计算机为例，对应按键为F2）进入BIOS设置，找到启动选项，并将USB设备排在硬盘之前，确保从启动盘启动，保存并退出（此处为F10按键）。进入Ubuntu安装界面，选择“Try or Install Ubuntu”选项。

依次配置语言、键盘布局、网络后，选择“安装Ubuntu，与Windows Boot Manager共存”选项。安装完成后，重启计算机。按照系统提示，先拔出启动盘；然后，按下Enter键进入系统，选择“Ubuntu”选项，系统即可安装成功。

附录4.3 teem库配置

4.3.1 准备工作

连接网络后，按下Ctrl + Alt + T组合键打开终端，依次输入如下命令。

“sudo apt update”：输入用户名密码，更新Ubuntu中可用软件包的列表，下载新软件安装包。

“sudo apt upgrade”：更新Ubuntu中已安装的软件包为最新版本。

“sudo apt install subversion”：下载版本控制系统SVN（Subversion），管理文件和代码的更改。

“sudo apt install build-essential”：安装一组必要的软件包，包括编译器、链接器和构建工具等。

"sudo apt install zlib1g-dev libpng-dev"：安装 zlib 和 libpng 的开发库。

4.3.2 安装 Clion

进入 Clion 官网进行下载，完成后解压至主目录下任意位置。打开解压后的目录，进入"bin"文件夹，右键单击"clion.sh"选择"作为程序运行"选项，即可运行 Clion。

4.3.3 下载 teem

在主目录下创建"TensorVis"文件夹，进入该目录并打开终端，输入如下命令。

```
svn co https://svn.code.sf.net/p/teem/code/teem/trunk teem
```

该命令用于将 teem 库储存于当前位置的 teem 文件夹。

附录 4.4 搭建脑部张量场数据可视化环境

4.4.1 配置 Toolchains

使用 Clion 打开 teem 文件夹，单击"Setting"设置，选择"Build, Execution, Deployment"选项，进入"Toolchains"配置界面，将"Build Tool"选项设置为"/usr/bin/make"，默认其他选项，如图 4.4.1 所示，单击"OK"按钮继续。

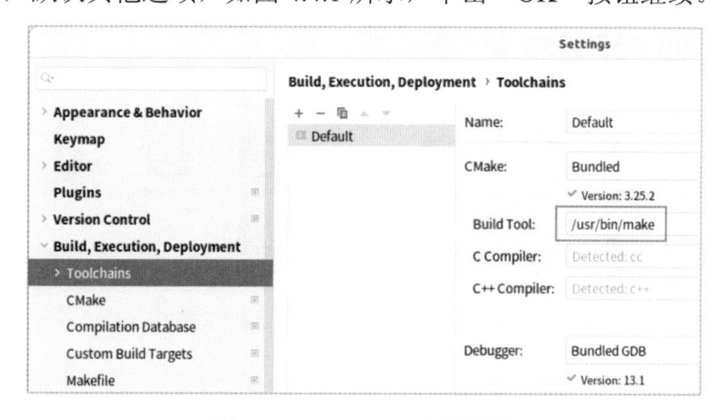

图 4.4.1 Toolchain 配置界面

4.4.2 配置 Profiles

（1）进入"CMake"界面，将"Build type"选项设置为"Debug"，同时将

“Toolchain”设置为“Default”，将“Generator”设置为“Unix Makefiles”，如图 4.4.2 所示，完成后保存。

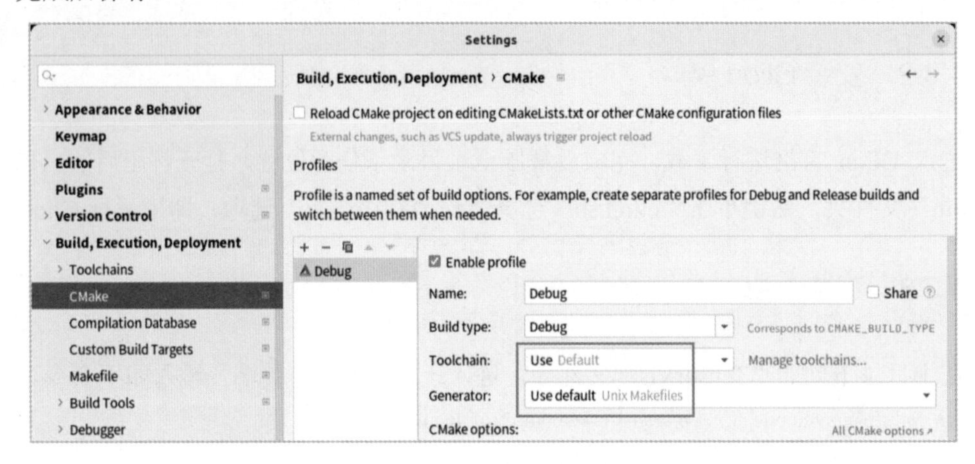

图 4.4.2　配置 Profiles

（2）单击主界面左上方菜单栏的“Build”按钮，选择“Build Project”选项，构建项目。

（3）重新进入“CMake”配置界面，展开“Cache variables”列表，勾选“BUILD_EXPERIMENTAL_APPS”、“Teem_PNG”和“Teem_ZLIB”选项，默认其余选项。

4.4.3　构建项目

重新构建项目。构建完成后，在“cmake-build-debug/bin”文件夹下方可看到生成的程序文件，结果如图 4.4.3 所示。

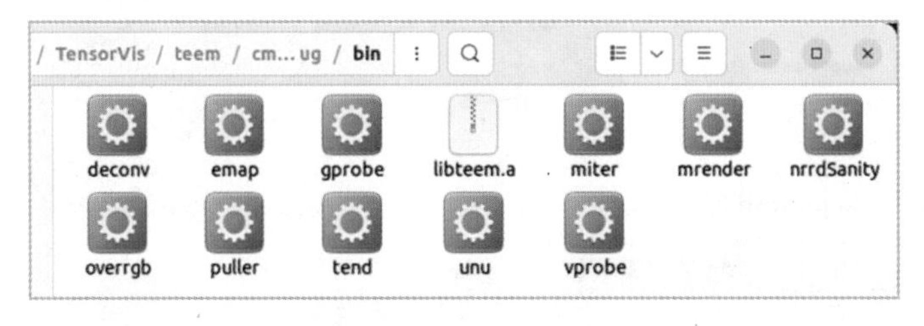

图 4.4.3　编译完成结果

附录 4.5　teem 命令说明

4.5.1　生成彩色映射图

输入以下命令，处理输入数据 gk2-rcc-mask.nhdr，并生成一张八位彩色图像 gk2-

y90.png。

```
./tend slice -i gk2-rcc-mask.nhdr -a 1 -p 90
| ./tend evecrgb -c 0 -a fa -bg 1
| ./unu axdelete -a -1
| ./unu resample -s = x2 x2 -k box
| ./unu quantize -b 8 -o gk2-y90.png
```

表 4.5.1 给出了上述命令使用到的参数说明。

表 4.5.1　参数说明 1

执行程序	命　令	用　途	参　数	说　明
tend	slice	对 3D 张量进行切片操作，获取 3D/2D 张量的平面或图像	-i <nin>	输入扩散张量体数据的文件名，默认为“-”，表示从标准输入读取
			-a <axis>	进行切片操作的轴
			-p <pos>	切片的位置
	evecrgb	依据特定的特征向量和各向异性生成 RGB 图像	-c <evec index>	选择要着色的特征向量，值为“0”表示主要特征向量，“1”表示中等特征向量，“2”表示次要特征向量
			-a <aniso>	选择用于调节颜色饱和度的各向异性
			-bg <background>	值为零时，用于背景体素的灰度值。默认为“0”
unu	axdelete	从 nrrd 中删除一个或多个单例轴	-a <axis>	要删除轴的维度（轴索引），如果将轴设置为-1，则删除任何和所有的单例轴
	resample	使用分离核函数进行滤波和上采样/下采样	-s <size>	“=”：保持该轴不变，不进行任何重采样操作。 “x<float>”：将输入样本的数量乘以<float>，并四舍五入为最接近的整数，以得到输出样本的数量
			-k <kern>	“box”：上采样时最近邻插值，下采样时统一平均
	quantize	将输入的数值数据转换为整数或浮点数，并进行线性量化	-b <bits>	量化的位数，决定输出 nrrd 的类型如下 “8”：无符号字符型。 “16”：无符号短整型。 “32”：无符号整型
			-o <nout>	输出 nrrd 文件的路径；默认为“-”，表示标准输出

4.5.2　生成超二次曲面图

输入以下命令，创建环境光贴图文件 emap.nrrd。

```
echo "1 1 1 1 0 0 -1"
| ./emap -i - -amb 0 0 0 -fr 0 10 0 -up 0 0 -1 -rh -o -
| ./unu 2op ^ - 1.4
| ./unu 2op - 1 -
| ./unu 2op x - 3.14159
| ./unu 1op cos
```

```
| ./unu 2op + - 1
| ./unu 2op / - 1.8 -o emap.nrrd
```

表 4.5.2 给出了上述命令使用到的参数说明。

表 4.5.2　参数说明 2

执行程序	命令	用　途	参　数	说　明
无	echo	在终端上打印文本或变量的内容	s	将字符串 s 输出到标准输出。使用“-”作为输入路径表示从标准输入中读取，而不是从文件中读取
emap	无	创建环境映射	-i <nlight>	输入包含光源信息的 nrrd 文件
			-amb <ambient RGB>	环境光的颜色（RGB），默认为“0 0 0”
			-fr <from point>	相机位置，用于确定视图向量，默认为“1 0 0”
			-up <up vector>	相机视图的“上方”方向向量，用于确定视图坐标系，默认为“0 0 1”
			-rh	使用右手坐标系的 UVN 坐标系（V 向下）
			-o <filename>	输出环境贴图的文件名。使用“-”作为输出路径，表示将结果输出到标准输出，而不是将结果写入到文件中
unu	2op	对两个 nrrd 或 nrrd 与常数进行二元操作。使用“-”表示一个 nrrd 作为操作数	<operator> <in1> <in2>	对 in1 和 in2 进行 operator 操作，operator 如下 “+”、“-”、“x”、“/”：加法、减法、乘法、除法。 “+c”、“-c”、“xc”：加法、减法、乘法，并将结果限制在输出的范围内，以防其为整数。 “^”：指数运算（幂）
	1op	进行 nrrd 的一元操作	<operator>	“cos”：与 C 语言中的三角函数相同
			-o <nout>	输出 nrrd 的路径。默认为“-”，表示输出到标准输出

输入以下命令，对输入数据 gk2-rcc-mask.nhdr 进行切片、值评估、归一化、图形绘制操作，最终保存为 gk2-sample.png 图像文件。

```
./tend slice -i gk2-rcc-mask.nhdr -a 1 -p 90
| ./tend evalclamp -min 0.05
| ./tend norm -w 1 1 1 -a 0.7 -t 2
| ./unu axinfo -a 2 -sp 1.0
| ./tend glyph -rt -a ca2 -atr 0.45
    -g sqd -gsc 0.0032
    -slc 1 0 -sg 1.3 -off -1.5
    -fr 0 10 0 -up 0 0 -1 -rh -or
    -am 1.0 -ga cl2 -sat 1.4 -emap emap.nrrd -bg 1 1 1
    -is 2048 2048 -ns 9 -o -
| ./unu crop -min 0 0 0 -max 2 M M
| ./unu quantize -b 8 -o gk2-sample.png
```

表 4.5.3 给出了上述命令使用到的参数说明。

表 4.5.3　参数说明 3

执行程序	命　令	用　途	参　数	说　明
tend	evalclamp	限制特征值的范围修改形状，保持张量的方向不变	-i <nin>	输入扩散张量体数据；默认为“-”
			-min <min>	输出特征值的下限。使用“nan”表示不进行限制
	norm	对张量大小进行归一化操作	-w <w0 w1 w2>	在执行归一化时，分别对主要特征值、中等特征值和次要特征值分配相对权重（内部重新缩放为 1.0 的 L1 范数），决定张量的“大小”
			-a <amount>	进行归一化的程度；默认为“1.0”
			-t <target>	归一化后的目标大小；默认为“1.0”
	glyph	生成 3D 图元或光线追踪渲染图像	-rt	生成光线追踪输出
			-a <aniso>	用于对要绘制的数据点进行阈值处理的各向异性度量，默认为“fa”
			-atr <aniso thresh>	仅为各向异性大于此阈值的张量绘制图元，默认为“0.5”
			-g <glyph shape>	显示的图元形状。可选项包括 “box”、“sphere”、“cylinder”和 “superquad”，默认为“box”
			-gsc <scale>	图元的整体放缩系数，默认为“0.01”
			-slc <axis pos>	用于显示各向异性的灰度切片的轴和位置。使用“-1 -1”表示不显示切片（2 个整数），默认为“-1 -1”
			-sg <slice gamma>	切片上数值的伽马值，默认为“1.7”
			-off <slice offset>	在渲染切片时，相对于切片位置的偏移量，避免遮挡字形。默认为“0.0”
			-fr <eye pos>	相机的视点位置，用三个双精度数表示
			-up <up dir>	相机的上向量，用三个双精度数表示。默认为“0 0 1”
			-rh	使用右手坐标系（V 轴向下）
			-or	使用正交（非透视）投影
			-am <aniso mod>	根据各向异性（由“-ga”选择）调节图元颜色饱和度。如果为“1.0”，则零各向异性数据点的图元将没有色调，默认为“0.0”
			-ga <aniso>	用于调节图元颜色饱和度的各向异性度量，默认为“fa”
			-sat <saturation>	图元颜色的最大饱和度（使用 0.0 创建黑白图像），默认为“1.0”
			-emap <env map>	给图元着色的环境光。默认情况下，没有阴影效果；默认为“ ”
			-is <nx ny>	（仅适用于光线追踪）渲染的图像大小（分辨率），默认为“256 256”
			-ns <# samp>	（仅适用于光线追踪）每体素的采样数（必须是平方数），默认为“4”

（续表）

执行程序	命　令	用　途	参　数	说　明
unu	axinfo	修改一个或多个轴的属性	-a <ax0 ...>	修改的一个或多个轴（1 个或多个无符号整数）
			-sp <spacing>	沿轴样本之间的间距（双精度浮点数）
	crop	对每个轴进行裁剪，以生成一个更小的 nrrd 文件	-min [<pos0 …>]	裁剪框的低角坐标，含义如下： <int>：表示基于 0 的索引 M，M+<int>，M-<int>：表示相对于该轴上最后一个样本的索引（0 个或多个位置），默认为“0”
			-max [<pos0 …>]	裁剪框的高角坐标，同“-min”

附录 5.1　Leap Motion 介绍

1. Leap Motion 简介

Leap Motion 内部由两个红外摄像机（IR Camera）和 3 个红外发射器（IR LED）组成，如图 5.1.1（a）所示。Leap Motion 表面是一块黑色的红外滤光片，对可见光波段以及紫外光具有较强的屏蔽作用，可以过滤除红外线以外的光线，降低环境光对成像质量的影响。内部的红外发射器是红外 LED 灯，发射波长在 800nm～1000nm 的红外光，提供背光源。这样红外 LED 发射的光透过红外滤光片照射到外界的物体上，被物体发射回来后会被红外摄像机接收，Leap Motion 利用双目视觉深度算法将摄像机获得的图像提取出来，这样就很容易得到手指三维立体空间的运动和坐标信息。

Leap Motion 使用右手笛卡尔坐标系，如图 5.1.1（b）所示，让绿色提示灯面对使用者摆放，*X* 轴与设备的长边平行，*Y* 轴垂直于设备表面，*Z* 轴与设备的短边平行。Leap Motion 跟踪到的数据以真实物理空间的毫米为单位，精确度达到 0.01mm。

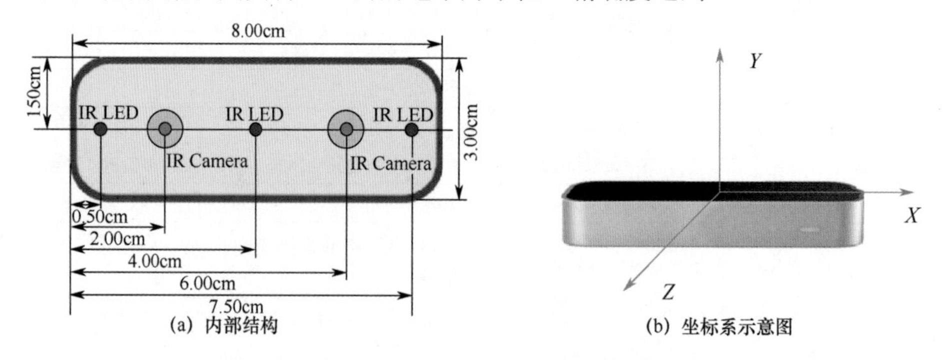

(a) 内部结构　　(b) 坐标系示意图

图 5.1.1　Leap Motion 的内部结构和坐标系示意图

2. Leap Motion 工作区

Leap Motion 的工作区为一个倒立的金字塔，设备处于顶点位置。有效监测范围是设备上方 25mm～600mm 的范围，检测角度为 150°，如图 5.1.2 所示，蓝色范围为工作区。它可以识别工作区内的手、手指和类似于手指的工具，实时获取它们的位置、姿势和动作。

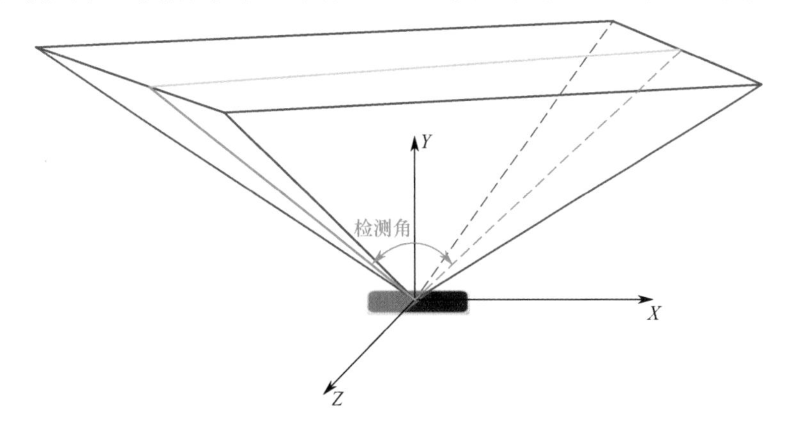

图 5.1.2　Leap Motion 工作区

3. Leap Motion 追踪数据

Leap Motion 设备追踪在工作区中的手、手指和工具，更新的数据信息称为“帧”。每一“帧”数据包含所有手掌信息、所有手指信息、手持工具信息和所指对象信息，如表 5.1.1 所示。Leap Motion 自动为这些检测到的对象分配 ID，用户从而可以根据 ID，通过接口函数来查询这些对象的信息，如手掌位置、手掌朝向、手指速度等。这些 ID 是唯一的，该物体一直处于检测范围内没有丢失时，这个 ID 就保持不变；如果追踪目标丢失或者失而复得，Leap Motion 会分配一个新的 ID，体交互就是通过使用手指 ID 获取相关信息的。

表 5.1.1　Leap Motion 追踪数据

名　称	介　绍
Hands	所有的手
Pointables	有端点的手指、工具
Fingers	所有的手指
Tools	所有的工具
Gesture	所有手势的更新

如果用户的手只在 Leap Motion 的视野中出现了一部分，那么手指或者工具都无法与手关联。因此，需注意手的摆放，确保手和工具同时都在可视范围内。Leap Motion 识别物体的运动是通过比较当前帧与前一个特殊帧的信息实现的，只要前一特殊帧检测对象数据发生了位移、旋转、大小变化等就会被迅速识别。如果在视野内移动被检测到的手，帧信息就包含位移变化；如果转动双手，帧信息就包含旋转信息。如果将双手靠近或者远离设备，帧信息就包含缩放信息。帧信息中描述运动的变量如表 5.1.2 所示。

表 5.1.2 Leap Motion 数据所含变量

名称	介绍
旋转坐标（Rotation Axis）	向量，描述坐标的旋转
旋转角度（Rotation Angle）	值，相对旋转角度（顺时针方向）
旋转矩阵（Rotation Matrix）	数组，旋转变换的矩阵
缩放因子（Scale Factor）	值，描述缩放比例
位移（Translation）	向量，描述坐标的位移

4. Leap Motion 手部模型

Leap Motion 手部模型包括手部整体、手指、骨骼的空间和运动信息，它可以判断这只手是左手还是右手，而且在追踪数据列表中可以出现多于两只手的信息。

（1）手部模型

手部模型所包含的信息如表 5.1.3 所示，其中所涉及的球心和球半径的示意图如图 5.1.3 所示，手掌内侧弧度不同对应的球体半径也不同，图 5.1.3（a）手掌内侧弧度比图 5.1.3（b）平滑，对应的球体半径也比图 5.1.3（b）中的大。

表 5.1.3 手部模型信息

名称	介绍
手掌位置（Palm Position）	坐标，手掌在 Leap Motion 坐标系中的位置
手掌速率（Palm Velocity）	值，手掌运动速度 mm/s
手掌法向（Palm Normal）	向量，与手掌所在平面垂直的向量，方向指向手掌内侧
方向（Direction）	向量，由手掌中心指向手指方向
球心（Sphere Center）	坐标，将手掌内侧弧度看作一个球的一部分，此为该球的球心
球半径（Sphere Radius）	值，上述球的半径

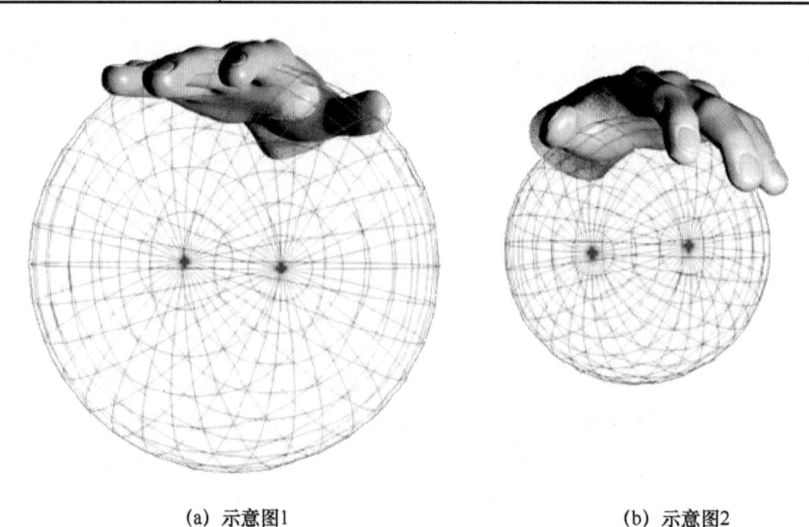

(a) 示意图1　　(b) 示意图2

图 5.1.3 手掌所握球体示意图

（2）手指模型

手指模型包括每根手指的末端位置和所指方向，也包括其骨骼信息，如图 5.1.4（a）所示，Leap Motion 中从拇指到小指分别用 Thumb、Index、Middle、Ring、Pinky 表示。Leap Motion 中手的骨骼模型与真实的手部骨骼不完全相同，拇指的指骨实际上只有三节，为了方便程序运算，Leap Motion 中拇指包含了一节 0 长度的指骨，这样就让拇指和其他手指有一样的指骨数，因此单手时一共可以识别 20 个手指骨骼关键点和一个手掌关键点，如图 5.1.4（b）所示。

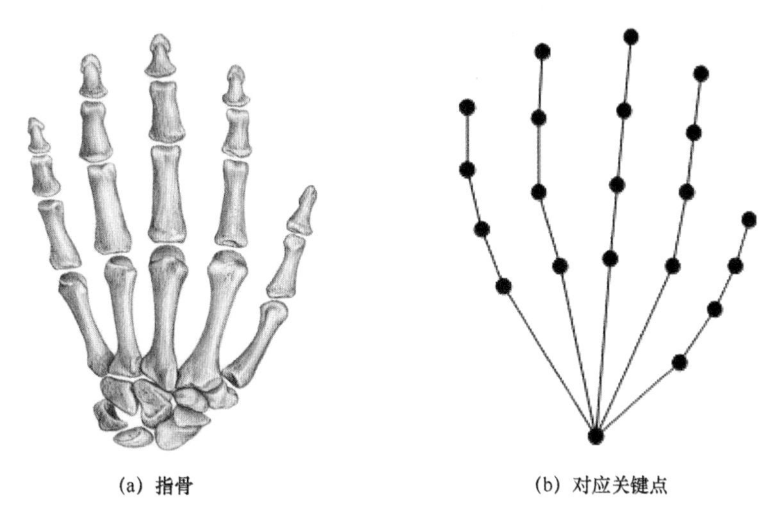

(a) 指骨　　(b) 对应关键点

图 5.1.4　手指骨骼和对应手模型关键点示意图

（3）预定义手势

Leap Motion 预定义了多个手势，对于每个被检测到的手势，它将每个手势对象 Gesture 添加到帧数据中，可以通过帧手势列表来获取手势信息。表 5.1.4 是 Leap Motion 可以识别的预定义手势，与图 5.1.5 一一对应。其中，图 5.1.5（a）表示单个手指画圈，这个手势是持续的，一旦开始就会持续更新状态到停止画圈。图 5.1.5（b）表示手的线性运动，是上下挥手姿势。图 5.1.5（c）表示单个手指单击，像按下键盘一样，是一个离散的运动，只有一个独立的手势对象会被添加到单击手势。图 5.1.5（d）表示单个手指对计算机屏幕方向垂直单击，就像触摸一个与用户垂直的屏幕，是离散的运动，只有一个独立的手势对象会被添加到单击手势。

表 5.1.4　预定义手势

名　称	介　绍
圈（Circle）	单个手指画圈
挥动（Swipe）	整个手部的线性运动
按键单击（Key Tap）	单个手指向下单击
屏幕单击（Screen Tap）	单个手指水平单击竖直屏幕

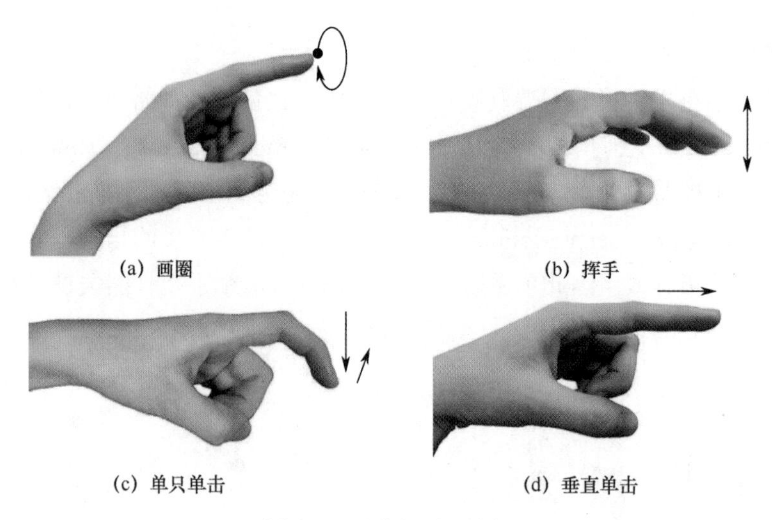

图 5.1.5 手势运动示意图

如果手势重复数次，Leap Motion 会把更新手势对象不断添加到随后的帧中。画圈和挥手的手势都是持续的，Leap Motion 为程序在每帧中持续更新这些手势；单击是离散的手势，它把每次单击作为独立的手势对象报告。

5. Leap Motion 双手识别过程

双手交互模型是左手与右手同时进行交互操作，为了便于实现与操作，设定左手对模型进行控制，如平移、旋转等；右手对可视化工具进行操作，如体切割、滤镜等。

当然，模型允许只有左手或右手进行操作，如果只检测到一只手时，默认为左手功能，这只手只对模型进行控制。该模型实现过程分为手部识别、手势的识别、手势数据处理和手势操作响应等子过程。

手部的识别问题是指左右手识别，交互操作模型需要左手与右手协同，所以手的识别是基础。由于目前 Leap Motion 没有提供识别左手或右手功能的接口，这个识别工作只能由开发者实现。由于硬件识别算法的限制，Leap Motion 并不能在任何时候都能识别出完整的手，如在手掌平行于设备坐标系 Y 轴时和手掌翻转时。这就给左右手识别带来了一定难度。根据 Leap Motion 开发文档，观察交互时手部的基本姿势，可根据刚开始进行交互时的双手手掌方向，判断左右手。

如图 5.1.6 所示，当双手自然摆放时，左手掌心朝右，右手掌心朝左。当用户将要进行交互时，首先将手自然摆放在 Leap Motion 工作区，使 Leap Motion 能够识别，然后用户开始交互。

Leap Motion 提供了手掌所在平面法向量 Palm Normal，简记为 $\boldsymbol{n}$ 。识别时，获取 $\boldsymbol{n}$ 的 $\boldsymbol{X}$ 轴分量 $\boldsymbol{n}_x$ ，若 $\boldsymbol{n}_x > 0$ ，则为左手；若 $\boldsymbol{n}_x < 0$ ，则为右手；若 $\boldsymbol{n}_x = 0$ ，则无法判断。在实

现时，如果手指过于弯曲，设备将识别到缺少手指或者没有手指的手，此时不能保证 ***n*** 的正确性，因此在左手和右手的识别过程中，双手张开和自然摆放是两个关键。当识别到左手或者右手后，记录对应 ID，之后的交互，将根据 ID 来获取左手和右手信息。

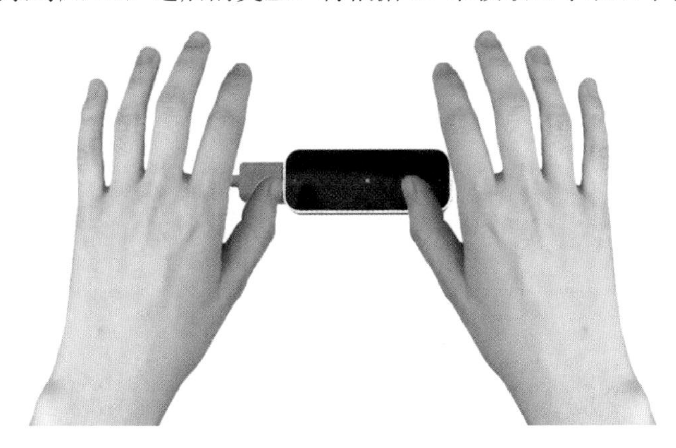

图 5.1.6　双手自然摆放时，Leap Motion 识别手的姿势

操作模型过程中，只识别一只左手或一只右手。若存在第二只左手或者右手，模型将不予识别，若被识别的手撤出 Leap Motion 工作区，原来的 ID 将被视为无效 ID。此后，若有相同属性的左手或右手出现，将对此手进行识别，并记录其 ID。完成识别后，便进入手势识别和手势数据处理。

6. 配置与安装

（1）下载 Leap Motion Orion 软件和开发工具包 SDK。

在 Leap Motion 官网完成注册和登录后下载 SDK 的压缩包，本书以下载 Leap 3.2.1 版本为例。将下载的压缩包解压，得到“LeapSDK”文件夹、软件安装程序“Leap_Motion_Orion_Setup_win_3.2.1.exe”和说明文件“README.txt”。

（2）安装 SDK。

双击“Leap_Motion_Orion_Setup_win_3.2.1.exe”可执行文件，按照提示安装，结束后会成功安装三个软件：Leap Motion App Home（应用商店）、Leap Motion Control Panel（Leap Motion 控制面板）、Leap Motion Visualizer（观察器）。

（3）连通设备并配置环境。

将 Leap Motion 与主机相连，在 Window 开始界面“最近安装”中打开 Leap Motion 控制面板，可对其进行设置。启动之后在桌面右下角会出现一个方形图标。设备插入后正常状态下为绿色，设备未插入时为黑色，设备表面有污染时为黄色。

（4）将 LeapSDK 文件夹中的“\lib\x64\Leap.dll”复制到“C:\Windows\System32”和

“C:\Windows\SysWOW64”。

Leap Service 有时会存在启动异常问题，如运行 Leap Motion 控制面板时，会提示 Leap Service 未启动。面对这样的情况，右击“我的电脑”，在弹出的快捷菜单中选择“管理”→“服务与应用程序”→“服务”→“Leap Service”选项，选择“启动”选项即可。